屎尿をめぐる近世社会

大坂地域の農村と都市

荒武賢一朗
Aratake Kenichiro

清文堂

屎尿をめぐる近世社会

大坂地域の農村と都市

目次

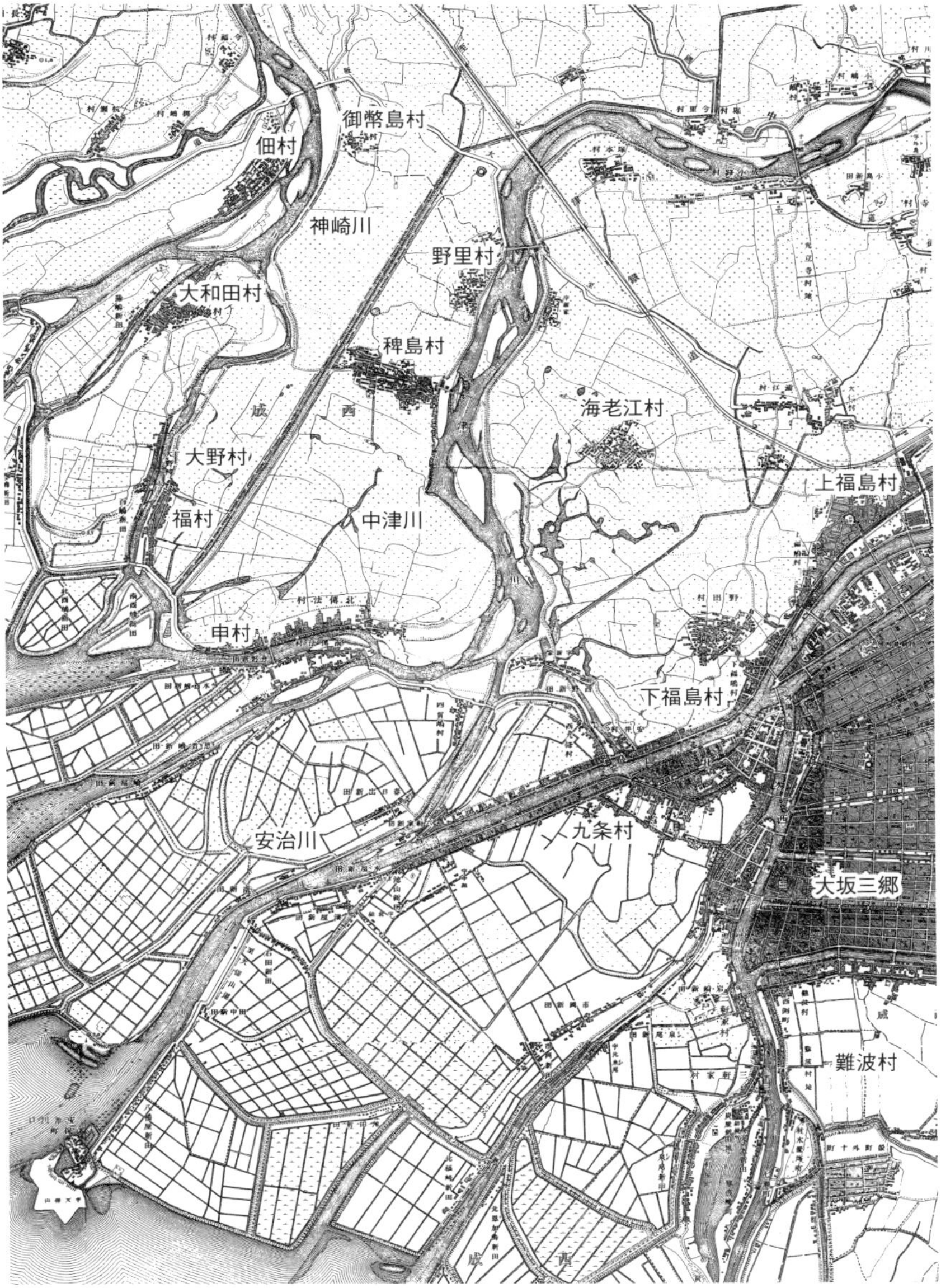

地図　本書に関係する大坂地域（稗島村と大坂三郷など）

明治18年（1885）測量　二万分一仮製地形図「大阪市街図」〔復刻版、『日本歴史地名大系　大阪府の地名Ⅰ』平凡社、1986年、特別付録〕を原図に加筆・作成。

地図　本書に関係する大坂地域（広域）

明治19年（1886）測量　輯製二十万分一図「大阪府全図」〔復刻版、『日本歴史地名大系　大阪府の地名Ⅰ』平凡社、1986年、特別付録〕を原図に加筆・作成。

池田
伊丹
岡町
長興寺村
猪名川
友行村
守部村
額田村
善法寺村
戸之内村
「明石郡三三か村」
西宮
小松村
鳴尾村
尼崎
稗島村
【別図拡大】
神崎川
武庫川
中津川
安治川
摂　海
（現・大阪湾）
大和川
堺
和泉国大島郡

屎尿をめぐる近世社会

大坂地域の農村と都市

序章　屎尿を歴史分析で読み解く

私たちは日常において排泄行為をしている。その結果、大量の屎尿は、下水道や処理場を必要とし、また現代日本ではそれらを社会資本が運営し、処分されている。いわば排泄行為が現代社会において「負荷」となっているのだが、これはいまに始まったことではない。そもそも排泄物の処理は、人類が発してから現代に至るまで絶え間ない課題である。ところがもし、この屎尿を必要とする条件が生じたとすればどうだろう。たとえば、「厄介もの」である屎尿を田畑の「肥やし」として利用する場合である。この場合、屎尿は「負荷」から解放され、高い価値を持つ。自己が排泄する屎尿を自ら使う限りでは使用価値の範囲を超えないが、他人の排泄物を入手するならば、さらにそれは「商品」と位置付けられる。近世日本は農村と都市の間に、このような屎尿を「商品」として介することで、強いつながりを築いたのであった。日本列島では古くから田畑肥料として活用されたことから、少なくとも都市から農村への施肥需要と供給が確立した中世末期から近代にかけては、「屎尿処理」と呼ばずに「屎尿利用」という言葉が適切であろう。

本書は、近世日本において当たり前に取引されていた屎尿の流通構造とその特質を明らかにしていく。農村と都市の売買は一八世紀半ばに確立したとされ、とくに巨大な「市場」を作り上げた大坂とその周辺地域を中心に分析をおこないたい。

このテーマを二〇世紀から二一世紀にかけて生きる著者が手掛ける背景には、現代における環境汚染、自然破壊、食品危機、病原菌の流行、そして原発問題など、私たちが住み暮らす社会で取り沙汰される環境問題がある。これらが社会全体に大きな不安となってのしかかっていることは言うまでもないが、現代的諸課題を克服する手段・検討が絶え間なくおこなわれているのも事実であり、歴史学においてもその術を探る動向が近年より一層の飛躍をみせている。

その潮流を無視することなく、正面から受け止めようと考えているが、結論から言えば屎尿からみた近世社会は、当時の人々が環境に配慮する、またエコロジーの観念を有していたのではなく、「お金になる」や「価値がある」といった経済的関心によるものだった。屎尿問題を扱うに際し、大坂の事例から商品流通として読み解くと聞けば、「それは大坂だから（銭儲け・商売上手）」という印象論だけで決めつける方々もたくさんいるだろうが、実際にはそうではない。日本列島の各地、さらには人間がいる限り、とくに都市部と周辺地域ではごく当然の現象である。そこで本書では、屎尿流通の実態という側面から社会の特質を明らかにしていきたい。関連する課題として最初に青物（蔬菜）を取り上げるが、この都市の食料需給と終末処理の結合＝「リサイクル」として注目されつつあるのが現状の到達段階だ。しかし、「リサイクル」であったという結論を導き出す前に、人間の排泄物が商品的価値を持っていたこと、当事者には「財」であったこと、そして仲間組織が存在し、屎尿取引の枠を飛び出して村落運営や村連合の諸関係へと波及したことなどを問い質す必要がある。まさに排泄物から社会形成を明らかにできるのである。

第一節　研究史の足跡

1　排泄物をめぐる歴史研究

世の中に歴史の書物はたくさんある。歴史教科書やいわゆる通史・講座と呼ばれる概説書のなかで、屎尿について主体的に論じたものはほとんどない。これは我々専門研究者の努力が及んでいないのが大きな理由であろう。しかし一般的に考えると、「衣食住」は人間社会の必須条件であるのに対し、排泄物に関しては「キワモノ」のレッテルが貼られている。この状況の払拭は本書の目指すべきところでもある。

それはともかく、個別の研究においては大変多くの精緻で重厚な屎尿を扱う歴史研究が存在する。近世以降に限らず、考古学の成果を含めて古代・中世については都市を論じる視角から、屎尿処理の問題を取り上げる好論がある(1)。たとえば、臭いに着目した安田政彦の論考は、『源氏物語』をはじめとした文献を中心に、平安京における糞尿のあり方を考察した(2)。本書がこれから縷々述べていく江戸時代から明治時代のあと、近現代史における成果は、大都市圏を対象として秀逸な論考がひしめいている。首都東京に関しては星野高徳、京都においては橋本元の先駆的研究や中村治による最新の成果、そして大阪については松下孝昭が取り上げる屎尿市営化問題などが挙げられよう(3)。非常に参考になるのはKayo Tajima（田島夏与）が提示した江戸の初発から近現代東京までを長期の時間軸で議論を組み立てた研究である。本書では近世後期から近代初頭の限られた時期のみに焦点を絞っているが、通史的な論理構成を今後は目指していきたい。また神戸や福岡、幕末期に突如貿易都市として「仲間入り」をする横浜の研究がある(4)。とくに吉良芳恵の横浜に関する分析は、近世以来の都市的由緒を持たない開港場として屎尿取引の形成を進めた過程を明らかにしたもので、合わせて最近の横須賀についての考察は、海軍の拠点である当地の状況を述べた実証的研究といえよう。[5] これらの良質な研究をまとめれば、近代の屎尿問題を扱う基底には、衛生や都市環境、および政策論が重視され、もちろん経済的関心も含まれるものの、近世に比べればその比重は小さい。

小野芳朗は、「清潔な国ニッポン」がいつ登場したのかという重要な疑問を起点に、近世から近代にかけての衛生に関する人々の記述をもとにさまざまな問題を提起しているし、現代社会における農業問題からも篠原孝による著作がある。[6] 両者によって、有機肥料還元システム（本書で取り扱う屎尿利用）の優位性や清潔空間の存在を明らかにしたことは大きな意義があるだろう。

また、海外における研究に視野を広げれば、パリの悪臭や人間の嗅覚に着目したアラン・コルバン、日本と同じく東アジア文化圏において屎尿を農業肥料に活用していた中国の事例などが挙げられる。[7] また江戸・東京や京都と、ヨーロッパの比較を論じた成果も重要な先行研究として扱われるべきであろう。[8] とくに「近世日本」が「明治日本」へと展開を遂げるなかで、近世人の生活文化をロンドンやパリと比較しつつ、その優位性を明らかにしたスーザン・B・ハンレーの名著は、現在のリサイクル論や環境問題の観点に大きな影響を与えたものとして評価されてきた。[9] ハンレーは、近世都市における屎尿問題に焦点を当てて検討を進めてきた代表的な研究者で、近世期の都市公衆衛生とその水準に注目し、日本と西洋の比較を通じて諸事実の検討を深めている。とくに日本における工業化過程との関係に力点を置いている部分は、単なる都市衛生の研究ではなく、幅広い日本史の展開を意図したものとして高く評価できる。

以上のように、日本の歴史・文化、および海外の動向を簡潔にまとめたが、特徴としては都市計画や実態を重視したもの、近現代についてはその都市形成論に加えて衛生や環境を強く意識した内容が中心となっている。さらに都市と農村の関係、都市圏における政策論も焦点であることが理解できる。

それでは、本書も具体的に検討をおこなう近世日本の屎尿問題はどのように取り上げられてきたか。右に挙げた論考のなかにも関連深い研究が含まれているが、最も重厚なものとして渡辺善次郎の仕事がある。[10] 渡辺は、都市と農村の関係を農業や経済に基盤を置いて分析を深めた。前近代の蔬菜などの生産と、都市への食料需給、そして江戸とその近隣地域で展開された下肥利用のあり方を丹念にまとめている。この研究の特徴は、江戸における屎尿の取引制度や実態を詳しく解説したこと、さらに大坂や京都など日本国内の諸都市のみならず、ヨーロッパをはじめとした国際比較に着手した点であろう。とくに江戸の事例が持つ江戸城や大名屋敷などの汲取状況を考察し、武士と百姓の関係を具体的に論じているところも貴重な成果である。この渡辺の研究を端緒に、尾張徳川家江戸屋敷と出入百姓について詳細に述べた安藤優一郎の分析、さらには根崎光男や小林風の手による最新の動向が生まれた。[11] とくに小林が注目するのは、これまで江戸の下肥研究で明らかではなかった下総国葛飾郡など東郊地域において農業生産が飛躍的に向上する背景に、下肥流通の充実があったという視点である。同時に小林は熊澤徹の論考にも刺激を受けながら、価格形成の問題にも言及した。[12] 本書でも対象地域は異なるものの、農業振興との相乗効果や価格の問題では論点を共有できるだろう。

社会環境という側面で、少し事例を紹介しておこう。都市近郊とは異なるが、農地・用水との関係では、越後国頸城郡芋島《いものしま》村で興味深い事例がある。[13] 宝暦六年（一七五六）一一月、同村庄屋・組頭が大肝煎に提出した文書では、村内の荒れ地を起こし返しする件に触れている。この田地は以前から水不足のため荒れ地（田畑）となっていたが、最近出水が増したことでもう一度鍬入れをすることになった。しかし、これにはひとつ大きな問題が発生する。田地に引水するための水路（江筋）は、古くから近隣の楞厳寺《りょうごんじ》が利用しており、田地の農業用水と寺院の飲用水が混ざるという批判が起こる。楞厳寺の主張は、田地が利用する水から「糞水」が流れ込み、我が仏場の用事に支障が出るとのことであった。双方が願書にて互いの言い分を述べ合った結果、この田地では下肥を使用せずに刈敷で耕作をおこない、糞水が寺院側に流れ込まないようにするという合意に至った。ここで紹介した内容は、本書が取り扱う売買のありようではなく、農業振興と水利の問題である。しかし、社会環境の歴史的背景にも共通する課題だといえよう。

先行研究で最も重要なのは、江戸時代の大坂地域を素材とした小林茂がまとめた成果である[14]。小林の研究は大坂周辺農村の地方文書を積極的に活用し、摂河三拾六艘屎舟《こえぶね》に始まる大坂の屎尿取引や、近世中期から幕末維新期にかけての在方下屎《しもごえ》仲間や摂河小便仲間などの存在を明らかにした。本書にとってもまさに先達が遺した教科書とも言うべき存在で、これから描いていく「屎尿をめぐる近世社会」の基礎にしている。この「発見」によって、小林自身の関わった『新修大阪市史』や大阪府および兵庫県阪神地域の自治体史編纂では、下屎に関する史料調査を意識的におこない、それぞれの近世通史編ではかなりの紙幅を割いて、各地の具体相を紹介している[15]。

この成果と課題に関する詳細は、後段で随時紹介することになるが、一言で表せば小林の仕事と本書は決定的に論旨が異なっている。小林が屎尿分析から意図しているのは農民闘争や経済の発展段階であるのに対し、本書はあくまでも屎尿の商品価値や流通にこだわり、その状況を明らかにしたうえで近世社会、具体的には大坂地域の特質を明らかにするという、歴史研究の姿勢である。事実関係において例示すれば、近世中期以降に大坂市中の下屎および小便は周辺農村の在方仲間が主導的な役割を担う。小林の主張では仲間は大坂町奉行所からの「特権」を得て「新たな勢力」として「独占的な取引」を獲得することになっている。また小林は「明治維新の変革主体」として農民騒擾を分析することを目的としているが、実際の状況把握よりも理論先行（民衆の闘争）の展開によって、本来おこなうべき維新期の取引分析が明らかではなかった。しかし、当時（一九五〇～六〇年代）の研究者が声高に叫んだ、特権、新興勢力、変革の原動力などの強調は決して小林のみの話ではない。このあたりの課題の克服を関係史料に依拠しながら、詳しく解明することが重要になってくる。後続の著者からみれば、小林の大著は流通構造の側面を明らかにする、あるいは都市と農村や大坂地域へのこだわりが不十分だった。ただし、事実関係や個々の歴史的事実に関する評価は共有できるものが多々あり、その重要性に揺るぎはない。また、小林とともに屎尿の流通手段である屎舟の実態を河川交通史のなかで明らかにした日野照正の労作も見逃せない[16]。

上記のように排泄物に関する歴史研究は、時代を超えて関心の高い分野といえ、それぞれの分析には目を見張るものがある。少ない歴史資料からすれば、事例が豊富になっていると思える反面、課題ももちろん山積している。その点は追って本書で述べることにしよう。

2　蔬菜流通との関係

本書の主題は屎尿であるが、第一章には青物（蔬菜）流通の考察を配した。それは、もともと屎尿取引の発生時には貨幣のほか、村落部で生産する農作物が代価として提供されたからである。青物生産にかかる肥料調達のために農村では屎尿を必要とし、そこで収穫された青物がまた代価として使用されたのであった。つまり、「農村の生産、都市の消費」である青物、「都市の生産、農村の消費」である屎尿は、元来双方の交換によって成り立っていたとされる。

一般的な経済社会の理解では、「物々交換」から原物と貨幣の交換へと展開したとみる向きも多いだろう。しかしながら、こと青物・屎尿間取引ではその法則は適用されない。本書で詳述するように、青物は市場や百姓たちの直売買、そして下屎や小便取引といった多様な取引形態で都市民の食卓へと運ばれていった。青物・屎尿の物々交換が全く消滅することはなかったし、近世経済社会の多様化によってそれぞれが貨幣価値を伴う「商品化」への道を歩み始めたことも事実である。この二つの商品は「鮮度と負荷」という特徴を持ちながら、「生産者・消費者（蔬菜では生産者＝農民・消費者＝町人、屎尿では生産者＝町人・消費者＝農民）」が一致する点で強力な取引関係を構築していた。この相互関係を基軸に成長した市場であると考えるならば、両者を切り離して検討するのではなく、一体のものとして考察する必要がある。そのため本書では、屎尿に関する分析の前提で青物流通を取り上げたい。

蔬菜、水産物を含む生鮮食料品市場研究は主として近代の研究が多く、前近代の動向に注目しているものは案外少ない[17]。そのなかで、小林茂や三浦忍による大坂周辺農村と青物流通の分析は、注目されるべき研究であろう[18]。

大坂三大市場のひとつ、天満青物市場についても史料的制約のため、大きく研究が進展したとはいえなかったが、史料集『天満青物市場史料』（上・下巻、大阪市史編纂所、一九九〇年）が刊行されたことで、新たな市場研究が展開された[19]。そのなかで残された課題といえば、農村からみた都市部への流通という側面であろう。地域市場圏としての大坂地域を生産者から問屋、仲買、小売商、そして消費者までを包括的に議論すべき段階にきている[20]。その作業過程のなかで、大坂を取り巻く近距離流通構造とはどの範囲を示すのかという課題も改めて検討しなければならない。これは下屎や小便を需要する村々の範囲とも重複し、青物と屎尿の交換を地理的分布からも明瞭に物語るだろう。市場の内部構造に関する検討もさることながら、大坂地域の食料品事情、また地域市場の盛衰などをまず明らかにする必要がある。

3　肥料の歴史——流通史の視点から

江戸時代には干鰯に代表される魚肥、醸造などによって発生する粕類（醤油粕・焼酎粕など）、草山で得られる干し草、塵芥《ごもく》、そして我々人間の排泄物（屎尿）が挙げられる。とくに魚肥は全国のなかで最も生産効率性を持っていた畿内の農業を支える原動力になったといわれてきた。しかし、農作物を生産するには魚肥だけではなく、その作物の発育や田畑の土壌に合うさまざまな肥料が必要だった。「大阪平野」では干し草を得るための草山がほとんどないため、都市部で発生する屎尿を田畑の肥料として多く用いた。排泄物が商品に変わるのは、肥料としての高い価値が得られるからである。本来ならば「肥料史研究」という枠組みができても良いぐらい、農業や環境、そして商業にも広く通用するのが肥料の歴史的研究である。

江戸時代から明治時代にかけて、大坂周辺地域における田畑肥料に関しての論考が多くあるなか、肥料全体の需給やその特性を詳しく述べた論考はほとんどみられない。著者自身も肥料の流通過程（例：魚肥、下屎、小便などの金肥）を調べてきたものの、「肥料の歴史」としての分析視角を有してこなかった。そこで、魚肥と屎尿に関する個別研究に依拠しながら、近世後期における肥料のありように一定の方向性を定め、この地域の特質をまとめておきたい。

田畑肥料の需要と供給は、農業が大きな割合を占めた近世の経済活動に不可欠な案件だった。古島敏夫、戸谷敏之などによる農業技術・経営の分析と類型化がおこなわれて以降、近世史における肥料の研究は特化されて、いわば農業そのものや商品流通との接点を遮断した。[21]この肥料関連に限られた研究蓄積を整理した水本邦彦によれば、以下のような方向性がみえてくる。[22]

A　草肥の利用

B　干鰯・鯡〆粕などの生産と流通、消費

C　三都とその周辺地域における屎尿取引

D　農書・農法研究における施肥状況

E　農家経営、農村の実態把握

これらはいずれも個別の事例をもとに優れた成果を挙げてきたものの、相互の連関性や時期の特徴などを考慮してこなかった。たとえば農村分析による成果でも、肥料の統一性がみえてこない理由として、土地柄・気候・立地条件に基づく多様性が挙げられる。「東北日本型」や「西南日本型」といった大きな方向性は見出しているが、確定的ではないし、各地の農書・村明細帳・経営帳簿などを読み進めるごとに「細分化の迷路」に入ってしまった実感を持つ。

著者が大坂地域における肥料問題を考える契機となったのは、近世地域社会論とともに注目をされた国訴研究である。[23] 畿内における国訴の研究は近世地域社会を明らかにする事例として、村連合や組織論、および社会性という点で注目を集めた。国訴の目的にはさまざまな要因があり、綿や菜種の売買をめぐるもの、そして肥料価格の高騰に対する村々の訴願運動がおこなわれている。青物や屎尿の取引に関わるところでいけば、「肥料国訴」はこれまでの国訴研究と、青物・屎尿研究を融合させて、発展形を作る好素材であるといえよう。

この肥料国訴は、主として魚肥の価格高騰に対するものとして理解されてきた。大坂周辺地域では、干鰯、そして近世後期には鰊《にしん》を大量に消費し、綿や菜種作、その他いわゆる商品作物の栽培に利用していた。研究上、干鰯や鰊魚肥については金肥と区分され、下屎に対して上屎《うわごえ》（上肥）と呼ばれた。この価格の高騰は、魚肥を供給する生産地の状況や、漁業であるがゆえの予期せぬ不漁との連関性も指摘される。それに加えて、大坂市中から排出される下屎や小便の量的な増減も影響があるのではないか。その疑問に至る背景は、右にも挙げた農書や農家の経営帳簿にある魚肥と屎尿の使用法に関する記述である。

実は魚肥と屎尿を使い分けていることも多いが、これも一様ではない。どちらでも同じように施肥に利用する場合もあった。つまり、魚肥と屎尿を同じ肥料市場としてみた場合、どちらかの価格変動と指摘するよりも肥料全体の消費市場として議論を組み立てるべきなのである。魚肥の場合は不漁や生産体制の課題があったが、下屎や小便の場合も「供給先」の異変が価格に直接影響を与える。たとえば、幕末期に大坂の都市人口は減少するといわれるが、これは供給減の大きな理由になった。また、都市・農村における大火や水害、そして地震などの災害にまつわる供給不足や入手回路の変容も同様である。その点では、肥料市場を全体的に把握し、各年代のあり方を論じる意義は多分にあるだろう。そしてこれは、いまだ克服できていない「東北日本型」や「西南日本型」と呼ばれる農業の枠組みを再考することにもつながる。

4　近世日本の都市と農村

都市と農村の関係は歴史学において古典的命題である。とくに都市と農村の対立という視点は、戦後歴史学においても階級闘争史のなかで大きく取り扱われてきた。それに関連して深谷克己は百姓一揆の研究視角のなかで次のように述べている。

都市と農村がどのような関係にあったか、またそこに居住する諸身分がたがいにどういう関係にあったか。これは以前からとりあげられてき、いまなお新しい問題である。階級闘争は、端的に両者の関係の質を表現したが、それをとおして現われた都市・都市住民と農村・農村住民の関係は、簡単なものではなかった。(24)

深谷は続けて、城下町の特権商人層と農民の対立的性格を明らかにしながらも、生活条件の近似的な都市・農村双方の住民は「共同」で闘争を展開し、協力関係があったことを指摘している。これまでの歴史研究では、「対立」と「協調」の二項対立を意識してきた。これはもう古いのだが、強いていえば深谷の指摘にあるような「協調」の側面に留意しながら、本書では仲間組織の内部構造について解明をおこなう。また、内部だけでは運営が円滑に機能しない仲間の「外部委託」にも言及したい。さらに都市と農村の関係に新たな展開を見出せる分析が可能か、という希望を持ちながら検討を進めることにしよう。

第二節　本書が目指すもの

1　近世大坂地域を分析する意義

明治時代以降、戦前までの商業史研究は日本史全体の研究水準を引き上げた。とりわけ近世大坂研究においては、商人や経営に関する歴史的成果が多大な位置を占め、「天下の台所」もしくは「中央市場・大坂」という言葉が定着していったのもこの時期の特徴である(25)。その言葉の真偽は別として、研究史のなかでは経済都市・大坂の分析は、中央市場の分析、あるいは国家経済の基幹としての位置付けのもと、日本列島の結節点を検討することになっている。

全国経済の中核とはいえ、大坂もひとつの都市であり、近隣には数多くの村々が存在する。他の諸都市と同じく、地域市場を形成し、その拠点の役割(「地域市場のなかの大坂」)も果たしているのである。その観点からみれば、「地域のなかの大坂」、そしてその周囲を取り巻く村々の歴史的位置付けも改めて考えなければならない。屎尿や青物流通は、その命題を明らかにする素材であり、しかも地域を読み解くうえで極めて重要な課題だといえる。

現在の流通史研究は、今までの枠組みを大きく乗り越える事例分析が格段に進む一方、未だ「幕藩制市場の幻影」を意識していることに問題がある。その象徴が大坂の経済的評価をめぐる議論である。ここでは、大坂そのものを分析する研究、または大坂を取り巻く諸論考を交えて、いくつか重要な論点を整理しておきたい。

第一に、「幕藩制市場の中核」、いわゆる「天下の台所大坂」論からの脱却である。周知のように、一九世紀に入ると、大坂の移出入商品の減少、市場的地位の低下が著しく、兵庫を始めとする近隣諸湊の成長、また全国各地からの物資が江戸直送へと比重が高まっていくことが指摘されている。この議論についても今後詳しく検討する必要があるが、そのほかにも琉球、蝦夷地、また広く東アジアの交易についての実態解明が進んだことで、「鎖国体制下の大坂」ではない、列島の南と北、さらにはアジアとの関係を視野に入れた大坂市場の役割を論じなければならないであろう。この点はすでに拙稿において紹介しているが、琉球物や松前物の流通状況を意識しながら、大坂の経済的位置をいま一度確認すべきではないだろうか(26)。またこれまで中央市場として注目されてきた大坂の商業ではあるが、中川すがねが主張するように、豪商ではない中小商人の具体的分析も進めなければならない[27]。中小商人の動向が豪商の盛衰と比例するか否か、あるいは地域市場としての大坂がどのように推移するのか、といった点にも現在の研究では関心が及んでいる。

第二に、武士の町大坂論が提起されたうえでの「大坂町人論」である[28]。かつての研究では、大塩平八郎を除いて武士の存在がほとんど無視されているなか、近世の大坂町人像が形成されてきた。例えば、反権力・反江戸の気質、商才に長けるなどの特徴を持つとされ、この人々の結集が天下の台所を支えてきたという。現代においても具体的根拠のないまま、「商人の町」だとひたすら強調されるが、果たしてそうだろうか。大坂商人たちが存立していたのは、幕府の経済的拠点であったがゆえ、また諸大名家の大坂蔵屋敷が主要な取引先であったという事実を抜きには語れないであろう。もちろん民間同士の取引も無視はできないし、公権力の介在が大坂経済を支えていたことに注目しなければならない。とくに大坂蔵屋敷は大名家の国元から派遣される武士と、大坂商人・町人の結節点として重要であり、人的・物流・金融などの諸関係を改めて見直すべきであろう。また、蔵屋敷よりも規模は小さいが、一部の大名・旗本によって設置されていた大坂御用場の存在も近年ようやく明らかになってきた[29]。この点で特筆すべきは、都市商業の担い手とは強固に世襲していく大きな商家だけではなく、時期を下って新たに登場する中小商人も含まれていることである。また、武家・商家ともに、相応の「格付け」もあろう。大きな大名家には手広く商売をおこなう商家が、小規模の領主層には新たに事業を開始する新興商人が、といったような武家と商家の関係も問い直す必要がある。右の諸問題を含め、大坂町人にとって、武士との関係、権力との距離感はどのようなものであったか。そしてさまざまな人々が生活する大坂の特徴とは何か。今までとは異なる都市像が浮かび上がらせることは十分可能である。

第三には、もっとも重要なことを掲げておきたい。都市大坂という観点から離れて、地域史研究における文献史学の役割とは何かを論じてみたいのである。通常、歴史や文化の研究には、文献史学のほかにも、考古学、民俗学など課題や情報を共有できる隣接諸科学が有効な研究を提示し、また「地域研究」となれば、経済学や社会学の専門家が得意とすることもあるだろう。本書が取り上げる屎尿や蔬菜に関していえば、文献史学の成果は決して大きくはない。むしろ、民俗学によって現代まで続く「人々の営み」が復元されているし、近世の随筆や記録で関係する史実を解き明かすこともなされてきた。ひとまず、自分のこと（文献史）は棚に上げて、発掘による遺跡や出土品による解明、民具や聞き取り調査をはじめとする民俗調査の意義など、これらが互いに結びつくことで、「長い歴史」や「地域史の特徴」が明らかになるのだろうと考えている。それでは、私たち文献史学の意義はどこにあるのだろうか。

歴史研究における古文書の「役割」をみつめる前に、歴史と現在の共通点について考えたい。極めて単純なことだが、私たちが日常生活で「話すこと」「考えること」「書くこと」を無意識のうちに棲み分けているのかを整理してみよう。

①人々が文書を書くこと、作ること……近世という時代の背景を考えると、まず興味を持つのは識字率、そして道具である筆や紙の商品的価値だろう。当時の人々は「読み書き」ができて、たくさんの人たちが文字を知っていたという学説があり、またその反対もある。そこを深追いする気はないが、現在も変わらないのは文書を作る「必要性」だろう。高価な紙にわざわざ文書を認める行為には、大きな意味がある。

②文書には何を書いているか、という問いかけも重要である。支配・行政にかかる「公文書」はもとより、民間社会における契約書や領収証、さらに借用証文の多さにはいつも史料調査で驚くばかりだが、当時の人々にとって文書にする意味があるのと同時に、残さなくてもいい情報も存在する。私たちも普段の生活で行動の一々をメモすることがないのと一緒で、「当たり前のこと」は文書にしないという背景は大いに文献史研究者が意識すべきことだろう。

これらも当然のことで、わざわざ書物に含むべきではないかもしれない。しかしながら、本書が主題とする「屎尿」の流通では、文書化されることが極めて少ない。よって、民俗学や考古学の後塵を拝してきたともいえるが、それを少し解決してくれそうなのが、近世大坂の下屎・小便関係文書である。人間がいる限り、必ず屎尿が発生するはずなのに、ごく一部の地域でしか史料はみつからないし、体系的な文字化を確認できない。ところが大坂とその周辺では、いわゆる草肥が十分確保できないことから、屎尿に関心が集まり、他地域と比較しても「高価」に扱われた。そして、大規模な売買が多くの担い手（売り手＝町人、買い手＝百姓）によって成立し、それぞれが組織化することになった。また、価値の上昇に伴ってさまざまな屎尿をめぐる訴訟が起こったことも、文書主義を重んじる近世社会で大坂の屎尿文書が増加した契機にもなっただろう。

このようないくつもの「必須条件」によって、本書が取り扱い、そして分析対象とする屎尿関係文書が作成されたのである。これまでの隣接諸科学の成果に合わせて、この文献の分析が交差することで、新しい屎尿問題研究、あるいは大坂地域の歴史的特質を提示できるだろう。

2　「処理」ではなく「流通」である

さきに掲げた排泄物に関する先行研究は、ごく一部を除いていずれも都市衛生の観点からの論説であったことが明らかである。まして近年は環境保全を念頭に置いて、屎尿問題についても「清潔空間を確保するリサイクル」として高い評価を与えている。しかし、近年盛んに繰り広げられる安易なリサイクル論を手放しで歓迎する以前に、その前提となる行為の実態や人々の意識といった部分に配慮がなされるべきである。

幕末維新期に来日した外国人たちの記録にしばしば下屎やそれらを運搬する川船（屎舟）の記述がみられ、それをもとに衛生、環境といった問題に言及する著作がある。[30] とくに要人の来訪に対して屎舟の通行を規制する話も紹介されている。これは幕末期以降、あるいは外国人に限らない。たとえば、嘉永七年（一八五四）閏七月二八日、大坂定番が両川口（安治川・木津川）の巡見に出掛けるため、「下屎船往来は勿論」のこと周辺地域において屎舟の繋留をも取り除くべし、との達しが村々に出されている。[31]これは、河川における交通規制の要素が強いと感じられるものの、「屎尿の忌避」と受け取ることもできるだろう。伝染病の流行を意識した衛生観念が主張される明治時代以前にも「汚いモノには蓋をする」志向はあったのだが、年中その通航を遮るわけにはいかなかったのである。

大坂においては、近世初期から中期にかけて人口増加が著しく、それに伴って衛生問題が懸案事項のひとつに挙げられることになった。とくに屎尿「処理」は行政問題化されるほど深刻ではあったが、周辺農村の田畑肥料として利用されることで解決された。豊臣秀吉が大坂城を拠点にしたころから、大坂町人の屎尿が農村に売却されていることが確認され、屎舟を利用した輸送が頻繁におこなわれていた。「屎尿」と一括しているが、屎（下屎）と尿（小便）は農作物の種類等によって用途が異なり、市中の町家でも別々に便所が設置されている。また、江戸や諸都市では「下肥」と表記されるが、大坂の場合は町奉行所からの触書や訴訟に関する公文書、そして実際に取引をおこなう町人や百姓たちに至るまで、基本的に「下屎」と書いている。

下屎と小便は、流通経路や機構もそれぞれ独自に形成され、重複も多分にみられるが、おおよそ地域的に分化している。屎尿の汲取や売買については、肥料としての重要性や価値が増してくるにつれて、町方と周辺農村との間で争奪が激化して、当初町方優位であった屎尿売買も明和から天明期には在方へその主導権が移行していった。それと同時に、下屎は「摂河在方三百十四ヶ村下屎仲間」、小便には「摂河小便仲間」が成立し、大坂の屎尿をほぼ独占的に獲得する組織へと成長を遂げていく。とくに在方下屎仲間については、寛政二年（一七九〇）の改革で、公的には完全な在方による下屎汲取体制を確立した。

右のような流れは、すでに先行研究でも確認されてきたことだが、具体的な実証分析をふまえつつ、史実の正確性と豊富化を図りたい。何度も繰り返すが、本書では決して屎尿処理であったのではなく、商品としての価値を有した屎尿流通だったことを強調していきたい。当時、そこで生活し、さまざまな生業によって屎尿取引に従事した人々の足跡を追究することが何よりも最大の目標である。また彼／彼女たちが意識していたのは、肥料としての商品価値だったことで一貫している。

具体的な事例のなかで主要な論点となるのは、①「村々の連合体」、②「組織形態」、③「糶取《せりとり》」、④「誰が利潤を得ているか」、⑤「近代への移行」などである。

①は、青物流通における村々の連合「万延組」、在方の下屎仲間、そして同じく小便仲間のあり方に焦点を絞る。これはいずれも摂津国・河内国の大坂周辺村落を中心に結成された。もちろん重複する地域もあり、また各組織において中心となっている村々（具体的には庄屋・惣代）も近似している。ただし、仲間それぞれには特有の個性があり、目的や運営方法もさまざまであろう。そのひとつずつについて、しっかりとした実証をおこない、畿内村落結合の具体相をつかみたい。また、これらは最大一〇〇〇か村を超えて訴願運動を展開した国訴の基盤にも通じるものであり、研究史的にも分厚い国訴の村連合に関する成果を吸収しながら、近世の社会動向を明らかにしていく。

②は在方における組織について、どのような運営がなされていたのかに注目する。青物にしろ、下屎・小便にしろ、在方で組織を形成するが、あくまで交渉相手となるのは大坂市中の問屋や町人の代表者たちだった。在方の代表者たちはそれなりの素養を持ち、自らの利益を獲得する術を心得ていたが、より優位に物事を運ぶため「通路人」と呼ばれる代理人の存在も欠かせなかったのである。この通路人を介して、大坂市中におけるいわば利権獲得・維持運動を展開することも、屎尿史研究のなかでは重要な課題といえよう。これらの前提をもとに町方との交渉過程にも重点を置きながら考察を進めたい。

③近世中期以降、下屎・小便取引は在方仲間の優位が目立つ。さきの文章にも「独占的」という言葉を使用したが、表面的には大坂市中の町家に対して両仲間は町・村合意のもとで自分たちの縄張り（町割）を設定し、

仲間主導の取引範囲が作成された。しかしながら実際には、その町割の通り、あるいは公定価格と呼ぶ均一の汲取値段が遵守されたわけではなかった。これは糶取と呼ばれる、他人の汲取権を無視し、町人との直接交渉によって厠の排泄物を入手するというものによる。つまり、仲間が設定している取引関係を通常よりも高い金銭で横取りするのである。このような仲間側からみれば、不埒な行為は在方が「独占的」な汲取体制を確立した近世後期から制度が廃止される明治初年まで顕在化し、仲間運営の悩みの種となっていた。仲間に加入し、定められた通りに町家の汲取をおこなう百姓にとっても、いつ糶取で自分の持ち場を奪われるかわからないという不安から、公定価格よりも上積みした代価を支払っていたことも多い。そのような規定とは異なる取引の実像にも迫りたい。

④については、このような屎尿取引の制度が誰のためにあるのか、また誰が利益を受容しているのかを考えてみたい。大坂市中の住民たちにとっては、早く除去したい排泄物が金銭や野菜などに交換できる特典があり、周辺の農家には豊富な肥料が手に入る仕組みであった。また、都市行政を受け持つ大坂町奉行所は自ら介在せずとも町の管理が円滑に進む好都合な制度となったであろう。単純な構図からすれば、大坂地域におけるすべての人々が多分の受益を得るが、実際にはどうだろうか。さきに挙げた糶取によって本来入ってくるはずの肥料が確保できない者、町方掃除人の廃止で職を失う都市民なども存在する。反対に、糶取をして儲けを得る者、なかには「下屎長者」と周囲から呼ばれる在方の有力者たちもいた。具体的な事象を整理していくことで、みえてくる当時の人々の立場や行動を解明することも重要であろう。

⑤は、このような取引関係が終焉を迎える明治初年について考察し、また政治的な混乱期に行政機構が対応した様相を明らかにしていく。政治体制は幕府から明治政府へ、地域行政は大坂町奉行所から大阪府へと移行するわけだが、実際に生活する人々は日々耕作に勤しみ、生業を営んでいる。そのなかで簡単に制度を変革することは困難だろう。社会を運営する枠組みと、そこに生きる民衆の具体的なありようを分析しながら、近

世・近代移行期の大坂地域をとらえようと考えている。

地域市場を蔬菜と屎尿に限定して取り上げる理由は、他商品にはない「鮮度と負荷」にある。蔬菜は鮮度が問われる商品で生産地から消費地へ迅速に運ぶことが必要であり、また屎尿においても許容量の限りがあり、短期間で早く都市から放出しなければならない必然性がある。つまり、時間的制約を伴う商品流通なのである。しかし、米穀、菜種、木綿など農村から生産される代表的な商品、また農村が必要とする魚肥、粕類などの肥料類はいずれも鮮度の善し悪しが商品価値に影響することはない。これらは地域市場において重要視されることも多いが、全国市場型の商品流通を可能にする条件を満たすため、「地域限定」には成り得ない。本来的な意味で地域市場を解明するには、「鮮度と負荷」という制約のある「地域内完結型」の流通構造を分析しなければならない。

3　本書の具体的な課題

前節の設定から、本書の具体的課題を章別にまとめておこう。

第一章＝　大坂町人たちの食料需給との関わりから青物（蔬菜）流通の実態に注目し、その流通構造における周辺農村の役割と、大坂天満市場が担う都市問屋機能のありようについて詳細な分析を試みる。なかでも「万延組」と呼ばれる近在農村の連合体、市中で認可された「立売場」の取締・運営組織の状況を流通組織の検討として明らかにしたい。また、漠然とした周辺農村という枠組みを明確にする必要性から、青物流通の取引範囲について考察を深めたい。その延長上に天満市場問屋の影響が及ぶ地域と、その地域における取引の盛衰も同時に触れることになる。

第二章＝　摂河小便仲間と並んで近世後期大坂地域における屎尿流通の中心組織である、摂河在方下屎仲間を素材として、その構造と特質をテーマに論述する。本章の目的はこの下屎仲間がどのような取引手法で大坂市中との関係を保持していたのかという疑問を解くことにある。この取引の特質は在方仲間が大坂三郷の各町を請入箇所として設定し、その箇所（町家の雪隠）を在方仲間が独自に管理していることにある。また仲間が存立するうえでその組織形態に着目し、通路人の活動を明らかにしたい。

第三章＝　前章に引き続き、都市と農村の関係に留意しながら、摂河小便仲間の組織形成と展開を中心に議論を進めたい。本書でもっとも大きく取り上げる「屎尿」の重要性、その商品としての小便肥料取引に関わる人々・組織の状況を深く掘り下げ、都市と農村の関係や、農村連合内部の矛盾など、複雑に絡む流通構造の特質について検討する。

第四章＝　第二、第三章の分析を踏まえて、下屎を素材に近世後期における価格形成の諸問題に触れたい。下屎には取引規定のなかで公定価格が決められており、それを基準に売買が実施されていたはずである。しかし、これが遵守されていないことが多々あり、大小さまざまな「揉め事」が起こる。実際の取引が明らかでない下屎取引について可能な限りの実証をおこなっていきたい。また、大坂三郷とともに近隣地域の売買についても紹介し、その特質を分析する。地域的分布や、売り手と買い手の社会的合意にも関わることになろう。

第五章＝　幕末維新期は政治変革にともなって、下屎取引の制度も大きな変容をみせる。本章では、幕末期から明治時代初頭にかけての屎尿取引の制度的変遷と、新たな「管理者」となる大阪府の対策、および行政機関の屎尿に関わる取り組みの様相を解明したい。大きなねらいは、屎尿流通と政治・社会の流れが微妙にズレをみせはじめる時期を検討することである。伝染病の流行と相俟って民間主導の取引から行政機関の影響が強くなる部分も含め、政策と民衆の認識についても分析したい。

第六章＝　本書では近世から明治初年にかけての屎尿流通を縷々述べてきた。その詳細な史実から何が得られたのかを総括し、「社会環境史」という側面から大まかな流れのなかで評価をするのが本章である。流通史を明らかにしたなかでみえてくる近世社会の様子、また都市・支配を見据え、江戸時代はリサイクル社会として位置付けることが可能なのか。そして災害に直面する際、百姓や町人が作ってきた制度はどのような機能したのか。衛生対策の登場を含めて、包括的に本書の成果をとらえたい。

以上、具体的な課題を列挙したが、各章の相互関係などについては、本論文のなかで随時触れていくことにする。

〔注〕

（1）大田区立郷土博物館編『トイレの考古学』東京美術、一九九七年。また考古学や民俗学をはじめとして「厠・便所・トイレ」の研究も盛んである。李家正文『厠（加波夜）考』六文館、一九三二年。同『厠史話』六興出版社、一九四九年。礫川全次編『厠と排泄の民俗学』批評社、二〇〇三年。NPO法人日本下水文化研究会屎尿研究分科会編『トイレ考・屎尿考』技報堂出版、二〇〇三年。ほかにも多数あり、貴重な参考文献ながら本書は厠・便所を主題にしていないため割愛する。

（2）安田政彦『平安京のニオイ』吉川弘文館、二〇〇七年。

（3）安藤優一郎「首都東京の環境衛生行政—屎尿処理システムの変更と条約改正—」（『比較都市史研究』二二—一、二〇〇三年）。Kayo Tajima「The Marketing of Urban Waste in the Tokyo Metropolitan Area: 1600–1935」（タフツ大学提出博士論文、二〇〇四年）。星野高徳「二〇世紀前半期東京における屎尿処理の有料化—屎尿処理業者の収益環境の変化を中心に—」（『三田商学研究』五一—三、二〇〇八年）。橋本元『京都市に於ける屎尿の処理と近郊農業』（京大農業経済論集第一輯別冊、一九五三年）。中村治「京都市における屎尿の処理と環境問題—昭和三〇年代までの肥料からそれ以後の廃棄物へ—」（『人間科学　大阪府立大学紀要』六、二〇一〇年）。松下孝昭「大阪市屎尿市営化問題の展開—都市衛生事業と施政・地域—」（『ヒストリア』一一九、一九八八年）。

（4）尾崎耕司「昭和恐慌期の地域団体について—衛生組合と屎尿汲取問題—」（『神戸の歴史』一九、一九八八年）。遠城明雄「近代都市の屎尿問題—都市—農村関係への一視点—」（『史淵』一四一、二〇〇四年）。吉良芳恵「屎尿処理をめぐる都市と農村—一九二一年の横浜市街地と近郊地域—」（横浜近代史研究会・横浜開港資

料館編『横浜近郊の近代史』日本経済評論社、二〇〇二年）。

（5）吉良芳恵「横須賀市における屎尿処理問題―市営化とその展開―」（鈴木勇一郎・高嶋修一編『近代都市の装置と統治―一九一〇～三〇年代―』日本経済評論社、二〇一三年）。

（6）小野芳朗『〈清潔〉の近代』講談社、一九九七年。篠原孝『農的循環社会への道』創森社、二〇〇〇年。

（7）アラン・コルバン著、山田登世子・鹿島茂訳『においの歴史―嗅覚と社会的想像力―』藤原書店、一九九〇年。北野尚宏「中国における都市屎尿の農村還元について」（アジア経済研究所『アジア経済』二七―八、一九八六年）。

（8）三俣延子「都市と農村がはぐくむ物質循環―近世京都における金銭的屎尿取引の事例―」（同志社大学『経済学論叢』六〇―二、二〇〇八年）。「屎尿経済の日英比較―物質循環論からの考察―」（同志社大学『経済学論叢』六一―一、二〇〇九年）。

（9）スーザン・B・ハンレー著、友部謙一訳「前工業化期日本の都市における公衆衛生」（速水融・斎藤修・杉山伸也編『徳川社会からの展望―発展・構造・国際関係―』同文舘、一九八九年。スーザン・B・ハンレー著、指昭博訳『江戸時代の遺産―庶民の生活文化―』中央公論社、一九九〇年。

（10）渡辺善次郎『都市と農村の間―都市近郊農業史論』論創社、一九八三年。渡辺以前にも、野村兼太郎「江戸の下肥取引」（同『近世社会経済史研究』青木書店、一九四八年）などがある。

（11）安藤優一郎「尾張藩邸と出入百姓中村甚右衛門家」（『社会経済史学』六五―二、一九九九年）。同「市谷御親兵屯所の不浄掃除権獲得運動―名古屋藩出入百姓中村甚右衛門家の動向を中心として―」（『地方史研究』四九―六、一九九九年）。根崎光男「江戸の下肥流通と屎尿観」（法政大学人間環境学会『人間環境論集』九―一、二〇〇八年）。小林風「近世後期、江戸東郊地域の肥料購入と江戸地廻り経済―下総国葛飾郡芝崎村吉野家を事例に―」（『関東近世史研究』六七、二〇〇九年）。

（12）熊澤徹「江戸の下肥値下げ運動と領々惣代」（『史学雑誌』九四―四、一九八五年）。小林風「近世後期江戸周辺地域における下肥流通の変容―天保・弘化期の下掃除代引下げ願と議定を中心に―」（『専修史学』三八、二〇〇五年）。同「慶応期の下肥値下げ令と下肥流通」（『専修史学』四三、二〇〇七年）。

（13）国文学研究資料館所蔵越後国頸城郡岩手村佐藤家文書四〇六九「指上申一札之事」。

(14)　小林茂『日本屎尿問題源流考』明石書店、一九八三年。この原型は小林茂『近世大阪における屎尿問題』大阪府教育委員会、一九五七年である。小林が研究を手掛ける以前には、野村豊『大阪平野に於ける屎尿利用の変遷』大阪府経済部農務課、一九四九年などがある。

(15)　小林は前掲注(13)『近世大阪における屎尿問題』に取り組んでいたころ、『豊中市史』の編纂に参加し、また『新修大阪市史』四（近世二）、大阪市史編纂所、一九九〇年などで執筆を担当している。大阪府下および兵庫県阪神地方の自治体史で近世の下屎を取り上げるようになったのはこの『豊中市史』以降であろう。摂津では『高槻市史』・『摂津市史』など、河内では『枚方市史』などが詳しく地域の実情を伝えている。著者も『門真市史』や『図説尼崎の歴史』で屎尿関連の執筆をおこなった。

(16)　日野照正『畿内河川交通史研究』吉川弘文館、一九八六年。直接の関係はないが、近代部落史研究として明治前期の屎尿と学校経営について詳しく述べた吉村智博『近代大阪の部落と寄せ場』明石書店、二〇一二年も参考までに掲げておく。

(17)　例えば作道洋太郎・安沢みね・藤田貞一郎・川上雅『生鮮食料品の市場構造』河出書房新社、一九六七年。藤田貞一郎『近代生鮮食料品市場の史的研究』清文堂出版、一九七二年などの貴重な成果は、いずれも近代市場構造の研究が中心である。

(18)　小林茂「近世大阪における『青物』の流通問題」（大阪歴史学会編『封建社会の村と町』吉川弘文館、一九六〇年）、同『近世農村経済史の研究―畿内における農民流通と農民闘争の展開―』未来社、一九六三年。三浦忍「近世後期農民的青物市場の形成過程」（黒羽兵治郎先生古稀記念論文集『社会経済史の諸問題』巌南堂書店、一九七三年）。

(19)　八木滋「大坂・堺における薩摩芋の流通」（『大阪市立博物館研究紀要』三一、一九九九年）。同「天満青物市場の構造と展開」（塚田孝編『大阪における都市の発展と構造』山川出版社、二〇〇四年）。同「青物商人」（原直史編『身分的周縁と近世社会三　商いがむすぶ人びと』吉川弘文館、二〇〇七年）。

(20)　荒武賢一朗「食品流通構造と小売商・消費者の存在」（荒武賢一朗編『近世史研究と現代社会―歴史研究から現代社会を考える―』清文堂出版、二〇一一年）。

(21)　古島敏雄『近世日本農業の構造』日本評論社、一九四三年。戸谷敏之編著『明治前期に於ける肥料技術の発

達―魚肥を中心とせる―」日本常民文化研究所、一九四三年。同『近世農業経営史論』日本評論社、一九四九年。
(22)　水本邦彦『草山の語る近世』山川出版社、二〇〇三年。
(23)　藪田貫『国訴と百姓一揆の研究』校倉書房、一九九二年。平川新『紛争と世論―近世民衆の政治参加―』東京大学出版会、一九九六年。
(24)　深谷克己『増補改訂版　百姓一揆の歴史的構造』校倉書房、一九八六年、第五部第一章。
(25)　「天下の台所」の言説については、藪田貫『武士の町大坂―「天下の台所」の侍たち―』中央公論新社（中公新書）、二〇一〇年。
(26)　荒武賢一朗「大坂市場と琉球・松前物」（菊池勇夫・真栄平房昭編『近世地域史フォーラム一　列島史の南と北』吉川弘文館、二〇〇六年）。
(27)　中川すがね『大坂両替商の金融と社会』清文堂出版、二〇〇三年。
(28)　前掲（1）藪田著書。藪田貫『近世大坂地域の史的研究』清文堂出版、二〇〇五年。
(29)　荒武賢一朗「松代真田家の大坂交易と御用場」（渡辺尚志・小関悠一郎編『藩地域の政策主体と藩政―信濃国松代藩地域の研究Ⅱ―』岩田書院、二〇〇八年）。同「在坂役人の活動と蔵屋敷問題―幕末維新期の混乱とその特質―」（荒武賢一朗・渡辺尚志編『近世後期大名家の領政機構―信濃国松代藩地域の研究Ⅲ―』岩田書院、二〇一一年）。
(30)　スーザン・B・ハンレー著、指昭博訳『江戸時代の遺産―庶民の生活文化―』中央公論社、一九九〇年。
(31)　尼崎市地域研究史料館所蔵橋本治右衛門氏文書九〇―二「下屎懸り諸事扣」。
〔補足〕「大坂」の表記については、歴史研究において明治元年（一八六八）を境にそれ以前を「大坂」、以後を「大阪」とすることが一般的である。本書では便宜的に明治時代に入ってからも地名表記を「大坂」とする。また、本文でも述べたように、江戸では「下肥」と表記しているが、本書の大坂および周辺地域に関しては史料用語の「下屎」を用い、下屎と小便を合わせた表現では近世期には使用されてはいなかった「屎尿」を便宜的に使用する。

第一章　近世大坂における青物流通と村落連合

はじめに

本章では、近世後期から幕末期にかけての大坂近郊農村の特質を明らかにすることを前提に、都市と周辺農村の関係を具体化できる素材として、青物流通について論証を深めていきたい。具体的には「万延組」と呼ばれる近在農村の連合、立売場における取締機構、摂津国の西成郡稗島村、池田周辺、尼崎周辺、そして堺・河泉丘陵地域の事例から大坂市中および天満市場に関する青物流通の実態を分析する。

近世大坂の市場や流通を論じる場合、全国市場の核となる大坂市場を取り上げて検討を加えることが多く、江戸や全国各地を結ぶ広域的な物流を念頭に置いた研究が想起される。しかし、ここでは当時四〇万人規模の大都市・大坂と、その社会生活を支える周辺地域に限定して種々の問題を解明したい。

第一節　大坂青物流通の取引範囲

1　天満青物市場の盛衰

近世大坂の青物流通は、大坂三大市場のひとつである天満青物市場を起点としている[1]。天正から慶長年間（一五七三～一六一五年）に石山本願寺門前で魚・干物と同じく青物問屋が営業を開始し、数回の移転後、承応二年（一六五三）に天満橋北詰で市が立てられて天満青物市場が成立する。それ以降大坂三郷では、人口増加による蔬菜需要の拡大もあり、天満市場は発展を続けていく。しかし、享保年間（一七一六～三六年）には三郷の消費増大に伴い、周辺農村における青物作の活発化、摂津国西成郡難波村（現大阪市中央区・浪速区）を中心とした大坂南部畑場八か村の立売場・立売挨拶場設立の問題などが浮上してくる[2]。ここでの青物立売場は、村の入口に設置された市であり、村民である青物立売人のもとに市中商人が集まって売買がおこなわれるものである。つまり、天満市場が果たす役割を、近郊農村が引き受けることになる。当然、天満市場を介さずに直接売買が成立するため、市場問屋側としては大きな打撃となった。そして享保年間以前にも**表1**にあるように、天満市場以外の町人および百姓から新市・立売の歎願がおこなわれているが、大坂町奉行所の裁定によってほとんどが却下されている。研究史では、これを「天満市場保護政策」と位置付けてきたが、それよりも商業の既得権に関与しない「公儀」の姿勢とみるべきだろう。こうした流れのなかで小林茂が指摘したように、既得権維持を目論む天満市場と、市場参入を目的とした近郊農村の対立・抗争が発生する[3]。

明和八年（一七七一）一一月、天満市場問屋は大坂町奉行所に対し、青物営業人取締を理由とした問屋株仲間結成の願い出をする。翌年一月、願い出によって結合問屋株の許可が出され、仲間年行司一名の選定などを

表１　近世前期大坂の青物市場に関する出願

年　　代	場所・願人	出願した営業形態	結　　果
寛文〜延宝年間(1661〜81)ごろ	道頓堀太左衛門橋	新　　市	歎願却下
〃	思 案 橋	〃	〃
〃	日 本 橋	〃	〃
〃	長堀炭屋町	〃	〃
延宝〜貞享年間(1673〜88)ごろ	高津新道	青物問屋	停止後、禁止令
元禄２年（1689）10月	堂島新地	新　　市	停　　止
元禄11年（1698）２月	長堀裏町屋敷	〃	〃
元禄年間（1688〜1704）	堀江開発（御池通２丁目・橘通１丁目・新難波町）	青物市場	条件付き許可（天満青物市場の営業を妨害しない）
宝永５年（1708）６月	曽根崎新地	新　　市	歎願却下
享保13年（1728）11月	京橋６丁目	立　　売	禁　　止
享保18年（1733）11月	天満10丁目・京橋６丁目、於天神橋	〃	〃
元文６年（1741）２月	京橋６丁目など６か町	〃	〃
宝暦元年（1751）	近在百姓（於天満樋之上町浜通）	〃	〃
宝暦３年（1753）12月７日	天満菅原町年寄など（於太平橋）	〃	〃
宝暦６年（1756）５月18日	樋之上町・天満菅原町	〃	〃
明和６年（1769）５月	天満菅原町など８か町	〃	〃
明和６年（1769）８月	樋之上町	〃	立売をしないという請書を提出

出典：「天満青物市場年暦沿革」。

実施した。この町奉行所の判断は、台頭してくる近郊農村勢力の市場参入を抑制するためのものである。一方、近郊農村側は寛政一〇年（一七九八）、天満青物市場内に立売場開設の権利を獲得する。また、近世前期から断続的におこなっていた村方における難波村百姓市設置を紆余曲折の末、文化六年（一八〇六）に成就させる。(4)

この前提として、幕末期の青物作と大坂近郊農村については、西成郡中在家村の分析をした津田秀夫の論文がある。(5)津田は、青物作をおこなう農家の経営状態、社会的分業の問題として無高貧農層の賃労働化について詳細な検討をしている。ただし、一九六〇～七〇年代段階においての津田、小林の視点は、民衆の運動形態を念頭に置いたものであり、青物に関する問題意識はすべて農民と特権商人、農民と市場内権力の抗争に帰着している。そういう面では、青物流通の組織的形態、近郊農村の動向に関しては従来からの研究蓄積が決して多いとはいえない。

続いて小林の研究を肯定的に捉えたのは、三浦忍である。(6)三浦は、本章と同じく越知家文書(7)を活用して、村落における青物流通と市場側の事情を詳しく記している。また、稗島村商人における広域的な流通構造を調べ上げているが、大坂地域全体に関するまとまった論点は見出せていない。

天満青物市場や青物商人について取り組んでいる八木滋は、これまで明らかになっていた史料を読み直し、市場問屋や仲買、あるいは在方商人を紹介している。市中や近在の商人たちの存在や薩摩芋の流通など、事例については極めて重要であり、本書でも八木の論考を念頭に置きながら、稿を進めていきたい。(8)

そのほかには、渡邊忠司(9)と稲垣建志(10)の考察が挙げられる。渡邊は、近世の西淀川地域における事例を基本として、大坂市中の「外縁的拡大」と大坂農村の「町場化」を明らかにしている。また、本章で取り上げる稗島村についても「人」・「物」に着眼点を置いて分析している。とくに、従来の都市周辺農村に対する概念である「無高＝貧農」の論理に疑問を呈し、「無高＝商人・職人」の可能性を模索した。一方、稲垣は近世中期から後期にかけての天満市場内における問屋・仲買の組織についての成長過程を詳細に考証している。現在まで不明瞭であった取引機構・卸売商人の動向に関心を持ち、諸国問屋を中心にまとめてある。三都によって展開される近世市場の流通構造問題に一石を投じるものではあるが、本書の目指す近郊流通の解明とは別途の問題であると解釈し、これら諸論考とは史実を共有しながらも、別の角度から研究を進めていきたい。

以上、天満青物市場ならびに大坂地域の青物流通、それと現在までの研究動向を簡単ながら記してみた。これまでの成果としては、主として享保から文化年間にかけての市場と農村の対立問題が大きく、幕末の状態は対象に含まれていない。また、先にも述べたように組織的形態や近郊農村の役割などには触れられていないことから、本章はそのような部分についても理解を深めていきたい。

2　周辺農村と遠隔地流通

天満青物市場には、近隣および遠隔地から多彩な商品が入っていた。そのなかで比較的近接する現在の池田市、尼崎市、そして大阪狭山市にあたる村々との関係を最初に提示したい。

まず大坂北部に位置する池田周辺地域で天満市場との関わりを確認できるのは、享和三年（一八〇三）八月の摂津国豊島郡東山村と伏尾村（ともに現池田市）における事例である。

【史料1】(11)

村々為申合定書之事

一大坂北在村々諸菓物、天満市場、村外之売捌之義、前々より仕来り夫々有之儀ニ候、中ニ茂栗市之義壱升付何程と其日之相場ヲ以売買仕候事仕来ニ有之候処、当九月より新規ニ相改、山方より持出候入物之侭ニ而代売ニ可致段、天満市場問屋中より申之候ニ付、右躰ニ而ハ山方甚指支ニ付東山村・伏尾村より右問屋中江種々対談有之候処、問屋中買一同申合印形迄取揃候事故、今更先規通升買不相成抔申、我意而已申立候ニ付村々一同惣談之上（後略）

この史料は北摂における特産物のひとつだった栗の売り捌きについて、北摂地域村々と天満市場との間で意見の食い違いが生じたことを示すものである。享和三年八月まで天満市場へ出荷する栗については相場値段に合わせ一升ごとに売買していた。しかし天満市場の申し入れは、九月から「入物」そのままで取り引きすることを要望してきたのである。北在村々側は従来通りの売買を続けることを主張することで両者の対立が浮上した。

天満市場と北摂地域がいつ頃から青物売買をしていたかは不明であるが、近世期の早い段階から取引はおこなわれていたと思われる。この地域の商品作物は天満市場だけでなく、近接の池田青物市場へも出荷されていた。その北在村々と池田市場との取引は次の史料から推測することができる。

【史料2[12]】

一札之事

一其御村々より出来候青物并菓物類先年より引請、銭ニ而五歩之口銭を以売捌来り候処、去ル宝永年中銭相場致下落ニ付及御相談ニ、銭ニ而六歩之口銭ニ相成、其後弥以銭下直ニ付相成候故、或ハ代物売掛ケ多相重り勘定不足仕、市場明衰微仕問屋相続も難成、歎ヶ敷、問屋中相続も仕、市庭之商人五、六人つ、為組合、市銭不足候者出来候節ハ相続不申候様相成（後略）

これは享和四年（一八〇四）一一月、池田の青物問屋・吉の屋太兵衛ほか七名から東山村・伏尾村を含む細郷・能勢郷一一一か村の惣代に宛てられた文書である。以前から北摂村々の青物や果物を池田市場にて売り捌いていたことが書かれており、当時池田の問屋商いが低迷していたことを示唆している。衰退の起因は文中にある宝永年間（一七〇四～一一）の銭相場下落が関係し、やはり天満市場と北摂地域村々の直接売買が大きく影響したと考えられる。

次に、大坂西部に位置する川辺郡南部地域（現尼崎市一帯）と天満市場との出入り一件について検討したい。

【史料3】⒀

乍恐口上

一両国町銭屋孫右衛門支配借家倉橋屋喜兵衛方ニて、私共方三ヶ村并外村方共毎年冬分六十日斗之間下糞取リニ登り候便リニ積参候土付大根売買之儀、差構之趣天満青物問屋方より奉願上喜兵衛被為　御召御糺被為　成候所、御日延奉願上喜兵衛方より段々青物方へ対談仕候処、天満方何分不承知ニ付右喜兵衛売留り候外可仕様無御座趣私共方へ通達仕、依之奉驚入当月十七日私共罷出、喜兵衛同様ニ昨廿日迄御日延奉願上候所御猶予被為　成難有奉存、則私共義も段々対談ニ天満へ罷越候え共何分訳立難相成候ニ付、乍恐以書付難渋之筋左ニ御願奉申上候事

一喜兵衛方へ青物方より問屋株貸可申候ニ付天満市場へ罷出売買可仕旨申候、尤喜兵衛義は天満表へ罷越渡世之義可致と候へとも、北在村之義喜兵衛一家縁類多御座候故、先祖より双方共其縁を以往古ゟ西横堀下篭屋町・かひや町さこは辺へ掛下糞取場所ニ御座候ニ付、右糞取船便リニ冬分六十日斗は土付大根積登リ数十年来喜兵衛方ニて売捌来り候儀ニ御座候、然ル処喜兵衛御差留メ被為成下候ては下糞場所方角大ニ相違仕、一日ニ相済候儀も両三日ニも片附不申耕作方甚不勝手ニ罷成難渋至極仕候、乍然喜兵衛方并天満方此度右出入ニ罷成候えは、是ゟは村々相談仕役船同前ニ仕、毎年大根出高割仕候て七、八分迄も天満表へ積込、下糞取ニ罷越候船手ニ積参候大根斗之分喜兵衛方ニて不相替売捌貰候へは、下糞取場所も前々より之通り無恙被申請、私共儀も難渋不仕喜兵衛方も仕似相成（後略）

天明二年
寅十二月廿一日

庄屋
市郎兵衛
庄屋
勘兵衛

庄屋
伊右衛門

御奉行様

これは天明二年（一七八二）に、川辺郡額田村・善法寺村・高田村の三か村から大坂町奉行所に提出された願書である。三か村は毎年冬に大坂・両国町の倉橋屋喜兵衛方へ出向いて、下屎の汲取をしていたようである。この村々は摂河在方下屎仲間に加盟しており、両国町付近（三郷北組の西部地域）を中心に汲取をおこなっていた[14]。史料中に書かれている部分から状況を把握すると、三か村などは下屎の代償として村で収穫された大根を喜兵衛方へ渡していた。それを受け取った喜兵衛は、自家にて売捌をしていたと思われる。当時の大坂市中での青物売買は、原則的に天満青物問屋を通じてしか認められておらず、市場問屋側はこの喜兵衛による売買の差し止めを要求した。続けて青物問屋株を喜兵衛に貸与し、天満市場内で取引をおこなうよう譲歩案を提示している。これに対し、喜兵衛自身は天満へ出て青物渡世をすると意思表示をしているが、一方の三か村側は長年にわたり両国町・下篭屋町・櫂屋町など雑喉場周辺で下屎汲取をしているので、青物を当地へ荷下ろしすることが極めて効率的だった。また青物だけを天満まで運ぶというのは、無駄な時間を費やし、耕作にも支障をきたすという理由を述べている。しかし今回の出入りがあったことを受けて、今後は毎年における大根の出来高のうち、七、八割は天満へ出荷し、残りは喜兵衛方へ下屎の代償として提供することを願い出ている。両者が争った出入りの結果は不明であるが、この願書は天満問屋との対談が進まず、翌日に願い止めを三か村が改めて上申している。

この史料から確認できることは、①実際に屎舟による青物と下屎の取引がおこなわれていたこと、②その取引によって、天満市場を通過せずに近郊農村と三郷の青物取引が成立していたこと、③天明二年段階においては青物問屋株という「特権」が比較的容易に貸与（移動）できる状況にあったこと、の三点が挙げられよう。

三か村が喜兵衛方への大根売捌に固執したのは、史料中に記された「手間」の問題があった。下屎汲取の町割というのは三〇〇か村以上が加入する摂河在方下屎仲間において取り決めがあり、簡単に変更ができない。一か所で青物を荷下ろし、下屎の積み込みをおこなうという形態が農村側にとって最良の手段であった。それが「三か村↓天満」、「雑喉場周辺↓三か村」という一方通行になれば、時間の浪費は倍増することになる。この三か村の場合はおそらく自村生産の青物を大坂市中に持ち込んだ取引であり、こうした「抜き売り」は規制が強化される近世後期から幕末期に多発していた。その関連では、「青物方」が喜兵衛に対する妥協案として問屋株の貸与を訴えていることが注目できる。天満青物問屋仲間は、大坂周辺蔬菜流通において強大な支配力を持っていたとすれば、密売をしていた「青物渡世」の喜兵衛を仲間に迎え入れる態度は極めて異例といえる。倉橋屋喜兵衛についてはどのような性格の人物か判然としないが、青物商売に長けた人物と見受けられよう。結果的には市場問屋の権威を保持するために天満以外の商人を包摂したということになる。

大坂の南東部に位置する河内国丹南郡は、米作よりも畑作が活発な土地柄として知られ、とくに薩摩芋が商品作物のひとつに挙げられる。この地域の村々は、隣接する和泉国大鳥郡などと同様に堺を経由して天満市場へ商品を出荷していたとされる。ここでは、「河泉丘陵地帯─堺─天満」の薩摩芋流通が変化を遂げる幕末期に焦点をあて、その実情を考察する。

まず、幕末期の堺における芋売り捌きは青物問屋三軒と芋問屋一八軒に分けておこなわれていた。両者の関係は定かではないが、青物問屋は芋類を含め蔬菜全般を取り扱い、芋問屋は丹南郡・大鳥郡など薩摩芋産地との取引を中心としていたが、堺における共通の「芋買株」を所有していたと考えられる(15)。

天保六年（一八三五）、堺周辺の薩摩芋について天満青物市場が独占集荷を一手に引き受け、他所への売買を禁止した。これは天満青物市場の独占的支配の拡大を示すことであると同時に、堺青物市場との摩擦が生じた一例である。天満市場側は、この地域の集荷をするため薩摩芋建市場を設置したが、所在が遠隔であるということで村々の反発を買った。そのような状況下で、まだ天満側の傘下に入っていなかった堺・宿院境内の芋買と青物問屋が売捌を請け負った[16]。

安政五年（一八五八）二月の「大坂天満市場諸一件[17]」には、堺青物・芋問屋が天満市場に従う様子が浮き彫りにされている。このなかでは、最初に小山屋捨吉など堺芋問屋や堺仲仕惣代からの詫び証文があり、諸青物類の直売買を勝手におこなったことについて天満市場へ謝罪している。続いて、同史料には次のような規定書が付けられている。

【史料4】

差入申規定一札之事

一此度、其市場江躰不法并商法乱シ候儀、申掛其当人より別紙一札之通相詫、私共迄も無申訳、然ルニ取扱人安立町半町年寄竹屋作兵衛殿并同所弐丁目年寄八幡屋甚右衛門殿、右両人を以当堺地之振合一々申入、何分大坂表商法御取締御触面ニ背キ不申様、向後相随ひ諸青物類直売買不相成儀者勿論御差図次第相守、水魚固を以規定左之通

一大坂表商法御取締崩候様之仕向ケ不仕、其時々ニ急度差図を請、違変仕間敷事

一其市場御取締ニ拘り、又者差支ニ相成候様、諸株先達而御解散中之振合ニ泥ミ、御再建後者前々之場ニ立戻リ可申処、心得違是迄勝手侭ニ御地へ直買仕来り候処、向後直売買相止メ、諸青物共其市場江無相違差送り可申候事

一諸青物類当堺地より其御地へ直売買之品有之、其市場見廻り之衆御見咎ニ相成候ハヽ、其品如何躰ニ御取計被下候とも一言之申分無御座候、尤召仕之下人并仲仕迄も申付置候間、万一此度之振合之儀有之候ハヽ、私共一統不行届故如何様ニ相成候共、是又申分無御座候事（後略）

これは堺青物仲買惣代（七名）、堺芋問屋惣代・年行司（七名）の連署で、大坂青物市場問屋（天満）年行司へ宛てられたものである。

堺の青物類取引に関しては、すべて住吉社領安立町の年寄に指示を仰ぐことを申し述べている。大和川北岸で紀州街道沿いに位置する安立町は、その後天満問屋仲間が堺周辺地域からの商品取次のために天満市場出張所を安政七年に設置しており、同時にこの地域からの直売買がおこなわれないよう取締の拠点ともなっていた。史料の後半部分からも明らかなように、これは堺市場（堺市場圏）が完全に天満市場の傘下に収まることを示唆したものといえよう。また、株仲間解散時の直売買可能状態がそのまま再興後も継続したとも考えられる。この一件によって丹南郡・大鳥郡の薩摩芋など商品化されている青物類は「堺→安立町→天満市場」という経路で流通することが明確となったが、安立出張所が設置されるまでの期間、河泉（河内国・和泉国）村々から大坂町奉行所への願い出によって、印札を利用した大坂市中への直売が認められたことも事実である。(18)

3　近在「稗島村」と都市大坂

近世全般を通して農村から大坂市中への青物流通についての具体的な内容は全く明らかにされていない。そこで万延元年（一八六〇）の摂津国西成郡稗島村（現大阪市西淀川区）が関係する青物の諸問題を取り上げ、「近在」稗島村の様相について考えておきたい。稗島村の村落形態や青物流通は、前掲の三浦忍(19)や渡邊忠司(20)によってすでに紹介されている。とくに三浦の論考では青物関係の問題を詳述しており、本書も基本的にはこの忠実を踏襲しながら論を展開したい。

稗島村は近世を通じて幕領であり、天保一五年（一八四四）の村高は一四六〇石前後であった。(21)幕末期においては村内を東組・西組に分けて、それぞれ庄屋を置き、同じく幕領の周辺村々（大和田・野里・御幣島・佃・大野・福・海老江）とともに大坂鈴木町代官所の支配を受けている（大坂との位置関係については**図1**および本書vii頁の地図参照）。右の村々は農業および漁業を生業に、「大和田組」と呼ばれる組合村を形成しており、これを単位として下屎などの組分けもおこなわれていた。(22)天保一二年（一八四一）の稗島村総戸数六六九戸のうち、

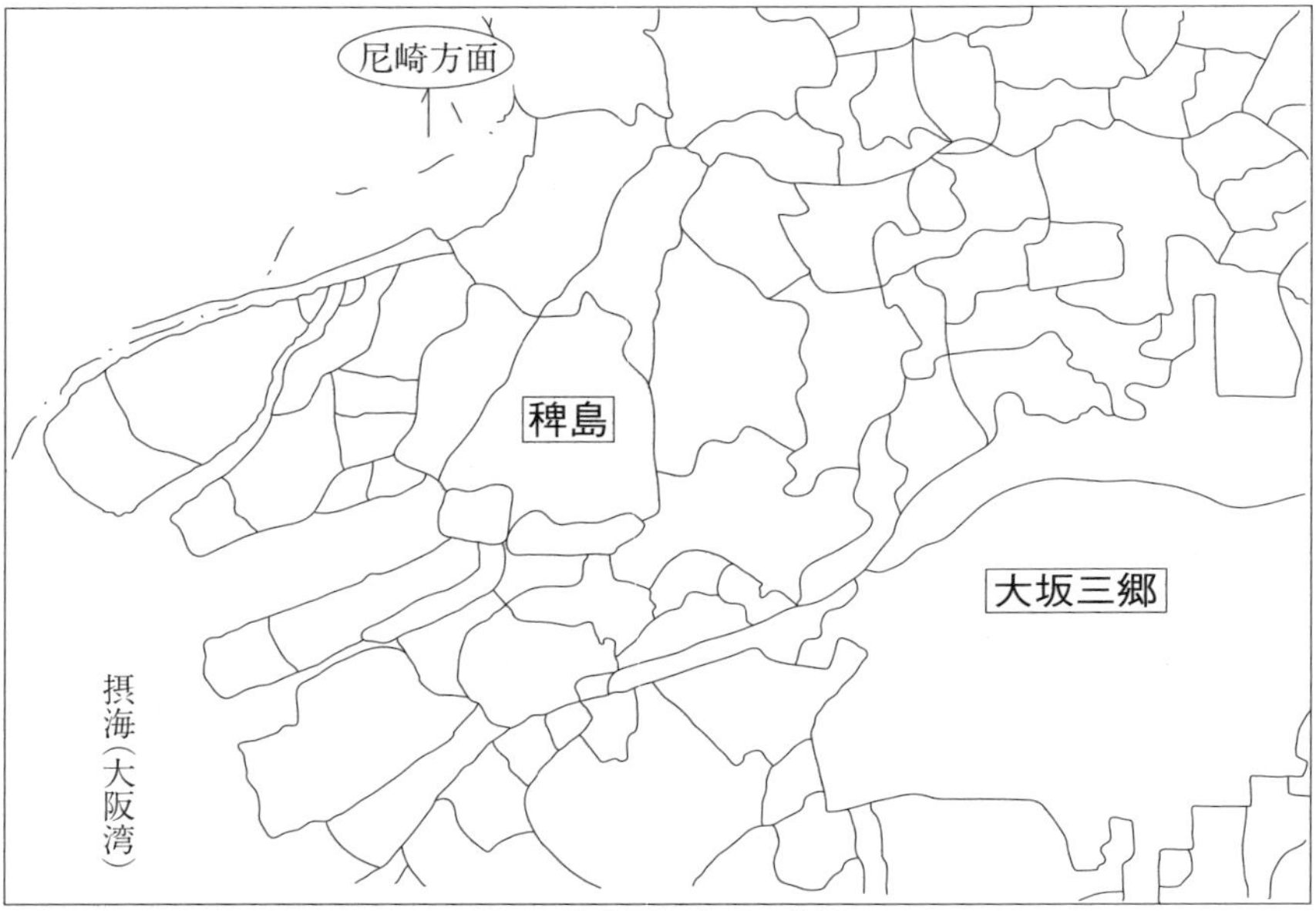

図１　稗島村と大坂の位置

高持百姓一七八戸、無高百姓四九一戸の割合が確認でき、そのほか干物商人一九三戸や魚商人・田螺《たにし》取《とり》などが存在していた。

安政五年（一八五八）六月の史料によると、村内商人は稗島村で生産される米・麦・木綿や、干物・海魚・川魚・鶏卵などを毎日のように大坂市中へ持ち運び商売をしていたとある(23)。また「低場ニ御座候故畑地少数、野菜之儀者銘々懸用而已少しも売出し等者不仕」とあり、青物栽培が盛んな土地柄ではなかったことが示されている。耕地の構成においても田高が一四〇〇石以上に対し、畑高は五石余となっており、稗島村内の生産物だけでは外部へ蔬菜を出荷できるような状況ではなかったはずである。

次に、稗島村が青物流通にどのように関係していたかを論述していきたい。最初に問題が発生するのは万延元年五月一七日の「梅勝手売買」である。青物立売惣代の通路人浜屋卯蔵より村役人へ宛てられた書状のなかでは、大坂市中にて取り調べをおこなうため、違反を犯した

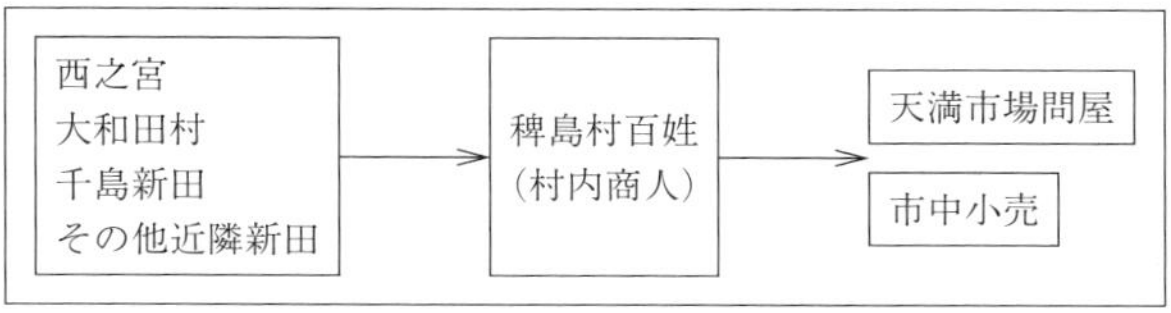

図2　稗島村百姓を介した西瓜の流通

商人を召し連れて村役人が出坂するように求められている。[24] 続いて、同年六月二七日には西瓜違法取引について西成郡江口村（現大阪市東淀川区）の田中善左衛門（郡中惣代）から稗島村庄屋へ書状が送られている。

【史料5】[25]

稗島村両御庄屋中　　　　田中善左衛門

（前略）然ハ其村西瓜取扱候もの不法之仕成有之、其侭ニ難差置急度取締之儀願出度候間（中略）若青物一件ニ付御召捕ニも相成候時ハ御奉行様へ対し申訳も無之（中略）御村ニ而西瓜取扱候者御見廻被成たり御座候共（後略）

西瓜取引をおこなった者を放置することなく、厳しく取り調べをするように田中が申し入れをしており、村方においての取締強化を要求している文面である。また、文中から察するところ、町奉行所には西瓜密売の情報が届いていない、もしくは静観しているようである。これから述べる西瓜一件の取り調べについても町奉行所などからの命令ではなく、田中や万延組青物掛惣代中からの要求であった。つまり、万延組内部における自主規制であるといえるだろう。「梅勝手売買」についても惣代と浜屋のみ関係しているところから同様の問題処理をおこなったと思われる。田中から書状を受け取った東西両庄屋は早速密売をした四人を呼び、取り調べを開始した。この尋問から稗島村を軸とした大坂近在から市中への西瓜流通の経路（図2参照）が明らかになる。[26]

商品は、村内からも仕入れているが大部分は村外から入手している。村外といっても隣村の大和田村や周辺の新田村々からであるが、地名の確認できる範囲では千島新田や西宮などからも西瓜を取り寄せていた。大坂周辺の新田では土地に適している西瓜の栽培が盛んであり、「新田西瓜」と呼ばれる名物となっていた。そういった有数の産地から村内商人が商品を買い取り、天満市場を始めとした大坂市中への販売をしていたのである。村内商人は買い付けた西瓜を正規の取引である天満問屋へ差し出していた。取引する問屋は「和泉屋」「天満久吉」の名前が書かれており、これら問屋相手の商売だけならば合法的な売買で、何ら問題はないが村方においても売捌をしていたのである。この村方売捌とは単に村民への売買ではなく、小売あるいは行商人相手の取引だと思われる。ここから得られることは稗島村商人が青物流通において中間的役割を示し、商人の集荷・卸売を村方商人がおこなっていたことが明らかであろう。この事実から、幕末期にさまざまな形で史料に表れる「問屋同様之商売」の実態が浮き彫りになる。

さらに大坂近郊の青物流通が実態を露呈している【史料6】を検討したい。先述の取り調べのなかで摘発された稗島村の亀松と熊吉から、青物掛物代中に出された口上で「問屋同様之商売」が窺える。

【史料6】[27]

口上

一私共儀、昨朔日西瓜直売買仕不法之趣、天満市場ヨリ当青物掛御物代中へ被相届候ニ付、巳刻御呼立ニ相成恐入候、然ル処右手続之儀左ニ申上候

西瓜数百三拾六玉、昨朝千島新田ニ而買取天満市場へ差出可申筈之処、辰刻相成迚市立之間ニ合不申故、翌日可差出積ニ而一旦村方江積帰り候、途中西九条村川筋ニ而市場見廻最中ヨリ見分と其侭品物被持帰候而、全直売等可仕存意無之青物之儀ニ付而者追々御申渡しも御座候ニ付、既ニ六月晦日西瓜数百弐拾玉市場問屋和泉屋へ差送り候ニ付、尚又同断差出可申由相改可申候処、雇ひ船頭壱人ニ而改方不行届ニ候義、右躰ニ被取扱候得者変而不法之義不仕候此段申上候間、右西瓜之儀ハ市場作法通問屋出しニ相成候

（中略）

一亀松ヨリ申上、御堂穴門ニ而西瓜取扱之儀御触御座候、此段穴門店屋西村伊之助と相談之上、西瓜小売之儀ハ私引受店出し仕居候ニ付、先月廿五日・廿六日当村又吉西瓜買取同所へ持出切売仕居候処、市場見廻り人ニ被差押候儀ニ而全私心違ニ御座候間、宜敷御勘弁被下度願上候

申七月六日

前半部分は亀松・熊吉が直売買に関して取り調べで語った弁明である。二人が千島新田から西瓜を買い取って天満市場へ運送したが、市立の時刻に間に合わなかったので居村に持ち帰ることにした。その帰路、安治川筋の西九条村付近で市場見廻りによる見分が実施されており、亀松・熊吉の商品も取り調べを受けたようである。両名は前日にあたる六月晦日に、市場問屋の和泉屋へ西瓜を納めており、同じように納品するつもりだったが、雇い船頭が「改方不行届」を犯したとする。

この史料から考察できることは、稗島青物商人が新田で商品を仕入れて天満市場へ送っていること、天満市場から稗島村までは船にて中津川ないし安治川を利用していること、そして市場見廻りが大坂三郷だけでなく、近在の西九条村付近でも取締をしていたことである。

千島新田は大坂三郷の南西部に位置しており、北西部の稗島村から移動するとなると、かなりの時間がかかると思われるが、船によって安治川・木津川を利用すると考えれば案外に近い。亀松・熊吉の場合は居村から千島新田へ向かい、そのまま天満へ商品を運搬したと考えられる。それと関連して天満市場から稗島村までの経路をみてみると、安治川を経て中津川を航行していると思われる。現在の稗島村は近代の淀川改修工事によって淀川に面しているが、幕末期には中津川の西岸に位置しているため市中には出掛けるにはこのルートを利用したのだろう。最後に近在川筋での取締であるが、天満・村方のみならず流通ルートの途中で見廻りをおこなっている。西九条村周辺で見分が実施されているのは規定に反した青物船がこの地点を頻繁に通過していたからであろう。稗島の青物商人だけでなく、大坂北部の近在農村から市中へ青物を持ち込む者が数多く青物

船で往来していたことが裏付けられる。

【史料6】の後半部分では市中商人との関わりが述べられている。稗島の青物商人が御堂付近で店を経営している西村伊之助と申し合わせて、西村の店において西瓜小売がおこなわれた。六月二五、二六日には稗島村の文吉という者が農村で西瓜を買い取った後、この店で販売をしたが市場見廻り人に取り押さえられたと記している。これは市場や立売場を通さない直売買の事実であり、明らかな「違法行為」が村方青物商人と市中小売によって成立している。正規の流通によって売買しないのは、村方・小売がともに利潤を高めるためであって、これを取り締まるのが見廻り人の職務だった。稗島商人にしてみれば、天満へ出荷するにしても、市中小売に売り渡すのも距離・時間ともに同様であるため、違反であっても利益を少しでも得ることのできる方法を選択したと思われる。このような密売が至るところにあって、また見廻り人が配置されていることからもわかるように、多数存在していたと想定できよう。

天満の立売場・途中川筋・市中などには見廻り人が青物売買の確認のために配置されていた。村方ではそのような取締を遂行する者が存在したのだろうか。稗島村では万延元年五月以降に二名の「下取締人」と呼ばれる者が立売場などと同様に村内の「不法」に対して見廻りをおこなっていた(28)。同年一一月になると、二名では取締が行き届かないため、さらに三名増員することになった。この一件からも相変わらずの違反者が多数発生したとともに、青物関係の職務が煩雑化していたことが推測できる。五名の青物下取締人は頻発する不法取締だけでなく、村方において青物に関する諸入用や集金などの雑務もこなしていたと思われる。

今まで述べてきたように近在農村としての稗島村は、青物作地域であるために万延組(次節参照)へ参加したのではなく、村内に存在する「青物渡世」をおこなう商人の利益誘導を主たる目的としていた。そして蔬菜生産を行う近郊農村から大坂市中へ商品が流入される際に中継機能を果たして、「問屋同様之商売」の実態が明らかになったのである。とくに、西瓜の流通に関しては大坂西部地域の集荷を担っており、稗島の青物商人は万延元年以前から青物流通の中間的位置をすでに確立していたのかもしれない。

4　青物と下屎・小便流通

大坂に輸送される青物は近郊農村に限らず、畿内近国または美濃・尾張・伊勢などからも供給されている。これら遠方からの商品は日持ちのする大根・芋・干瓢などが中心である。表2に示したなかで比較的近距離の地域を抽出すると、淀川流域と河内地方に集約される。近接地域からの商品輸送は河川舟運によるもので、近世前期には屎船が大坂三郷へ屎尿を受け取りに行く際、往路は村で採取された野菜を積み、帰路は屎尿を持ち帰るというひとつの構図が完成していたと考えられる。

『摂津名所図会』の「天満菜蔬市《てんまあおものいち》」では、木津・難波両村の名産である菜類、その他天王寺・海老江・勝間の各村から天満市場へ野菜が運ばれていることが示されている[29]。また、伏見孟宗笋・壬生菜などは「京都近辺より下る」とあり、大和宇陀・昆陽池・紀州海士と有田両郡よりも積荷が到着している様子を記している。表2にあるように遠くは美濃、尾張、伊勢などからも商品が天満市場へ流入していたと考えられる。

このような事情を踏まえると、天満青物市場は大坂三郷とその近接農村のみの取引関係に止まらず、少なくとも畿内近国の中核的市場として機能していたと考えられ、同時にそれら商品を消費する大坂が都市として巨大なものであったことが推測できる。

この遠隔地との取引では、天保八年（一八三七）七月、青物代銭をめぐって訴訟が起こっている。

【史料7[30]】

乍恐口上

一根本善左衛門様御代官所摂州西成郡難波村平田屋与兵衛より私方ニ旅宿仕候松平阿波守様御領分阿州勝浦郡小松島浦吉右衛門相手取青物売掛出入、当二月十八日奉願上候ニ付、同三月十八日対決之上、六十

表2　天満青物市場に輸送される青物（寛政年間：1789〜1800）

出　荷　地	商　品　名
美 濃 国	細干大根、大根千切干、梨
尾張国名古屋	独活
伊 勢 国	若干、干瓢
近 江 国	つるし柿、多賀牛蒡、多賀芽独活、多賀山独活、ごしょ柿、梨、漬松茸、生蕪
大和国田山・石打	松茸
山 城 国	柑子、梨、松茸、なつゆ、里芋、牛蒡、薩摩芋
丹 波 国	栗、ほうずき、梨子、ごしょ柿
京　　口	里芋、くわい、根芋、水菜
淀・伏見	伊賀口山のいも、薩摩芋、大根、松茸、とうがらし、唐梨、茄子、白越、蓮根、紀州みかん
山 崎 口	牛蒡、里芋
道　　灘	西瓜、里芋
前　　島	松茸、果物（瓜類）、独活、柿、牛蒡
三島江・唐崎	栗（能勢郡産）、柿、牛蒡、果物、独活
交 野 口	薩摩芋
広　　芝	果物
河内各地→喜志→石川口	里芋、餅米
河内魚梁・国分	大和牛蒡、山の芋
（近隣村々の屎舟）	果物類、独活
（その他の地域）	山の芋、わさび、竹の子、ふき、ごしょ柿、渋柿、茄子、胡瓜、梅、梅干など

出典：小林茂「近世大阪における「青物」の流通問題」（大阪歴史学会編『封建社会の村と町―畿内先進地域の史的研究―』吉川弘文館、1960年）より引用。原史料は『青物旧記』。

日切済方被為　仰付奉畏候、然ル処御限日ニ至り出入相済不申処之上、病気ニ付是段願人申合当五月廿八日御断書申上候処、相手病気見分被為仰　付罷在候処、右吉右衛門義先月六日暮方過頃より罷出立帰り不申候ニ付（中略）乍恐以書付此段御断奉申上候、何卒御聞済被為　成下候ハ、御慈悲難有奉存候、已上

天保八酉年
七月八日

御池通六丁目
光源寺留主居
真成寺借屋
宿主　田辺屋伝七
病気ニ付代　利助

御奉行様

右の史料によれば、この訴訟は難波村の平田屋与兵衛と阿波国小松島浦の吉右衛門の間で争われた。与兵衛は、近在青物流通の中心である難波村に多く居住する「青物渡世」であったと思われる。青物渡世は「畑場八か村」の農産物を取り扱う「村内商人」のことである。訴えられた吉右衛門は、前後の史料から播磨屋吉右衛門と称し、渡海船「観音丸」で阿波―大坂間において青物を積んで「罷登り下り」していた。そして、大坂に滞在している期間は、御池通六丁目の田辺屋伝七宅を定宿にしていたようである。六月六日に吉右衛門が行方不明になると、それ以降は吉右衛門の代人として伝七が与兵衛の訴訟相手となった。この史料を含む文書群からは吉右衛門の行方探し、吉右衛門を庇う伝七に対して与兵衛側が批判していること、それに対する伝七の弁解など、終始吉右衛門の行方のみが両者の論点となっているだけで訴訟の決着については定かでない。大坂町奉行所も本人が不在ということもあり、訴訟を進行させていないようである。

両者における本来の問題は、吉右衛門の青物売掛代銭未払いであった。同時にこのような問題が浮上する背景には「阿波―大坂」間において青物取引がおこなわれていること、さらに大坂側は天満問屋や川口船宿ではなく、近在農村の村内商人がこの取引に関わっていることが指摘できる。これまで難波村の青物渡世は、同村

を中心とした近在農村のみの青物流通を展開していたと考えられていたが、難波村青物渡世と畿内以外の遠隔地間取引にも一定の役割を果たしていたことが明らかである。

次いで大坂とその周辺農村を中心に論を進めていきたい。近世中期以降、大坂周辺地域をはじめとする畿内・近国では、いわゆる商業的農業の発展が著しく青物作の活発化が認められる。その主体となっていたのが大坂南部の「畑場八か村」である。この八か村（九か所）は西成郡中在家・今在家・勝間・今宮・西高津・木津・難波・天王寺・吉右衛門肝煎地で、いずれも高燥地で米作に適さない土地柄のため、必然的に畑作へ力点が置かれていた。従来の研究では、大坂三郷に近接する村々（町続き在領）は青物作地帯、河内・和泉は綿作・菜種作地帯、西摂は米作・菜種作地帯と分別する向きがある。しかし、青物作に限定して考察した場合、この地域区分は当てはまらず、さまざまな諸地域から大坂へ向けて蔬菜が供給されているのが実像である。

大坂近在の村々で市中へ野菜を持ち込んだと確認できる地域は、天明三年（一七八三）の西成郡一六か村、寛政一〇年（一七九八）の同郡二六か村、「万延組」と呼称される万延元年（一八六〇）に八五か村（東成、西成、住吉、豊島各郡村々）である。[31]

安政六年（一八五九）、大坂青物市場（天満青物市場）問屋・仲買年行司より近在村々へ送られた市立似寄禁止の史料がある。「似寄」とは市場同様の「市」を指し、村々に禁止令を出したものだが、これを素材として「近在」の規模・範囲を確認するため、**表3**を作成した。

この表は、安政六年五月（A）と六月（B）に、市場問屋側から市立禁止の願い出・禁止に関する文書流布がおこなわれた時のものである。両者は、ほぼ同様の内容が盛り込まれているため、同じ村に同じ文書を二回続けて流したとは考えられない。例えば西成郡では、五月に六四か村、六月に六一か村、合計一二五か村に市立禁止文書が伝達されている。ここは郡全体で一三六か村であるため、そのうち九二％の村々へ触れ出された計算になる。加えて摂津国では東成・住吉両郡に、ほぼ全村に近い範囲へ文書が達せられており、河内国でも

表3　安政6年(1859)天満青物市場問屋からの文書廻達

国・郡名	A. 安政6年5月の村数	B. 安政6年6月の村数	A＋Bの村数	郡全体の村数
摂津国西成郡	柴島村など64か村	安井九兵衛請地など61か村	125	136
東成郡	北平野町など60か村		60	61
住吉郡	住吉村など40か村		40	40
島上郡		柱本村など21か村	21	64
島下郡		別府村など47か村	47	105
豊島郡		牛立村など54か村	54	97
川辺郡		神崎村など68か村	68	193
河内国若江郡	橋本新田など6か村	森河内村など54か村	60	65
茨田郡	横堤村など13か村	土居村など72か村	85	89
丹北郡	矢田部村など3か村	六反村など17か村	20	44
丹南郡		岡村など3か村	3	51
志紀郡		道明寺村など16か村	16	22
安宿部郡		国分村など3か村	3	4
古市郡		古市村など4か村	4	15
渋川郡		衣摺村など29か村	29	34
河内郡		松原村など13か村	13	30
高安郡		恩知村など3か村	3	14
讃良郡		三箇村など18か村	18	35
交野郡		禁野村など6か村	6	39
石川郡		富田林村など4か村	4	48
錦部郡		三日市村1か村	1	49
合計	186か村	494か村	680	1300

出典：大阪市史史料第28輯『天満青物市場史料（上）』24〜26頁より作成。郡全体の村数は、木村礎校訂『旧高旧領取調帳　近畿編』近藤出版社、1975年を参照。

表4　嘉永5年(1852)3月の小便仲間加入村数

国・郡名	A. 直請場取村数	B. 肥小便買加入村数	A＋B	郡全体の村数
摂津国西成郡	今在家村など75か村		75	136
東成郡	安部野村など60か村		60	61
住吉郡	浜口村など24か村	山之内村など11か村	35	40
河内国渋川郡	西足代村など6か村	荒川村など7か村	13	34
茨田郡	諸口村など12か村	守口町など53か村	65	89
讃良郡	御領村など2か村	灰塚村など26か村	28	35
若江郡	新庄村など6か村	稲葉村など36か村	42	65
丹北郡		芝村など3か村	3	44
河内郡		中新開村など10か村	10	30
合計	185か村	146か村	331	534

出典：大阪府立大学経済学部所蔵越知家文書「摂河肥小便買加入村々」「嘉永五子年三月再興御触渡之節調印摂河肥小便直請場取村々」より作成。郡全体の村数は、木村礎校訂『旧高旧領取調帳　近畿編』近藤出版社、1975年を参照。

大坂三郷に近い茨田・渋川・若江の三郡で同様に全体の大部分を占める割合で文書廻達がおこなわれている。一方、同じ河内国でも交野・石川・錦部といった先述の三郡より比較的遠隔である地域には文書廻達があまり及んでいないようである。交野郡などは淀川流域でも京都に近接しており、さまざまな経済的諸関係のなかで「京都経済圏」であったことも明らかであり、大坂との関係が比較的希薄だったことを裏付けている。しかし少数とはいえ、この三郡にも禁止の伝達文書が送られているのは間違いなく、この一帯も広い意味で大坂青物流通地域に含まれていると考えられよう。

青物流通と関連性が極めて高い屎尿肥料の取引状況を合わせて考えるうえで表3に注目し、**表4**と対応させて検討を加えたい。これは大坂三郷から出される屎尿のうち、小便汲取に関係する「摂河小便仲間」の村々である。[32] 町家の屎尿処理は、下屎仲間と小便仲間に大別できるが、後者では大坂へ直接赴いて直請をおこなう「直請場取村」（A）とこれら直請村々から小便を買い請ける「肥小便買加入村」（B）が存在する。この仲間の範囲は全体で仲間加入村数は天明七年（一七八七）に一八〇か村、天保初年には（A）が一六三か村、（B）が一九〇か村で合計三五三か村であったことが確認できる。[33]

この表4は嘉永五年（一八五二）三月段階のもので、（A）・（B）ともに肥《こや》し物代（摂河小便仲間惣代）から発給された史料より引用した。（A）では、仲間加入の摂河九郡のうち七郡が直請に参加している。東成・西成両郡については、加盟村すべてが直接市中へ出向き、小便を集めている。地理的に考えても直請の村々は市中近在であると考えてよい。（B）は河内国が中心であり、摂津国では住吉郡南部地域が加わっている。傾向としては、直請が摂津三郡に衆中し、買請が河内国に偏っていることが明らかであろう。これを表4と対比させると、小便仲間に加入する摂河九郡に限定して言及すれば、青物作農村と小便仲間村々は重複している。また、残る摂津四郡（島上・島下・豊島・川辺）については下屎仲間の加入村々とおおよそ合致するため、「大坂青物流通地域＝大坂屎尿肥料利用地域」と考えることもできよう。

これまでの研究では、青物作地帯は三郷と近接する村々に限定されていたが、実際のところ町続き在領と呼ばれる東成・西成・住吉だけでなく、摂津・河内両国の広い範囲にわたり取引関係が存在していたと推測できる。

摂河については以上の通りで、和泉国の商品作物も当然大坂へ流入していると考えられるが、摂河のように直接農村から大坂市中（天満市場など）へ運ばれていた事例は少なく、南河内を含めて堺を介した取引であった。たとえば和泉国大鳥郡や河内国丹南郡は丘陵地帯ということもあり、薩摩芋の栽培が盛んな土地である。その芋売捌に関して幕末期には「薩摩芋一件訴訟」と称される問題が発生する。[34]

幕末期に近付くと、天満青物市場は周辺農民の運動による立売場設置、天保の株仲間停止などで勢力を大きく後退させたと考えられている。安政年間（一八五四〜六〇年）の堺芋薩摩芋問題[35]と、嘉永五年の安治川・木津川の川口船宿との西国薩摩芋訴訟[36]など既存周辺農村以外からの新規参入により、このような訴訟を頻発させていたのも事実である。その背景には、嘉永四年の株仲間再興以後も停止期間中と変わらぬ「素人直売買」が横行していたことに原因があった。

株仲間再興によって、再び天満市場中心の青物流通が復活することを市場問屋は期待していたが、本来の姿を取り戻すことは容易ではなかった。その証拠として、再興の翌年五月に三郷と町続き在領などに対し、青物類における「素人直売買」の禁止令が大坂町奉行所より触れ出されている。[37] それでも素人直売買は継続されていたようで、安政六年四月に再度、青物問屋以外での他所積・直売買禁止の法令が出されている。[38] 当時の状況は、「市中船宿、或商人共直売買致し、八百屋小店等へ直売致し、在々出口へ商人共出迎、途中おいて買取、門ト先・浜先等ニ而売捌候もの有之」であった。また、「前（株仲間停止以前）同様市場へ可差出荷物を猥ニ直売買ハ勿論、銘々勝手之場所へ寄集、市売同様之商ひ致シ（中略）他所より諸青物類積付候船宿、又ハ淀川筋相稼候船持渡世之者共儀、荷主躰之者取扱、其もの差図抔与申唱、夫々宅前浜先等ニ而問屋同様荷物引受」とある。安政五年から七年にかけての市場問屋の動きは、こうした大坂青物流通の無秩序状態を修正するための策であった。

第二節　万延組の成立と青物立売場

1　万延組の成立

天保一三年（一八四二）三月、諸物価の引き下げを目的とした株仲間停止令が出されて、天満の青物問屋仲間も解散となった。これにより市中の小売と近郊の生産者側は直売買が「合法化」されることになり、天満青物市場の停滞が起こり始めた。[39] しかし、嘉永四年（一八五一）、株仲間再興令で再び株仲間組織が復活し、三月には五〇名連印の「天満青物市場問屋仲買名前帳」が作成されている。[40] 嘉永五年五月、町奉行所から触が流され、直売買は禁止ということになり、近郊農村側には不利な状況となるはずだが、再び天満市場中心の流通形態に回帰することはなかった[41]。天満市場の動揺ぶりは西国から移入される琉球芋（薩摩芋）などの取引について、安治川・木津川の川口船宿と紛争を起こしたことからもその状況を窺い知ることができる[42]。両者和談の結果、生姜・蜜柑などの青物はすべて天満市場で取り扱うことを確認しているが、琉球芋に関して天満市場の既得権保持は実現しなかった。幕末期には近郊農村からの請願だけでなく、遠隔地およびそれに付随する関連業種による進出があり、天満市場に対して厳しい状況が形成されていたのである。

万延元年（一八六〇）四月、摂津国西成郡江口村・田中善左衛門が中核となって「万延組」と称される大坂近在八五か村（摂津国東成郡二一か村、西成郡五七か村、住吉郡六か村、豊島郡一か村）の組合が天満市場と対抗する勢力として組織立てられた。加盟村々の庄屋連中と天満市場側によって示談が行われ、天満市場隣接地域における立売場所が拡張されることになった[43]。これまでの近在農村の訴願運動は天明三年（一七八三）の西成郡一六か村、寛政一〇年（一七九八）の同郡二六か村、安政三年（一八五六）に新加入した東成郡四か村、計三〇か村であった。なぜ、突如三倍余りの村々が参加した訴願がおこなわれたのか。その理由は、青物生産農村から天満市場への商品作物移入が大坂地続き村々に止まらず、広く摂津・河内両国に拡大していたことが大きい[44]。それと関連して近郊農村にも新たな特権確保の意図があった。近世中期段階から断続的な訴願によって、徐々に権利の取得・拡大をおこなってきた近在農村は、時代が経過するにつれて市場問屋に準ずる「特権」を持つようになってきた[45]。実際に大坂市中へ出荷する青物作農村の数字は不明であるが、総数に比して考えれば八五か村は極めて少数のものだったと仮定できる。地理的にも八五か村は大坂市中に隣接および近接する農村と断定でき、天満市場と関係を持つ全ての青物作農村を広域的に包含しているとは言いがたい。

また、表5から窺えるように、万延二年から翌文久元年にかけて大坂市場の諸物価が高騰している。青物相場自体の価格状況は不明であるが、諸物価と同様に高値であったことが推測でき、それに乗じて近郊農村側に

表５　嘉永３～文久元年(1850～61)大坂市場における物価変動　（単位：銀・匁）

年	月日	筑前米１石につき	岡大豆１石につき	小麦１石につき	種油１石につき
嘉永３	10月１日	157.3	107.0	83.8	365.0
嘉永４	10月１日	86.8	67.9	72.4	395.0
安政５	10月１日	134.6	81.4	85.7	465.0
安政６	10月１日	113.6	120.5	88.6	419.0
万延元	４月１日	131.4	156.5	99.0	480.0
	７月１日	142.8	180.0	96.0	496.0
	８月１日	159.0	167.0	120.9	570.0
	９月１日	160.8	198.5	163.1	620.0
	10月１日	176.6	224.4	190.0	670.0
	12月25日	143.1	＊270.0	171.1	670.0
文久元	２月１日	200.9	251.0	＊190.5	＊730.0
	４月１日	200.0	230.0	182.7	650.0
	５月１日	＊213.2	231.0	188.3	620.0
	６月１日	207.7	——	187.0	630.0
	７月１日	200.0	158.8	——	660.0
	８月１日	186.5	169.3	——	648.0
	10月１日	134.3	110.0	117.3	540.0
	11月１日	118.2	115.0	119.0	550.0
	12月１日	130.0	138.0	136.0	555.0
	12月25日	136.3	155.5	147.6	578.0

出典：三井文庫編『近世後期における主要物価の動態（増補改訂)』東京大学出版会、1989年より引用。
＊は各商品の最高値を示す。

よる流通機構の拡充が企図されたと考えられる。これらの関係から万延組の成立は西成郡を中心とした近在農村の利益誘導と維持を目的に展開されたものであり、凶作および商品不足に対応するための組織形成の必然性が認められる。

万延組の成立は管見の限り、四月一六日付の八五か村庄屋連印による大坂町奉行宛「乍恐口上」(46)と考えられるが、この段階では実質的な活動を開始していなかった。それは、後述する立売取締とも関連する西町奉行・地方役大森隼太宛の「乍恐口上」で明らかである。

【史料8(47)】

乍恐口上

一天満青物市場ニおゐて、私共村々寛政度ヨリ立売仕来候次第、商法之儀者今更奉申上候ニ不及、其砌逸々約定書御断奉申上候義ニ御座候、然る処是迄私共手元ヨリ立売取締人与唱、日々村役人代勤ニ両人宛差出有之、則深く勘弁仕候処、何分居村与者掛隔候市場之義（中略）右取締人を私共手元ヨリ差出候義者相止、向後市場問屋へ為相任候上、問屋一統之存意を以、通路人金助江進退之義為相任（後略）

万延元申年五月九日

弐拾六ヶ村并新規加入
四ヶ村惣代
北長柄村庄屋
木下延太郎
国分寺庄屋
小兵衛
本庄村庄屋
弥一兵衛
川崎村庄屋
善之助

天満青物市場
問屋通路人
加勢屋金助
取締人足引受人
同年行司病気ニ付
惣代
吉野屋源兵衛

西御奉行様　地方大森隼太様へ

この史料は天満立売場における取締人依頼の口上書で、日付が五月九日となっている。八五か村連印から半月程度経過しているにもかかわらず、「弐拾六ヵ村并四ヵ村惣代」が存在し、市場側との交渉をしていた。このほかにも同様の肩書が記されている史料も存在することから、万延組を実際に運営しているのは既に活動していた三〇か村や村連合を指揮する郡中惣代だと特定できる[48]。また、彼らは立売場を得ることによって、天満問屋仲間同様の特権維持を試みたと推測できよう[49]。

　万延組の性格を考える上で重要なのは八五か村団結によって組織されたのではなく、既存三〇か村の承諾を得て新規五五か村が立売の権利を取得したことである。万延元年四月、新規五五か村に含まれる摂津国西成郡中・大野・稗島などの村々庄屋から郡中惣代の田中善左衛門などへ宛てた口上が出されている[50]。この村々は天満における青物立売の許可を今まで奉行所へ出願しているが、全く聞き入れてもらえず、「加入相成様有之旨より御役所江御申立可被下候、願書差上候ニ相成候へ者、何時ニ而も調印可致候以上」と記して、万延組の指導者たちに立売認可の依頼をした。ここで注目すべきは役所（大坂町奉行所）に直接出願するのではなく、田中や惣代中（二六か村惣代）へ立売認可を願い出たことである。新規で立売を始めようとする村々は、既成立売農村を飛び越えての出願は認められず、既存三〇か村に認可を得るための行動をしなければならなかった。新規加入村々からすれば、天満立売場において市場側の特権と既成立売の特権が二重の障壁となっていた。

　このようなことから、発足当時における万延組の存立形態は既存村々と新規村々の二階立てとなっており、結果として前者と後者の従属的結合によって成立したと考えられる。既存村々は村数ないし村方立売人の増加を理由に天満立売場の拡張を要求できるし、新規村々は万延組参加によって立売場での商売がおこなえるという双方の利益が一致していたのは間違いないが、万延組八五か村の連合体は成立当初において堅固な組織でなかった。

2　天満青物立売場の拡張

寛政一〇年（一七九八）一一月に西成郡二六か村は「手作青物売方手狭ニ付歎願」として、大坂東町奉行・水野忠通へ出訴した結果、市場東手の天満七丁目東角浜納屋から龍田町までを「農村立売場」として許可された[51]。市中において農村側の特権となる自由な青物流通ができる場所を確保したのである。

万延元年四月二六日、先述の万延組によって寛政期（一七八九〜一八〇一）に認可された立売場の拡張が問屋年行司・惣代と「二六ヵ村并四ヵ村」との和談によって成立する。このことから今までの敷地に加え、龍田町より東五丁目まで立売場が拡大された。この市場側と万延組側の約定については、五月二日の済口証文により明らかである。

【史料9】[52]

乍恐済口御断

（前略）

一新規立売之義ニ付、年々右八拾五ヵ村ヨリ市場問屋へ口銭壱ヶ年ニ銭百貫文ニ差定、五月二日ニ年毎無相違相渡し可申候

一右口銭を以、私共立売場掃除并入用ニ相賄候約定、又御公役・丁入用・地代等者、市場問屋ヨリ引受呉候約定ニ御座候

一立売ニ罷出候者共江八拾五ヶ村市場相対之上、取締不崩様目印札壱人毎ニ壱枚日々持参為致、若八拾五ヶ村之者ニ候共、無札之者者持参之書物如何躰ニも市場心任セ取計可被成候（後略）

一右立売ニ事寄せ、出買又者直買仕、御触面ニ背キ候義者勿論、市場差支ニ相成候出買・直買商人村々ニおゐて急度取締可申候（後略）

附、八拾五ヶ村ヨリ多人数立売ニ罷出、場所狭ク相成候時ハ、市場与示談之上、取広ケ奉願上候積り

（後略）

冒頭部分では一年間に銭一〇〇貫文の口銭を万延組から市場問屋仲間に支払うことが示された。立売場の掃除等の費用に関しては口銭の内から捻出され、公役や地代については市場問屋が引き受けることになっている。次に鑑札の発行と持参の義務について述べられているが、取締の都合上、立売人一人に付き一枚を立売する場合は必ず所持することとしている。そして最後には出買・直買の禁止が取り決められた。出買・直買とは、農村において商人が直接生産者から野菜を仕入れることで、大坂町奉行所からの触でも再三の禁止が伝達されており、天満市場と近在村々による対立の原因ともなっている(53)。市場問屋にすれば、農村側との交渉で立売場を認めている見返りとして、村方における直売買禁止を明示しておきたい狙いがある。さらにこの史料で注目すべきは「附」の部分で、拡大された立売場は今後立売人が増加した場合、再度拡張の可能性を示唆しており、将来的な再交渉の見通しも視野に入っていた。

この約定は、結果的に万延元年から明治維新に至るまでの天満市場と近在八五か村における青物流通の基本協定として存続した。市場側としては直売買の定着を避けて市場として存立するためにも、農村側への譲歩を示したのである。一方、万延組は直売買禁止と引き換えに立売場拡大を得ることによって、市中における販売体制の確保を掴み取った。それに加えて八五か村は、天満市場と結ぶことによって万延組以外の村々を排除することに成功して、新たなる特権を取得するに至ったのである。

【史料9】の署名は「八拾五ヶ村願人惣代」の東成郡鴫野村庄屋・善右衛門、西成郡九条村庄屋・新兵衛、同津守新田支配人・耕助、住吉郡北田辺村庄屋・謙次郎、同南田辺村庄屋・玄三郎、「取扱人」の藤三郎、田中善左衛門とあり、計七人が認められる[54]。これらは「青物掛物代」として万延組の運営・指導する集団である。とくに、田中善左衛門は国訴で有名な鈴木町代官所管下の郡中惣代であり、万延組による青物立売請願でも取扱人として指導者的役割を果たしている[55]。八五か村集結の背後には田中の人的諸関係によって発案・構成がおこなわれたことが予想され、青物流通だけでなく、大坂周辺農村の中心人物としても注目できよう。

3　通路人の介在と取締

万延組八五か村による天満立売場拡張に際して、これまでの請願や運営と異なる点は、「通路人」が介在していたことである。通路人は市場側と農村側それぞれに一名ずつ置かれており、主として両者間の折衝を代行する者と考えられる。万延元年当時の市場問屋側の通路人は加勢屋（綛屋）金助で、近郊農村側は浜屋卯蔵の名前がある[56]。加勢屋は同一の史料において「当時通路人」「問屋通路人」として既にその役目を引き受けていたことが確認できる。また、安政六年一一月の諸青物類直売買についての口上覚でも天満青物市場通路人と明記されていることから、市場側通路人が先に設置されていたと思われる[57]。一方の浜屋は上本町二丁目で郷宿を経営している人物で、近在村方への「触流し」や支配に関する職務もおこなっていた[58]。

青物流通における通路人両名の設置時期は浜屋卯蔵の場合、万延元年五月二日の田中善左衛門らの口上で「且御用ニ付右物代之者御召出之節は、上本町弐丁目浜屋宇蔵在郷宿渡世之者ニ御座候間、八拾五ヶ村通路人ニ差定置申度候間、右卯蔵御召出被成下」と述べているところから万延組成立時期であったと考えられる[59]。

両名の役割は市場側と万延組側の交渉における代行業務であるとともに、右の史料でも窺えるように役所から青物掛物代への呼び出しに対応するなどの職務を担っていた。通路人としての浜屋卯蔵の起用は郷宿を勤めていることで役所と村方間において中継的な仕事をしていることと、それによって両者と緊密な関係を構築していることが挙げられるが、最大の起因は郡中惣代である田中との関係によるものだろう。

立売場の取締に関しては、拡張前より村方から二、三名の村役人が天満へやってきて、市場との約定に背く者がないように見廻りをおこなっていた[60]。しかし、立売場の拡張や立売参加者の増加、また村から毎日取締人が出て来るという不合理な状態から立売場取締の見直しが検討されることになる。

【史料10[61]】

立売場日々見廻リ取締人市場へ任セニ左之通

一此度私共村々八拾五ヶ村ニ作り立候青物之内、天満市場江立売之義奉願上候処、（中略）偖又立売場毎日取締人之義ハ村々之者者新規不馴ニ御座候ニ付、市場一同江及頼談、当時通路人綛屋金助江進退為相任、立売人営永続仕候様、且居場所并差支之品取扱不申義等同人江私共惣代ニ而任、一札相渡候義ニ而立売ニ罷出候、小前之者共ニ者右之趣申渡（後略）

万延元申年五月九日

八拾五ヶ村取扱人
西成郡
江口村庄屋
田中善左衛門

右八拾五ヶ村物代

（四名連署）（中略）

天満青物市場
問屋通路人
人足引受立売取締
金助

問屋年行司
大津屋五郎兵衛

御奉行様

万延組は、立売取締に慣れていないことを理由として市場へ相談を持ちかけ、結果的に問屋通路人の金助へ一任することが決定した。市場側としても円滑な運営を望むうえで金助の起用を促したと考えられる。金助は、八五か村側から立売場取締の委託を受けたことで署名に「立売取締人足引受」とあるように、立売場の取締も兼帯することになる。

【史料11】(62)

一立売取締人之儀、八拾五ヶ村ヨリ差出候積リニ候得共、当今ヨリ立売手始ニ而不馴ニも有之、別而市場与者水魚之交り無之而者立売繁栄ニ至り兼候間、為折合通路人金助江及示談、同人弟房五郎与申もの一日銭三百文ツ、之手当を相定メ雇入候上者、同人ニ於て立売繁栄を心掛ケ（中略）将又目付ニ遣候人足之儀者長吏方之内、長五郎・二郎兵衛・仙二郎三人ニ相極メ毎日壱人ツ、罷出、廿六ヶ村幷四ヶ村之者共又者青菜組仲買之類抔与争論無之様為取締可申筈、尤賃銭之義も是又一日三百文ツ、之積リ（後略）

人足引受として立売取締に就いた金助は、弟の房五郎を「取締人」という形で組織に雇い入れた。房五郎の役割は立売場の取引が円滑におこなわれることを第一にしている。たとえば、商売をしている立売人から天満市場へ相談や願い事があるときは直接的に市場問屋へ交渉に出向くのではなく、必ず取締人を通じて話し合いをすると規定した。そして両者間の問題解決については、取締人の裁量で臨機応変に対応する権限が与えられている。

取締人の目付（補佐役）として起用されたのが長吏方に属する史料中の長五郎・二郎兵衛・仙二郎の計三名である。三名は見廻り人足として一日一人ずつ立売場に出勤し、商売の間に争論などが起こらないように取り締まることとされている。立売人が今後増加していった場合は、三名が助役を選んで雇うことができ、人足助役には一日二〇〇文の賃銭が支払われることが定められた。また、長吏方の都合によって三名が出勤できないときは、長吏方における仲間一統から代わりの者を出すことにしている。この場合は金助と長吏方で相談して取り決めることになっており、取締人以下の賃銭増銭についても金助と交渉して決定することが明文化された。

さらに人足賃銭などの取締に関する費用はすべて万延組側が負担することになっている。文久元年の村方負担をみると、金助に取締人としての賃銭、さらに立売場見廻り人足賃を合わせた金一九両一歩が支払われている[63]。これは同年七月から一二月までの六か月分であり、年間にすると約四〇両の立売場取締費用が拠出されている。参考までに村方の立売場必要経費である浜先飯代・印墨代・人足賃についても触れておきたい。これら諸経費合計の二割を万延組側が負担しており、残り八割は立売札を所持する者（四一四の札数）が負担することになっている[64]。取締費用についての負担割は不明であるが、同様の形態で金助側に支払われたと思われる。

以上のように立売取締の責任は八五か村側が請け負うと定められていたものを、市場側との交渉の末、問屋通路人・加勢屋金助に一任されることになった。この過程で金助と長吏方の関係は不明ではあるが、長吏方がこうした仕事の取締人足を設置した。金助は取締の仕事を二つに分別して房五郎の見廻り取締人と長吏方の取締人足を設置した。

（「場」の取り仕切り）に関して特権を持っていたと考えると、彼らの希望を考慮して立売場取締が「請負制」のなったとの仮説も成立する。たくさんの村々が加入しているとはいえ、年間四〇両以上の出費は大きい。それを上回る利潤が青物取引にあったことが明白である。

4　万延元年の不作

万延元年（一八六〇）は不作の年であったため、鈴木町代官所より同年一〇月から翌年三月までの期限付きで青物類の直売買が許されることになった。

【史料12[65]】

十月十六日御廻文

支配所村々ニ而作立候青物并御菓物類とも何品不限天満市場ニ不抱口銭等差出候ニ不及、当十月より来酉三月迄大坂三郷江持出勝手次第直売買可致旨、郡中惣代共を以不取敢昨十四日為触置候間、最早村々心得候義ニ可有之、右者当年之儀田畑とも不作いたし、細民共一同及困窮候趣相聞、此度限出格之訳を以町奉行所ニ而右之趣聞置相成候儀ニ付、村々ニおいても仁恵之次第厚相弁農業出精質素検約心掛、親妻子之扶助工風いたし御年貢米銀触日限通可相納、尤売捌弁利宜敷相成候迚其弁利ニ付込余計之利徳を貪候様ニ而者、右仁恵をも不弁姿ニ相当以之外之義ニ而、万一右様之心得有之候而者売捌方も却而不捌相成候道理ニ付、正路ニ売捌市中之もの共おいて自然直安之青物類買受市在一統之弁利ニ相成候様可心掛候、勿論来四月ゟ者売捌方前々之通可相心得候（後略）

申
十月十五日申中刻　　　　　鈴木町御役所

一去年来青物掛ニ而町奉行所ニおいて入牢又ハ手鎖受候もの有無詰合へ申出候様、大和田村より廻文ニ付取調候処、当村ニ者無之段十月十六日惣代へ申遣候

同役所支配の村々において、期限付きでありながら青果物類を天満市場を通すことなく、また口銭を差し出すことなく、自由な市中と周辺農村の取引が公然とおこなわれることになった。これを実行した背景には農産物の不出来に伴う、農民ならびに都市住民の困窮打開が第一にあった。高騰する物価の安定を直売買に求めた結果であろう。これに先立ち同年春には万延組が結成されており、大坂周辺青物農村にとっては不作に喘ぎながらも流通組織の充実には追い風の年となった(66)。

そして最後の一文には青物の不法取引を行い、罰を受けた者について放免することを示唆した文章も付け加えられている。摂津国西成郡稗島村には当時そのような受刑者は存在しなかったが、処罰を受けた者たちを抱える村では詰合惣代へ申請し、大坂町奉行所は釈放の措置を取ったと考えられる。

これまでの町奉行所側による青物取引政策は天満市場の「優先」が常であったものの、この年の非常事態を受けて時限的ではありながら農村と市中の直売買を許可するという方針を選択した。そしてこれまでは「不法」として処罰された「青物渡世」を釈放して、物価安定へ向けた状況を作りだそうとする政策的意図が垣間見える。それだけに不作と物価高騰は、基本方針を覆すほど大きな問題であり、当時の大坂町奉行所における市中細民政策などからも共通した政策課題であったことが類推できる。(67)

周辺農村側には、このような政策転換がどの段階で伝えられたのであろうか。先述の触廻達の前月、西成郡今宮村の庄屋が天満問屋年行司に対して「端夕荷《はしたに》（束ねることのできない少量の野菜）十三品目」の村内売買を許可するよう要求した。(68)これを示す文面では端夕荷を天満市場へ出荷するのは負担が大きいため、村内で市売を認めてほしい旨を記している。ただ、物価高騰や不作の影響などには一切触れていない。今宮村では当然不作による村の困窮と、諸相場の高値は理解できているはずである。そのような視点から考えると、触廻達以前に直売買をおこなうことによる利潤を見越しての要求とは別の課題だったのか。

万延元年の不作は単純に野菜・果物の相場だけでなく、当然近世社会の基幹商品である米穀にも大きく影響している。同年一〇月、大坂米相場の高騰を受け、兵庫米相場・諸荷物問屋・穀物仲買などが近辺の余剰米を掻き集め、米価高値の大坂へ持ち込むことが問題となっている。(69)つまりこの時点で、大坂の食料品市場は全体的に商品枯渇の状況にあったことが認められよう。

第三節　食品流通と消費者

1　近世大坂の都市人口

人口増減の趨勢は社会全体に大きな意味を持っている。そこで、近世大坂地域における人口の推移を簡単に追ってみよう。近世大坂三郷の町方人口は、寛文元年（一六六一）の約二五万人から、享保六年（一七二一）の約三八万人へと飛躍的な上昇を遂げ、宝暦六年（一七五六）には四〇万人を突破した。そして、明和二年（一七六五）の約四二万人をピークに、天明六年（一七八六）の約三八万人から漸次幕末期に至るまで減少の一途をたどり、文久二年（一八六二）には約三〇万人となった。つまり、大坂の人口は全国平均と同様の推移を示し、近世初期から中期には増加傾向、それ以降は停滞および減少傾向となっていく。

この流れを通観すると、明和二年から百年余りの間に大坂三郷の人口が実に一〇万人以上減少していることになる。こうした人口変遷は、さきに検討した市場外商人に対する市場問屋・仲買の方針転換がおこなわれた時期とまさに合致しており、三郷における商品流通の変化に市場側が敏感に反応した結果だと想定できよう。

それでは、周辺地域の人口についてはどのような動きがあったのだろうか。その動向を詳しく分析している三浦忍によれば、大坂三郷を含む摂津国も全体としては同様に近世後期の減少傾向が認められるものの、個別地域の状況を分析すると、一様に減少ということではなく、増加・停滞・減少の各事例が認められる(70)。三浦の示した増加の事例は、大坂近接の摂津国西成郡稗島村、枚方宿の隣接農村である河内国交野郡田宮村、畿内の商業的農業を代表する河内国若江郡下小阪村である。停滞地域は、西国街道沿いの摂津国島下郡太田村、大坂近隣で青物生産の有力地域でもある摂津国西成郡天王寺村となっている。減少の事例は、枚方宿近郊の河内国茨田郡中振村、さきの下小阪村と並んで「先進地農村」と位置づけられる河内国渋川郡荒川村、そして本郷七町・散郷四村を含む大坂近郊の摂津国住吉郡平野郷町となっている。ここで示されたそれぞれの地域的特質と増減の結果を照らすと、さまざまな人口動態が認められるという結論に至り、傾向を掴みづらい。ただし、見逃せない成果として、①稗島村のように大坂近接において増加傾向にある村落が存在すること、②青物生産の有力地域である天王寺村で停滞していること、③大坂近郊の平野郷町で減少が確認できること、といった事実に注目できる。

まず、①については、減少傾向にある大坂三郷に対して、稗島村では天明五年（一七八五）の人口二一四三人・戸数四三四戸から、安政三年（一八五六）の人口三五一八人・戸数七五八戸、というような急激な増加が認められる。同村における近世後期の職業別人口の詳細からみても、天保一二年（一八四一）において、一手百姓（専業農家）一三〇戸に対し、干物青物商人一九三戸という数字が象徴的なように、非農業従事者の割合が大きくなっている。これを一般的には貨幣経済の浸透による社会的分業として位置づけているが、食糧需給の観点からすれば、人口増加がはっきりとしているうえに、生産者よりも非生産者が大きな存在となっていることが重要であろう。その前提から考えるならば、大坂近接地域では、稗島村のような人口増加があり、またその多くが非生産者であることを想定すると、近世後期の大坂周辺地域には青物消費者の増加が見込まれる。

②の問題は一見すると、①の事例と矛盾するように受け止められるが、ここで分析が試みられているのは、堀越町および久保町という村内の一部に限定されており、天王寺村全体を把握したものではない。ただし、この停滞傾向を参考とするならば、村内の農業生産地域が急激に人口増加したとは言いがたく、非生産者が伸びていない一方で、生産者も大きな増加をしていないとの可能性もありうる。

③については津田秀夫によって詳しく検討されているが、平野郷町では宝永三年（一七〇六）の一万六八八六人を頂点に、天保一〇年（一八三九）の六九〇四人が最少で、またそれ以降に微増し、元治元年（一八六四）

には七八九九人を記録している。[71]また、前述の三浦による河内国富田林の人口趨勢では、大坂や平野郷町と同じように近世後期に減少傾向であることが確認されている。平野郷町や富田林を含む大坂地域におけるすべての都市が同様の人口動態を示したかどうかは定かではないが、少なくとも都市部の人口減少は大坂三郷だけでなく、周辺の町場においても起こっていることが指摘できよう。

以上のように、人口問題と青物流通をつなぎ合わせると、大坂三郷における人口増減の画期と、市場問屋・仲買が方針転換を遂げる時期がほぼ同時であることがわかる。一方で、市中の人口減少が認められる近世後期に稗島村など周辺農村では人口が増加するうえ、非農業従事者の数も大きな割合を占めている。三郷だけでなく大坂周辺地域を含む範囲を視野に入れた際、「ドーナツ化現象」と同様の動きを示している可能性があり、消費者は中心よりも郊外へと移動する。そのように類推すると、青物取引の現場は、市中でも周辺地域でも場所を選ばず、商人たちの利便性、または鮮度や価格という基準が優先されることになろう。

2　流通のとらえ方

かつて小林茂がとらえてきた青物流通史は一様ではないものの、「特権商人」および「特権市場」の形成と展開に力点が置かれてきたことは間違いない。たしかに、既存市場の存在する一定の地域内（商圏内）で新たな市立ての計画・上申がなされると、既存勢力は争論を起こし、新規業者参入へ反対の立場をとる。これは商業上、当然の動きであり、激化が加速する現代の競争社会においても多々みられる構図であろう。ただ、近世において「既存」は何故「特権」と冠されるのか。近世日本では一般的に、とりわけ経済や生業に関する争論について、公儀権力はほとんどの場合、既存勢力の意見を支持する傾向にある。[72]

このような研究成果をふまえて、大坂の青物流通を見直してみよう。近世大坂における青物市場は、大坂本願寺の門前市を端緒として、その後天満へと移動しながら、大坂および近隣地域の青物取引を支えてきた。この流通の主体ともいえる天満青物市場の問屋・仲買は近世を通じて存在したが、それ以外の青物渡世が台頭してきたのは、管見の限り正徳年間から享保年間（一七一一～三六年）である。この青物取引を生業とする人々の多くが難波村など「畑場八か村」と呼ばれる大坂近接農村（町続き在領）に拠点を置き、当初は村内に設置した百姓市（青物立売場）で営業をしていた。しかし、時代の経過とともに、天満市場付近や大坂三郷の町々で彼ら百姓の「青物渡世」たちが、小売商である八百屋相手に商売を始めたことから、天満市場問屋・仲買が大坂町奉行所に百姓市の禁止や、青物渡世による市中直売買の差し止めを求めるようになった。

そのような経過から、天満市場による大坂青物流通の「独占的支配」が強まっていくのは、天明年間（一七八一～八九年）から幕末期にかけてであり、その背景には天満市場を通さない青物流通の増大があるとされた。市場問屋側は、天満市場以外での問屋商売を禁止し、市場問屋・仲買を通じての取引をおこなわせるよう大坂町奉行所に働きかけ、町奉行所側も問屋側の要請を受けて、取締を強化する触書を再三にわたって大坂市中・周辺地域へ達している。これまでの研究で得られた主要な成果をまとめると、以下のようなことが挙げられる。第一に公儀権力に支持される市場問屋・仲買の特権、第二に市場問屋と周辺農村の対立関係、第三に市場問屋が近世後期から幕末期にかけて大坂周辺地域の「囲い込み」をおこなう、といった内容である。

青物流通における大坂町奉行所の意向は、既に明らかなように、市場問屋・仲買支持に動く事例がほとんどであり、市場側の意向に即応して諸々の法令が触れ出されている。この流れはまさに平川新や高橋美貴が示したような近世争論の構図である。ただし留意したいのは、近世大坂において幾度か出されていた百姓市、および青物直売買禁止の法令が、実際にはことごとく市場以外の青物渡世に打ち破られていたことである。享保年間から天明年間にかけて、禁止令が出ているにもかかわらず、天満市場付近で多くの青物渡世が「勝手売買」を頻発させている。これも摘発を受けた限りであり、潜在的には夥しい数の青物渡世が近隣農村から市中にやってきて、直売をしていたはずである。その意味で、禁止令はあくまで形式的なもの（少数の事例で「村預け」などの処罰を受けている者も存在する）に過ぎず、青物取引に公儀の手が及んでいなかったことを立証している。当初は村内の立売場で商いをしていた青物渡世たちが、なぜ市中に赴いて取引をおこなったのか。小林は、その理由を天満市場の取引量が増大傾向にあったからだと説明しているが、果たしてそうだろうか。たしかに、市場は商品を手繰り寄せる存在として機能したであろうが、詳らかになっていない取引量云々の議論だけでは不明な点が残る。この問題は、市場問屋・仲買と、それ以外の青物渡世だけを視野に含めるだけでは解けないのではないか。むしろ両者の対立よりも、その売買の先にある小売商や消費者の意向が反映されているとの仮説を立てておきたい。

いまひとつ重要な案件は段階的に、①天明三年（一七八三）、天満青物市場の隣接地域に摂津国西成郡北野村など一六か村の百姓たちによる「百姓立売場」が設置される、②文化八年（一八一一）、難波村の立売場を部分的に認める、といった事実である。この①と②の間には、天満市場側の意向に応じて町奉行所が禁止令を出したりするなど、複雑な過程を経ているが、問屋・仲買は常に市場以外の青物取引全面禁止という強硬な態度をとっていたわけではないのである。このような「軟化」した態度は、市場問屋・仲買による周辺農村の青物渡世への譲歩と位置付けられてきた。市場問屋・仲買は、この時期の前後である明和年間（一七六四〜七二）から天明年間において、市場以外の青物渡世に対する排除から、彼らを取り込んでいこうとする姿勢に変化を遂げていく。もちろん、市場と周辺農村の両者がせめぎ合いを繰り返し、その末に得られた事実かもしれない。しかし、天明年間というのは全国的飢饉の影響、さらには後述するように大坂三郷の人口停滞に光りを当てれば、食品流通にも大きな転換を促す時代背景があった。ここでも想像を膨らませるとするならば、この市場や青物取引の変容は、小売商、消費者のみえない要求が通底に流れているとも主張できよう。

大坂三郷の八百屋が天満市場のほか、市中の立売、そして町続き在領における仕入れを積極的におこなっていたことは別稿で検討したことがある。(73) ここでは、近世後期における大坂周辺地域の青物渡世に焦点を定め、その実態を探ってみたい。

3　青物にみる組織形成と村落

文化五年（一八〇八）一一月、摂津国西成郡難波村庄屋・年寄・百姓代が作成した文書によれば、当時同村には「無高借屋住之者」が約二五〇名居住している。(74) ちなみに、ほぼ同じころ、同村には高持百姓九六名、小作人一八〇名に対し、青物渡世二五三名という記録が残っているので、「無高借屋住之者」とはすなわち青物渡世であることが確認されている。(75) 彼らは先祖代々難波村に居住し、村内において青物渡世を生業としていた。天満市場の隣接地域で大坂近在二六か村が青物立売場設置を許可された際も、難波村の村内立売は天満市場より営業継続を容認する回答を得ており、支障なく取引がおこなわれていたようである。しかし、難波村の立売は村内で生産される青物類の売り捌きが原則であったところに、他所から多くの商品が流入し、そこへ市中の八百屋たちが一斉に押し寄せ、実質的な市場取引が手広くおこなわれた。

このような問屋・仲買の規制要求と、その後の取引規制強化は、繰り返しおこなわれていることで、さして特別な事象ではないが、重要だと感じるのは約二五〇名の難波村青物渡世が村内における売買のみで生活が保障されたのかという点である。たしかに、難波村は大坂の町続き在領村々のなかでも大きな村落に属する。ただし、大坂において繁昌している町であっても、小売の八百屋はせいぜい一、二軒であろうという見方から考えても、二五〇名はあまりにも大きな数値といえよう。やはり、二五〇名は、規制要求と規制強化の繰り返しのなかで、潜在的に市中の八百屋たちと提携し、また村内の生産者たちとも協調関係を保ち、大坂三郷および周辺地域の青物需要に応えた商いを展開していたと予想される。

万延元年（一八六〇）五月、摂津国豊島郡原田大明神境内岡町町人惣代三名・年寄一名から市場問屋年行司に出された「差入申一札之事」には、次のような内容が記されている。[76]境内に居住する者たちは除地のため農業を営みがたく、ここに居住する町人・借屋人たちは荒物・青物など日用品を商いして生計を立てていた。あるいは日雇働きの者たちもいるが、安政六年（一八五九）の青物直売買禁止の触書によって、青物に関係する「身薄之者共」が難渋しているのが実情である。岡町では高直の青物は売れず、野菜を三里余り離れた天満市場まで出かけて買い受け、またそれを岡町に持ち帰って商いをしていては、商品価格に比して余計な手間がかかり、青物小商いの連中は大変難渋する。そこで、隣在の菜葉を青物渡世に売り渡し、日々の助成として認めてほしいというのがこの文書の主旨である。青物直売買禁止のなかで、岡町とその近辺における「生産―流通―消費」を認めてほしいとする内容であり、鮮度・価格の面で考えてもこの願い出は至極当然ではないかと思われるが、ここで岡町の方から提案されているのは、菜葉類の品目限定である。そこでは、①菜葉類は根菜類よりも鮮度が要求されるため、天満市場経由を回避したい、②町内で売りさばくのはこの菜葉に限り、その他の青物は一切売買しない、③他所との取引や、問屋のような商業活動はおこなわないことが明記されている。

難波村の事例と同じように、一定地域内の「生産―流通―消費」に限定していることを強調していることが狙い目として理解されよう。そして難波村と共通するのは、岡町にも青物の専業とは呼べないまでも野菜流通を収入の中心に据える人々が多くおり、この地域の産業構造を支える意味でも円滑な青物流通を維持することが求められた点が注目されよう。

同年九月、河州石川郡富田林村庄屋などから市場問屋年行司へ提出された「差入申一札之事」は、富田林村の商人たち三名が、問屋同様の取引をおこなったことに対する詫び証文である。近世で有数の在郷町として知られる富田林村は、「奥山在々」と呼ばれる周辺村々からの商品調達に対応して、これら村々で生産される青物類を物々交換で取引していた。しかし、天保年間の株仲間停止にともない、このような交易をやめて問屋同様の市売をおこなうようになり、村内に青物小商人が多数出現することになった。しかし、嘉永四年（一八五一）に株仲間再興となって、以前の状態に戻す方針が出された。そのなかで問屋同様の市売をやめようとしたところ、小商人が多数存在するため、なかなかもとの「本業之百姓」へ戻ることは難しい。そこで奥山在々からの諸青物は交易によって取引するが、引受取締人と称する者を三名配置し、厳しく取締をおこなう。また日々諸青物類は、三割は天満市場、七割は村内小商人と村内飯用として取引するという計画案が村役人から提唱された。実際のところ、このような形式で青物売買がおこなわれたかどうか定かではないが、少なくとも当時の富田林村には、青物を生業とする商人が多数いたことを証明していよう。

ここまでの考察から大坂周辺地域では近世後期になると、青物流通に従事する人々が多く存在したことになる。後期に限らず、近世前期や中期においても彼らが存在していた可能性もあるが、少なくとも生産者ではない青物渡世が周辺地域におり、それらが産業構造の一翼を担い、食料品の問題に止まらず地域産業の安定にも影響を与えていたと考えられよう。

おわりに

本章では近世大坂および周辺地域の青物流通について必要な史料を用いて考察をおこなった。とくに立売場拡張をめぐる市場と農村、それと付随して青物通路人の存在と取締機構、そして農村における青物流通との関連問題と、大きく分けて三点の問題に焦点を当てて分析を試みた。

第一に、天満の青物立売場拡張請願に対する近郊農村八五か村連合である万延組の成立と運営状況を取り上げてみた。その追究のなかで八五か村は一枚岩ではなく、既存立売農村連合が新規立売村々に参加の許可を与えたと捉えるべきだという結論に達した。一般的な理解では農村の団結による権利獲得と思われがちだが、実際の運動形態は既存三〇か村主導で行われたと考えるべきである。立売場拡張についての市場側と万延組の約定締結にも触れたが、ここでも既存村々の色彩が濃く出ており、とくに取扱人・田中善左衛門を中心とした青物掛物代の動向が交渉にも左右されたと思われる。

第二に、市場問屋側と立売農村側との間に介在する通路人の存在に着目して、その通路人の職務と背景に関して理解を深めた。当初は市場問屋側にだけ設置されていたが、万延組側も八五か村に拡大されたこともあって、田中との関係等によって郷宿渡世の浜屋卯蔵が立売側通路人となった。浜屋の起用は立売の拡張による手続き等の煩雑化が大きな要因となり、村方の代理人的存在が必要となったためである。また、立売場の取締に関しては立売農村から村役人層が天満へ出てきて取締人を勤めていたが、通路人設置と同じ理由によって請負制が選択されることになる。委託を受けた加勢屋金助が見廻り取締人・取締人足を取りまとめ立売場取締を統括していた。これら通路人や取締人の登場は幕末期の青物流通における制度改革であり、時代に合わせた機構を新たに作り上げたと評価できる。

第三に、稗島村における村内商人の動向と、村方から捉える青物流通を最後に示した。この問題は二面的な視点が必要になるが、今回重点的に述べたことは西瓜流通の取り調べで明らかになった商品流通形態である。青物作の活発でない稗島村は生産地から商品を仕入れ、大坂天満市場あるいは市中への売買を行っている拠点であった。従来から行商人の販売体制が確立されている稗島商人は取引の手法等を兼ね備えており、青物密売に関しても早くから携わっていたと考えられる。「問屋同様之商売」を行うには大坂市中から距離的に近いことも手伝って比較的容易な環境であった。

〔注〕

（1）永市寿一編『天満市場誌』下、天満青物市場、一九二九年。佐藤作兵衛「大阪天満青物市場年暦沿革」（『大阪商業史資料』二五巻、大阪商工会議所、一九六四年)。

(2) 小林茂「近世大阪における『青物』の流通問題」(大阪歴史学会編『封建社会の村と町』吉川弘文館、一九六〇年)。

(3) 注(2)前掲論文。

(4) 「天満青物市場書類　二」(大阪市史史料二八輯『天満青物市場史料』上、大阪市史料調査会、一九九〇年)一六～一八頁。

(5) 津田秀夫「幕末・維新期の近郊農村の性格」(大阪歴史学会編『近世社会の成立と崩壊』吉川弘文館、一九七六年)。

(6) 三浦忍「近世後期農民的青物市場の形成過程」(黒羽兵治郎先生古稀記念論文集『社会経済史の諸問題』巌南堂書店、一九七三年)。

(7) 大阪府立大学経済学部所蔵文書、摂津国西成郡稗島村庄屋文書。

(8) 八木滋「大坂・堺における薩摩芋の流通」(『大阪市立博物館研究紀要』三一号、一九九九年)、同「近世天満青物市場の構造と展開」(塚田孝編『大阪における都市の発展と構造』山川出版社、二〇〇四年)、同「青物商人」(原直史編『身分的周縁と近世社会三　商いがむすぶ人びと』吉川弘文館、二〇〇七年)。

(9) 渡邊忠司「村から町へ―近世の西淀川地域―」(『ヒストリア』一五六、一九九七年)。

(10) 稲垣建志「江戸期大坂天満青物市場の成長過程について―一八世紀後期までの青果物流通事情の一端―」(『市場史研究』一七、一九九七年)。

(11) 上村区有文書「栗売捌ニ付村々申合書写」(『能勢町史』第三巻、四一四～四一五頁)。

(12) 上村区有文書「栗売捌ニ付問屋連印一札写」(注(11)前掲書、四一五～四一六頁)。

(13) 寺田繁一文書「大根売買につき天満青物問屋と出入り口上」(『尼崎市史』第六巻、一四二一～一四二三頁)。

(14) 摂河在方下屎仲間村々は下屎請入町をそれぞれ分けて汲み取りするように町割を定めていた。

(15) 『狭山町史』(以下、『狭山』と略す)第二巻、三五七頁。

(16) 注(14)『狭山』第一巻、二八一頁。

(17) 大阪市立大学学術情報総合センター所蔵「日本経済史資料商業七九」。

(18) 注(17)商業七九。注(15)『狭山』第一巻、二八二頁。
(19) 三浦忍「近世後期畿内農村人口の趨勢」(『鹿児島経大論集』一〇―二、一九六九年)など。
(20) 注(9)前掲論文。
(21) 岡田光代「摂津国西成郡稗島村天保十五年明細帳、他」(大阪府立大学『歴史研究』三三、一九九五年)。
(22) 本書第二章参照。
(23) 注(21)「明細帳」。
(24) 越知家文書「稗島村役人中宛万延組青物立売惣代書状」。
(25) 越知家文書「稗島村両庄屋宛田中善左衛門書状」。
(26) 越知家文書「西瓜売買一件に付取調口上書」。
(27) 注(26)「口上書」。
(28) 越知家文書「申十一月三日　青物下取締人加増申渡覚」。
(29) 『摂津名所図会』巻四(原田幹校訂・古典籍刊行会復刻本、上巻四四四〜四四八頁)。
(30) 大阪市立中央図書館所蔵小林家文書金銭出入訴状五「青物代銭出入奉願に付彼是申訳書付一件」。
(31) 本章第二節参照。
(32) 本書第二章第一節参照。
(33) 『新修大阪市史』四、一六三頁。
(34) 『狭山』第一巻、二八〇頁。
(35) 大阪市立大学学術情報総合センター所蔵「日本経済史資料商業七九」。
(36) 注(4)「書類　二」六七〜七二頁。
(37) 「天満青物市場ニ輸送スベキ青物類ノ直売買ヲ禁ズ」(『大阪編年史』第廿二巻、三七〜三八頁)。
(38) 「青物問屋外ニ而、諸青物類他所積・直買等致間敷事」(『大阪編年史』第廿三巻、二二〇〜二二一頁)。
(39) 注(1)「年暦沿革」。
(40) 注(4)「書類　二」六五〜六六頁。
(41) 『大阪市史』四、一九一三年、二〇〇二〜二〇〇三頁。

(42) 注(4)「書類　二」六七～七二頁。

(43) 注(4)「書類　四」、二二一～二二七頁。大阪府立大学経済学部所蔵越知家文書「万延元年四月　青物立売出願諸書付控」。

(44) 「鈴木町御役所ゟ大坂天満市場青物一件ニ付御触達し写」(『狭山町史』二、一九九六年)三五六頁。「青物商売につき天満青物市場との取締書」(『羽曳野市史』五、一九八三年、五三三～五三四頁)。

(45) 注(2)前掲論文、二六か村から大坂町奉行所に対して認可された天満の立売場以外でも青物売買が行われていると訴え出ている。

(46) 注(4)「書類　四」。

(47) 注(4)「書類　四」。

(48) 注(4)「書類　四」。

(49) 注(2)参照。

(50) 大阪府立大学経済学部所蔵越知家文書「万延元年四月　口上覚」。

(51) 「青物立売一件　乾」(注(15)前掲書所収)。

(52) 注(4)「書類　四」。

(53) 藪田貫『近世大坂地域の史的研究』清文堂出版、二〇〇五年。

(54) 注(4)「書類　四」。取扱人として記されている本庄村庄屋・藤三郎は、その他の史料で「郡中惣代」「弐拾六ヶ村惣代」と記録されている。

(55) 田中善左衛門については、渡邊忠司「幕末期摂津北中島郷江口村の水掻をめぐる在方争論―摂津西成郡江口村の水掻一件―」(『大阪の歴史』増刊号、一九九八年)、同「幕末期の取扱人(仲介人)について―幕末期郡中惣代のゆくえ―」(『大阪の歴史』五六、二〇〇〇年)。

(56) 注(4)「書類　四」。越知家文書「安政六未年　壱番天満市場ゟ願立候青物一件」および「万延元年四月　青物市場通路人金助ゟ聞取書并御窺之上御下知書之控」。

(57) 越知家文書「安政六年十一月　口上覚」。

(58) 越知家文書「嘉永七寅年　御触書廻状留帳」。ほか天保期～慶応四年の御触留帳。

(59) 注(4)「書類　四」。
(60) 注(4)「書類　四」。
(61) 注(4)「書類　四」。
(62) 注(4)「書類　四」。
(63) 越知家文書「西冬仮割」。
(64) 注(63)「西冬仮割」。村頼割と札四一四頼割として記載されている。札四一四枚を発行している主体は八五か村全体なのか、一人何枚まで所有できるのかは明らかでない。
(65) 大阪府立大学経済学部所蔵越知家文書「壱番　御触書廻状留帳」。
(66) 注(3)前掲論文。
(67) 『大阪市史』四。
(68) 「天満青物市場書類　四」（大阪市史史料第二九輯『天満青物市場史料』下、一九九〇年）五〇〜五一頁。
(69) 『大阪市史』第四、一三三五〜一三三九頁。
(70) 三浦忍『近世都市近郊農村の研究―大阪地方の農村人口―』ミネルヴァ書房、二〇〇四年。
(71) 津田秀夫「後期封建社会に於ける平野郷町の人口の変遷」（『ヒストリア』二、一九五一年）。
(72) 平川新『紛争と世論―近世民衆の政治参加―』東京大学出版会、一九九六年。高橋美貴『「資源繁殖の時代」と日本の漁業』山川出版社、二〇〇七年。
(73) 荒武賢一朗「食品流通構造と小売商・消費者の存在」（同編『近世史研究と現代社会―歴史研究から現代社会を考える―』清文堂出版、二〇一一年）。
(74) 注(4)「書類　四」。
(75) 注(4)「書類　四」。
(76) 注(4)「書類　四」。

第二章　摂河在方下屎仲間の構造と特質

はじめに

商品流通の分析を行ううえで必ず不可欠なもの、それは流通組織の構造と特質を知ることである。本章では、近世後期から幕末期にかけての大坂における屎尿流通の仕組みについて論じたい。そのなかでも明和六年（一七六九）四月に成立する摂河在方三一四か村下屎仲間の動向と実態を中心に検討する(1)。

さまざまな要素を持つこの仲間結成と、周辺地域の動向を整理し、実際に汲取をおこなう村内汲取組の存在、町家である請入箇所、糶取や不正売買などの事実関係から仲間の権限や拘束性、不正行為に対する取締の有効性を考察したい。また後半では、村々が下屎汲み取りに対して経費を拠出しているのか、また仲間運営に対する仲間入用割の徴集および納入方法を明らかにして、組織的側面からみた在方下屎仲間の性格を考えてみる。

第一節　近世大坂地域の特質

1　国訴をめぐる共同性

近世畿内における国訴の研究は、津田秀夫の「発見」に始まり、その後は藪田貫、平川新などによって幅広い研究視角で検討されてきた(2)。国訴とは広域的な村連合による訴願を指し、肥料高騰の値下げを意図する肥料国訴をはじめ、綿・菜種・油、あるいは牛の売買や質屋などの新株設置に至るまで、あらゆる訴願の内容が存在する。賛同する村々の意向次第で、たとえば綿と油の双方を複合的に取り込んで組織することもあった。国訴の研究は種々の特質を有しており大変興味深いが、ここではひとまず社会性や概念といった角度からではなく、肥料問題としてとらえてみたい。

表6は、肥料国訴と下屎・小便に関する訴願や訴訟、そして裁定を一覧にしたものである。この意図は、干鰯・粕・下屎・小便といった肥料についてこれまでは別々に論じていたが、摂津・河内両国にまたがる肥料の需給という側面では同じだと考え、重ね合わせてみた。年代的には元禄七年（一六九四）に起こった河内国百姓中と大坂三郷下屎中買の下屎売買をめぐっての訴訟から、慶応三年（一八六七）の三郷下屎の糶売買禁止についての達しまで五五件の事例を抽出している。

この表によっていくつかの特徴が浮かび上がる。第一に、大坂地域における肥料の価格上昇に際して屎尿・干鰯・油粕のいずれもが何らかの行動を誘発させている。これは当然ともいえるが、たとえば元文五年（一七四〇）では、鰯の不漁を契機とする干鰯値段の高騰が問題となり、商売人たちの買い占めを禁止する触書が出される。同時に油粕への規制でも商売人の買い占めを禁じていた。また、下屎に関しての触では、周辺農村の

表６　肥料をめぐる訴願と取引秩序の変遷

種　別	年　　代	対象地域	内　　容
下屎	元禄７（1694）	河内	百姓と三郷下屎中買の訴訟
下屎	正徳３（1713）	摂津	（触）三郷中買人数の抑制、百姓直買の要求
下屎	享保17（1732）	摂津・河内	（触）百姓直請の場所で三郷中買による糶取（値段せり上げ）の禁止
干鰯	元文５（1740）	摂津	新組・古組の合体要求
干鰯	元文５（1740）	？	（触）不漁による高直のため商売人の買い占めを禁止
油粕	元文５（1740）	？	（触）高直のため商売人の買い占めを禁止
下屎	元文５（1740）	摂津・河内	（触）百姓直請の場所で三郷中買による糶取（値段せり上げ）の禁止
下屎	寛保２（1742）	摂津・河内	（触）百姓直請の場所で三郷中買による糶取（値段せり上げ）の禁止
干鰯	寛保３（1743）	摂津（８郡309か村）、和泉（１国）、河内	両組合体、（買い占め・不正、外商売人、道売、魚油搾の禁止）要求
粕	寛保３（1743）	摂津（８郡309か村）、和泉（１国）、河内	買い占め・不正、外商売人、他国売の禁止要求
下屎	延享２（1745）	摂津・河内＋下屎仲買	（触）百姓および仲買に下屎直請の目印になる腰札を下付
下屎	寛延２（1749）	摂津・河内	（触）百姓直請と、町中下屎急掃除人の口入禁止
干鰯	宝暦３（1753）	摂津（島上・豊島・川辺郡）	買い占め・不正、外商売人の禁止要求
粕	宝暦３（1753）	摂津（島上・豊島・川辺郡）	買い占め・不正、外商売人の禁止要求
下屎	宝暦６（1756）	摂津・河内	（触）町中下屎急掃除人の口入禁止
下屎	宝暦９（1759）	摂津・河内＋下屎仲買	（触）百姓および仲買に下屎直請の目印になる腰札携帯の徹底
干鰯	宝暦11（1761）	摂津（豊島郡62か村）	取締支配人設置反対要求
下屎	宝暦13（1763）	摂津・河内＋下屎仲買	（触）百姓および仲買に下屎直請の目印になる腰札携帯の徹底
下屎	明和６（1769）	摂津・河内（314か村）	（触）摂河314か村の直請、三郷仲買は急掃除人に改編
下屎	安永３（1774）	摂津・河内	（補達）江戸町人升屋与市による三郷下屎一手引請出願につき糺す
下屎	安永７（1778）	摂津・河内	（補達）江戸町人升屋与市による三郷下屎一手引請出願につき糺す
下屎	安永８（1779）	摂津・河内	（触）江戸町人升屋与市による三郷下屎一手引請出願の却下

小便	天明２～３（1782～83）	摂津・河内（127か村）	（達）摂河127か村＋田畑所持の町人203人の直請を許可
下屎	天明５（1785）	摂津・河内（314か村）	（触）摂河314か村の直請と下屎口入（急掃除人）以外の請負を禁止
干鰯	天明６（1786）	摂津（菟原・武庫・川辺郡）、河内（古市郡）	株会所設置反対要求
小便	天明７（1787）	摂津・河内（約180か村）	（触）摂河180か村余り＋町方仲買203名の直請廃止
干鰯	天明８（1788）	摂津・河内（21郡836か村）、和泉（４郡）	買い占め・不正、外商売人の禁止、百姓直買の要求
粕	天明８（1788）	摂津・河内（21郡836か村）、和泉（４郡）	買い占め・不正、外商売人、他国売の禁止、百姓直買の要求
下屎	天明８（1788）	摂津・河内（314か村）	（触）摂河314か村の直請と下屎口入（急掃除人）以外の請負を禁止
干鰯	寛政元（1789）	摂津（豊島・川辺郡84か村）	干鰯仲間分裂に差し支え
（肥料）	寛政２（1790）	摂津（武庫・川辺・豊島郡58か村）	米値段に準じ値下げを要求
下屎	寛政２（1790）	摂津・河内（314か村）	（触）摂河314か村の直請、急掃除人の廃止
下屎	寛政２（1790）	摂津・河内（314か村）	（達）下屎汲み取りにつき摂河村々より三郷家別人数の問い合わせ
干鰯	寛政６（1794）	摂津・河内（23郡694か村）	買い占め・不正の禁止、監視団派遣要求
粕	寛政６（1794）	摂津・河内（23郡694か村）	買い占め・不正の禁止、監視団派遣要求
下屎	寛政11（1799）	摂津・河内（直請村々）	三郷町方より村割（町割）の撤廃と相対取引の出願→却下
干鰯	文政３（1820）	？	不正の禁止要求
粕	文政３（1820）	？	買い占め・不正、外商売人の禁止、百姓直買の要求
下屎	文政４（1821）	摂津・河内（直請村々）	（達）在方仲間の年番惣代による不正で同職の廃止、通路所の設置、取引値段は相対で決定
（肥料）	文政６～７（1823～24）	摂津・河内・和泉（1460か村）	値下げ要求
小便	天保３（1832）	摂津・河内（163＋190か村）	売村（163か村）と買村（190か村）が設定されて仲間成立
下屎	天保５（1834）	摂津・河内（直請村々）	（達）直請村々による代銀遅滞・値下げの申込につき沙汰
（肥料）	天保６（1835）	摂津・河内（25郡952か村）、和泉（４郡）	買い占め・不正の禁止要求

下屎	天保８（1837）	摂津・河内（直請村々）	下屎代銀の高騰、平均値段の調査指示
下屎・小便	天保13（1842）	摂津・河内（直請村々）	（触）在方仲間の停止、在町相対取引へ移行、小便取引は世話人・融通人の禁止
下屎	弘化元（1844）	摂津・河内	（触）一部百姓の汲み取り箇所の売買・持囲の禁止
下屎	嘉永４（1851）	摂津・河内（直請村々）	（触）在方仲間の再興
小便	嘉永５（1852）	摂津・河内（233か村ほか）	（触）在方仲間の再興
小便	安政元（1854）	摂津・河内（233か村ほか）	直請村々より小便引請値段の設定につき出願
（肥料）	安政２（1855）	摂津・河内（1086か村）	買い占め・不正の禁止要求
下屎	万延元（1860）	摂津・河内（直請村々）	下屎代銀が定額以下の場合には町方が謝絶すべし
下屎	万延元（1860）	摂津・河内（直請村々）	水難による凶作のため下屎掛銀減額の嘆願→一村ごとに町別の交渉で決定すべし
（肥料）	慶応元（1865）	摂津・河内（1263か村）	値下げ要求
下屎	慶応３（1867）	摂津・河内（直請村々）	（達）三郷下屎の糶売買禁止

出典：干鰯・粕・（肥料）＝平川新『紛争と世論―近世民衆の政治参加―』（東京大学出版会、1996年）より引用、
下屎・小便＝『大阪市史』三・四上・四下（大阪市参事会、1911・1913年）より引用。

百姓たちが直請（大坂町家との直接取引）をする場所で三郷中買による糶取を認めないと定めている。干鰯、油粕については大坂市中に出されたが、下屎と同じように摂津・河内両国の村々への配慮がそれを実行させたのである。つまり、肥料不足に対してその種別・原料はともかく、地域全体として取り組む姿勢と、それに応えようとする大坂町奉行所の意向が確認できるだろう。表をみれば一目瞭然だが、このような事例は以降の宝暦、天明、寛政年間でも状況は同じであった。肥料価格（表７）や干鰯・粕の価格連動（表８）を視野に入れると、下屎の相対取引によって何とか肥料を確保しようとする村々、それを形式的にせよ法令として発する大坂町奉行所の動きが特徴的であった。

またこれらが同質の問題であることは価格高騰に対する村々の要求がおおよそ一定であることが指摘できる。訴願に賛同する村々は参加をするわけだが、これもおおよそ国訴と下屎双方に関係した村落で共通していたことも合わせて強調しておこう。

摂津・河内に近接する和泉国と堺の事例から、国訴と呼応する下屎取引について紹介しておきたい。一点目の

表7　干鰯・肥料・米価の一覧

年　　代	干鰯（1駄）		干粕（50貫目）		油粕（10玉）		米（1石）	
	価格（単位：銀・匁）	指数	価格	指数	価格	指数	価格	指数
元文元（1736）	46	100	23	100	28	100	52	100
元文5（1740）	77	167	42	183			86	165
宝暦元（1751）	68	148	32	139			48	92
宝暦11（1761）	56	122	25	109			52	100
明和8（1771）	72	156	31	135	36	128	68	131
天明元（1781）	76	165	30	131	40	143	57	110
寛政2（1790）	110	239	50	218	62	221	50	96

出典：小林茂・脇田修『大阪の生産と交通』毎日放送、1973年、『高槻市史』第2巻、1984年より引用。

表8　天保〜嘉永年間における主要物価　（単位：銀・匁）

年　　代	肥後米（1石）	菜種粕（100玉＝350貫）	関東干鰯（10貫）	種油（1石）	繰綿（相場物、1貫目）	菜種（1石）
天保元（1830）	70.7	435.0	11.0	246.0	24.4	—
〃　5（1834）	75.5	600.0	15.0	305.0	24.4	—
〃　10（1839）	113.9	770.0	26.6	361.0	45.5	102.0
〃　11（1840）	62.6	487.0	28.0	378.0	25.6	118.5
〃　12（1841）	51.9	630.0	—	426.0	24.6	125.2
〃　13（1842）	80.5	720.0	28.0	385.0	27.0	85.8
〃　14（1843）	68.8	570.0	18.5	295.0	27.0	83.3
弘化元（1844）	78.0	505.0	19.5	282.0	27.8	72.0
〃　2（1845）	77.8	495.0	—	330.0	29.4	89.7
〃　3（1846）	91.2	595.0	22.5	415.0	28.6	110.0
〃　4（1847）	84.7	680.0	22.0	478.0	25.6	134.0
嘉永元（1848）	83.5	630.0	24.0	450.0	24.4	123.0
〃　2（1849）	87.7	610.0	25.0	460.0	29.4	92.0

出典：『泉大津市史』第1巻下、1998年より転載。原典は大阪大学近世物価史研究会編『近世大阪の物価と利子』（創文社、1963年）、三井文庫編『近世後期における主要物価の動態（増補改訂）』（東京大学出版会、1989年）、山崎隆三『近世物価史研究』（塙書房、1983年）。

事例は、文政二年（一八一九）一一月で、堺近郊の一三か村から堺奉行所へ訴えが上申された。その内容には、堺市中の下屎代価に関するもので、百姓たちが町人側に支払う際、その人数（居住者数）に応じて米穀をもって支払う方式を、一部は代銀に変更してほしいというものだった。なぜ、米から銀へ移行させたいのかといえば、米価が極めて高騰していること、また一三か村は米作ではなく、畑作や綿作を中心とした産業形態であったことに起因する。そして下屎の買い取り価格が高いということで町方に対する値下げを歎願した。畑作・綿作、また菜種作などを主たる本業とする農家では、高い米価と肥料価格がもっとも経営を圧迫する。その関係から、このような訴願運動がなされたのである。

二点目は、天保七年（一八三六）だが、このときは前年の肥料国訴（干鰯・油粕）以来、下屎と米価が高騰し、堺周辺の村々でも極めて難渋の様子が伝えられた（表6・10参照）[3]。和泉国大鳥郡の幕府領、御三卿領、旗本領などを中心に各地の村々から堺奉行所に歎願が寄せられる。ちなみにこの天保七年に摂津・河内では同じような動きを示しておらず、堺と大坂それぞれの周辺地域では別々の事情があったものといえよう。

本書で詳しく論じていく摂河在方下屎仲間は、「摂河三一四か村」という数字が表すように、三〇〇か村以上が参加する連合体であった。明和六年（一七六九）以降はこの仲間が大坂市中の下屎汲取において主導権を握ることになるが、明治維新に至るまで幾度にも及ぶ取引仕法の改変、また仕法を破る糶取の横行が頻発した。その状況を克服するため摂河両国の村々は歎願を繰り返している。その文言はおおよそ似通っていて、「百姓方の困窮」、「作方第一で田地を養うための肥料を確保」、それができなければ「御年貢に差し支えが生じる」という内容だった。ここで問題になるのは下屎価格の高騰であり、いかに安定的かつ低価格の「調達」をおこなえるかが村々、そして個々の百姓の課題であったといえよう。その目的に立ちはだかったのは取引相手である大坂の町人たちとともに、明和六年までは町方の下屎中買、それ以降は「重頭之者」と呼ばれて村々に腰を据える地域有力者たちだった。それはともかく、歎願には加盟する村々がほぼ結束して連署し、大坂町奉行所への訴えを提出した。たとえば明和五年の際には摂河両国の二五九か村が申し合わせをおこない、中買人を急掃除人と改称させること、翌年から急掃除人の請負っている箇所（町家の厠）を村々が直接取引する、といった要求を勝ち取る(4)。

2　都市との関係

豊臣秀吉が天正一一年（一五八三）に大坂城の築城を始めるが、そのときに近世大坂の町並みが形成されるようになり、同時に屎尿問題も発生する。小林茂の検討によれば、当初この屎尿を入手したのは、過書下三拾六艘屎舟（以下、「摂河三拾六艘屎舟」とする）だった(5)。摂河三拾六艘屎舟は、大坂の陣に際して徳川方に味方をして勝利に貢献したことから、この権利を有したとされる。屎舟の所在は、大坂からみて北部の淀川筋両岸で現在の枚方市から吹田市にかけての地域である。彼らは大坂の屎尿を町家との直接交渉により入手し、屎舟に載せて村々に持ち帰った。この時点では、当事者間による交渉と実際の取引がなされていたものと考えられる。

しばらくはこの摂河三拾六艘屎舟が大坂市中の屎尿汲み取りに重要な役割を果たしていたが、元禄八年（一六九五）ごろからみられる「市中急掃除人」たちの台頭によって次第に主役の交代が起こるようになる。その後、明和六年（一七六九）に摂河在方下屎仲間が結成され、周辺村落主導の汲取組織ができるという変遷をたどる。摂河在方下屎仲間が大坂市中の汲み取り区域を設定する町割には、当然町方との交渉があった。その町方からは火消年番町年寄という代表者が交渉にあたった。これはその名の通り、本来火消に関する町方の役職だったが、次第に多くの調整役、および大坂町奉行所など行政機構に対する上申の代表者という仕事も司り、市中の利益を担保する存在となっていた(6)。

大坂三郷の町割や公定価格の設定など、下屎取引全体にかかる交渉はこの火消年番町年寄と在方仲間惣代があたり、実際の取引は当事者間（建物所有者と汲み取り人）に委ねられるのが近世後期以降の特徴といえるだろう。

3　なぜ在方仲間ができたのか？

明和六年に成立した摂河在方下屎仲間の誕生過程は、小林茂の研究に詳しい[7]。市中急掃除人（町方下屎仲間）と摂河村々の百姓たちの対立が表面化したのは、元禄七年（一六九四）ごろといわれる。さきに挙げた摂河三拾六艘屎舟と市中急掃除人の争論とほぼ同時期であることから、大坂市中の下屎をめぐって三者（「屎舟」・「市中急掃除人」・「在方仲間」）が入り乱れた格好だった。小林によれば当時、市中急掃除人は「町方下屎仲間」と称してもよい組織を形成しており、一二六人が加盟していた。正徳三年（一七一三）には、町方下屎仲間一一五人に加え、新仲買人（新下屎仲間）と呼ばれる組織に一三〇人が所属し、町方の汲み取り人は合計二四五人になった。この時期には、摂河三拾六艘屎舟の勢力は衰退し、彼ら町方の仲間が市中の下屎を買い取り、在方に転売することが一般的になっていた。しかし、これについては実証できておらず、「屎舟」から「町方仲間」へ移籍した者もいただろう。これにより、周辺農村の百姓たちは下屎価格の騰貴にしばしば悩まされるようになり、同年に摂津の百姓たちは大坂町奉行所に訴願をおこない、新下屎仲間の廃止、および町方下屎仲間一一五人は存続するものの、以降の増員を抑制することが認められた。

この背景には大坂三郷で急速に進む人口増大があった。訴訟が起こっていた近世前期から中期は、まさに市中の町家が拡大しており、都市民の側からすると排泄物の売却先はどこでもいいという状況だったのである。新下屎仲間が廃止されても、新たに下屎口入という汲取人が登場し、下屎価格の値を上げたため、元文五年（一七四〇）には摂河村々百姓中より下屎口入の廃止が要求され、これも在方の意向が認められた。

右のような度重なる在方と町方の汲取権をめぐる対立は、明和六年に一応の決着をみるが、いかに下屎の商品価値が高かったかを象徴付けているといえよう。在方の立場からすると、町家との直接取引によって安価で豊富に肥料を確保することができる利点がある。そのために村々が結集し、組織を編成する必要があったのだ。

第二節　在方下屎仲間の組織形態

1　村内汲取組の存在

近世後期における大坂三郷の在方屎尿汲取組織は、摂河在方三一四か村下屎仲間と摂河小便仲間に大別される。ここでは、前者の下屎仲間を取り扱い、とくに河州茨田郡門真二番村（現大阪府門真市）を中心として、汲取組織の実態を明らかにしたい。また、明和六年（一七六九）の在方主導に移行する制度変革によって設定された「町割」「村割」について検討し、どのような町と在の結びつきがあったのかを考えてみたい。

摂河在方下屎仲間は、町方下屎仲間と摂河村々の百姓中が争論を繰り返していた宝暦年間（一七五一～六四年）には成立していたとみられるが、実際に大坂三郷の汲取に大きな影響力を持つのは明和六年以降である。仲間の名称にも表れているように摂津・河内の三一四か村と、その後に加入した新田村々七か村を合わせた合計三二一か村によって構成された（図1参照）。摂津は高槻から神崎川筋、中津川筋一帯、猪名川流域から尼崎一帯、さらに武庫川下流の鳴尾付近までである。河内では淀川筋の村々、すなわち北河内地方の村々が加盟している。このような地域分布を考えると、大坂よりも北に位置する村々が中心となって結成されており、大坂以南を中心とする小便仲間と若干の重複はあるものの、ある程度の住み分けがなされていることも明らかである。

下屎仲間の組織編成は年代によって一部変更はあるが、まず郡単位を基軸とした大組（東組・西組・中組な

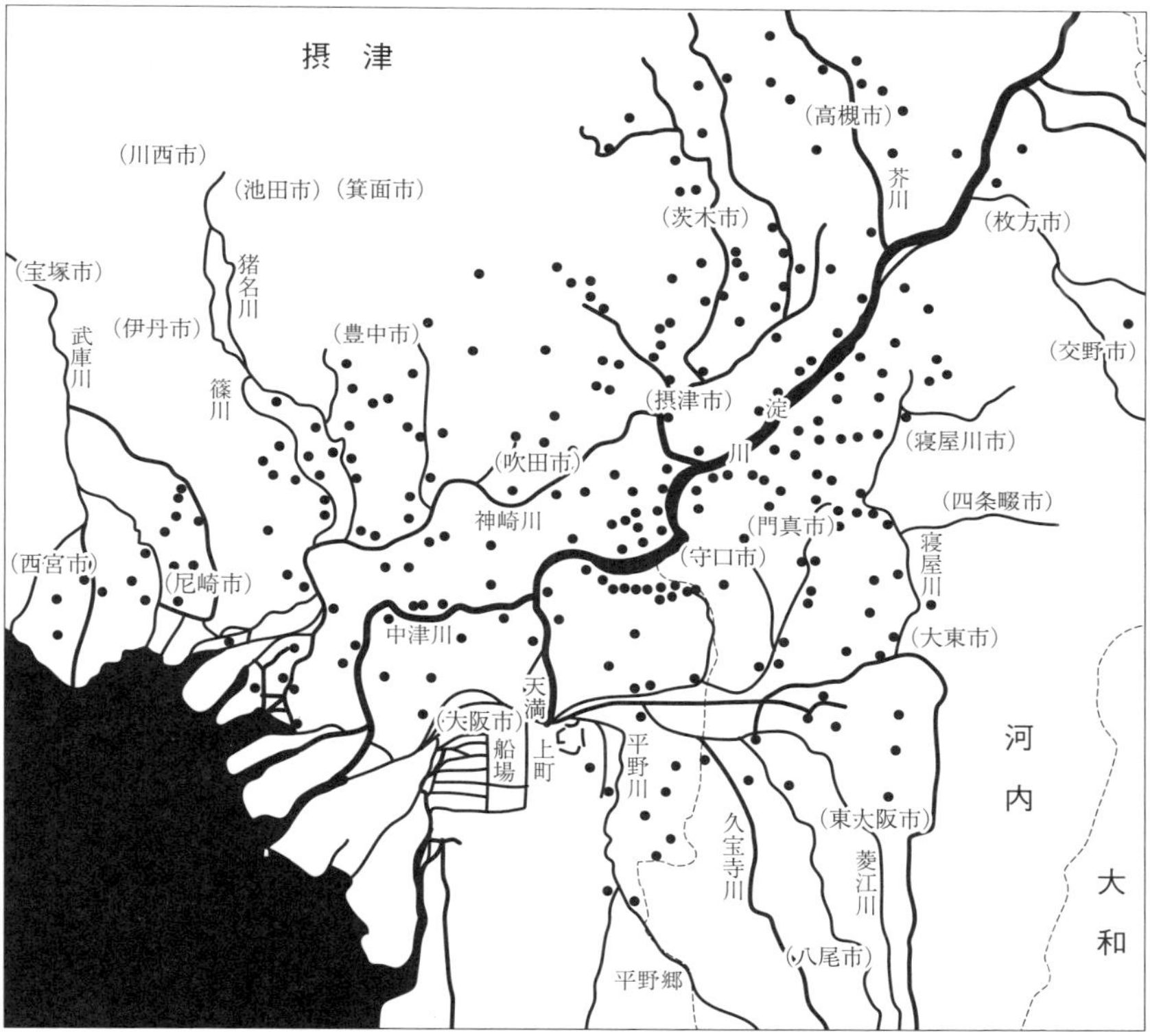

図１　摂河在方下屎仲間加盟村々の分布
●＝おもな村にマークを付けたが、実際にはこの数倍の村々が加入する。

ど）があり、その大組内には約一〇～二〇か村前後で区切られた小組が置かれている。小組では各村々から庄屋が集まり、そのなかから年番によって惣代が一名選出される。[8] 郡あるいは大組の代表である下屎方惣代は、小組の年番惣代から選ばれる者が多い。下屎方惣代連中は、市中の拠点を通路所に定めており、連中から発給される文書には、「下屎惣代連中」「下屎詰合惣代」の署名が記されている。下屎方通路所は大坂豊後町・八木屋喜右衛門方に設置されており、八木屋は下屎方通路人として、下屎仲間の業務に携わった。市中に常駐しない惣代の代行あるいは補佐として、村々からの仲間入用銀の徴集や大坂町奉行所との連絡をおこなった。また、請入箇所である大坂の町方への対応をおこなっていたと考えられる。

以上が下屎仲間の編成であるが、これら組織の末端・最下部についてはこれまで詳細な分析はみられなかった。そこで、実際に一か村の具体的な汲取組織を考察したい。その手掛かりになるのは、「下屎直請ヶ所付帳」「下屎ヶ所付帳」「下屎ヶ所書出帳」の類である。この帳面は、各村ごとの請主（汲取の権利を有する者）、請入箇所（大坂市中の町人・屋敷などの明記）、請入箇所ごとに支払われる代銀などの情報が盛り込まれている。これは仲間加入の各村でそれぞれ作成し、下屎方惣代や下屎方通路所を経て、大坂町奉行所へ提出された。また、この提出を受けて下屎仲間の全体的な汲取場所を集約したのが、「三郷町割帳」である。[9] これには、箇条書きで大坂の町名が書かれた下に、その町に汲取に来ている村々の名前が列記されている（本書巻末付表参照）。

ここで取り上げるのは、大坂の北東部に位置する河州茨田郡門真二番村の状況である。同村は、一部が大坂城代の役知になった時期を除き、近世を通じて幕府領であった。村高は九五〇石前後、天明八年（一七八八）ごろの家数は一二六軒、人口は六二一人と周辺においても比較的大きな村落である。[10]

安永六年（一七七七）の門真二番村が所有していた大坂市中の下屎請入箇所は、天満や玉造を中心とした六六か所である。下屎汲取の権利を持つ請主（門真二番村の農民）は、二二名（うち二名は共同で汲取をおこなっている）であり、それぞれが別々に大坂町人の居宅・掛屋敷などへ出入りしていることが分かる。屎舟を利用した汲取・運搬のため、河川交通上の理由により、門真二番村に比較的近く、船の乗り入れも便利な天満や玉造が請入箇所となった可能性が高い。請主個々をみていくと、一人につき一か所から二か所が圧倒的に多いが、最大では八か所も権利を有している者がいる。

続いて寛政四年（一七九二）、門真二番村における「下屎ヶ所付帳」[11]から、安永年間（一七七二～八一）からの推移を追っていくことにしよう。これには、請入箇所が列記されている上に、請主の名前の後に「組」の文字が見える。この「組」は、村内で複数の汲取グループがあることを示し、実際に汲取をする末端組織だったことを意味していた。同村では一四の「村内汲取組」が存在し、それぞれが大坂市中の個別町あるいは個別町人と汲取契約を交わしていたと考えられる。組の名称は、請主の名前が使用されているが、実際に請主が必ず大坂市中へ出向いているとは考えられず、資金の拠出、屎舟の所有など名義人・経営者としての色彩が強い。さらに請主の性格を同時期の宗門帳で調べてみると、いずれも四〇～一〇〇石以上を持つ有力な百姓であり、多くの田畑を所有していることが明らかである[12]。実質的に村内汲取組で作業をおこなうのは、村内無高層が中心であり、請主との小作関係などから雇用されていたと思われる。

寛政四年の門真二番村における主要な村内汲取組の大坂請入町々を確認しておこう。六兵衛組、半四郎組は北久太郎町五丁目、治郎右衛門組は同五丁目と天満地下町、六左衛門・物兵衛組は北久宝寺町四丁目と玉造木綿町、半右衛門組は塩町四丁目と安堂寺町四丁目といった具合である。同村全体でみれば請入箇所は散在しているように見受けられるが、このように並べると各組で一、二か町の汲取先に限定して取引をおこなっていることが分かる。実際に機能している組は、従来から取引している町家を基礎として汲取先を拡充し、運搬を意識して舟運などの面でも効率が良いように請入箇所は集中化されている。それと同時に、若干の地域的重複はあるものの、組同士による競合が避けられた結果、村全体では分散化しているように看取できる。

以上の考察を小括すると、下屎仲

表9　安永6年(1777)門真二番村の直請

大坂市中の汲み取りを直接請け負う百姓（請主）	大坂市中の請入箇所数
次兵衛	2
助右衛門	8
六左衛門	7
惣兵衛	4
八兵衛	1
彦左衛門	1
太郎右衛門	3
長左衛門	1
七右衛門	1
善右衛門	1
七兵衛・多右衛門	4
平八	1
半右衛門	6
久兵衛	4
平兵衛	3
利兵衛	3
市左衛門	4
喜右衛門	6
六兵衛	1
惣右衛門	1
万右衛門	2
小右衛門	2

出典：関西大学図書館所蔵門真二番村文書「安永五年　来酉年下屎直請ヶ所付帳」より作成。

間を包括的に管理する大組・小組の惣代（庄屋層）とそれを市中において代行業務を担う通路人が全体的な仲間運営をおこなっている。その一方で、実際に汲取作業をするのは村内汲取組であり、それぞれが独自の活動をしているうえで、組同士の住み分けなどが手際良く進められた。その統括的な役割を担うのが、村惣代（庄屋）の仕事であるといえる。村惣代は個人的に村内汲取組を組織するかたわら、「公的」には下屎仲間と村内の連絡、村内組間の調整役を含めて、下屎汲取において重要な位置を占めていた。ただし、先述のように門真二番村は非常に大きな村落ということもあり、大坂周辺の下屎汲取農村すべてが同様の組織形態を持ち得たとは言いがたいが、下屎汲取の有力な一類型と成りうるのではないだろうか。

2　請入箇所の設定

在方下屎仲間による大坂三郷の下屎汲取には「町割」が設定され、個々の町家に一人の在方請主が汲取権を持っていた。この町割は、村同士あるいは農民達の競合を防ぐために取り決められたものである。これによって、価格の高騰防止やバランスの良い在方仲間内における下屎の分配が行われ、町・在の取引と肥料獲得の安定化を目指すことになる。区割りについては、以前から取引関係のあった町家と農民がそのままの関係を維持して、町割を決定した場合が多かった。そのため、一か町に五か村以上の村々が請け負うような形態もみえる。例えば、寛政年間の嶋町一丁目には、七か村の仲間加入村々が汲取権を持って、出入りしていたと考えられる。だがほとんどの町では、平均して一、二か村が割り当てられており、一か町でまとまった請入箇所となっていた。また、一部には各村の割り当てとならず、「西成郡割当入組」、「五ヶ組割当入組」などの郡あるいは組単位となっている町もある。これは、それぞれの仲間で確保された請入箇所であり、個々の箇所での過不足を補うために利用され、当番制によって組内の村々が汲取をしていたと思われる。

町割による下屎仲間汲取分配体制の大枠は、株仲間停止期間を除いて明治初年まで継続されるが、いくつかの形式によって変動が起こる。そのひとつは、請入箇所が農民間で売買されることである。

【史料1】(13)

為申合一札

一三郷町々下屎之儀者摂河三百拾四ヶ村直請御仕法御免被為　仰渡難有奉存、依之請入方ハ勿論町家等ニ茂差支無之様、毎々申合一札之通相守可申候一己之了簡を相立、是迄申合之通相背、仲間一統差障ニ相成取計之儀仕間鋪事

一此度摂州北中嶋并郡々村々水入ニ而、難渋之村方当子年諸作物致水腐、取入方格別相減候付、当節下屎請入方混雑可仕被存候、万一村ニ而是迄請入ヶ所之内、当時不用ニ付直請仲間江箇所預リ合之儀者、格別箇処売渡又者質物等差入候旨出来候而ハ其村方下屎ヶ所相減、後年ニ至村方下屎不足百姓一同肥手ニ差支難渋出来可申立被存候、勿論ヶ所売買聞入等之儀者御公儀様御趣意ニ相背奉恐入候間、右等之儀決而仕間鋪候事

一当節水難村々下屎請入ハ六ヶ敷在之趣、村ニ而可相成丈ケ之請入ヶ所、得と相糺請来之然ヶ所有之候ハヽ、下屎直請仲間へ壱ヶ年限ニ預ケ合可仕候、此義百姓方存寄を以銘々預ケ合ニ而者入用之節取戻ニ付、是迄彼是混雑之儀も在之年重リ候得者、預人之内ニ茂心得違譲リ請ヶ所抔と申立、元請之百姓致迷惑御願有之候間、以来預リヶ所之村方ゟ得と相調、年番物代へ指出候ヶ所帳へ何村誰ゟ預りと申候義致張紙置、預主百姓其村組惣代并年番惣代加印之一札取置後ニ而も入無之様可仕候事

一水難村々引請ヶ処直段相対ニ付家主ゟ無難之村方ニ親類縁者有之、新規ニ町家ゟ請入之儀申来候共決而請入申間敷候、勿論無代抔与申立壱荷も下屎ニ而汲取候義、堅仕間鋪事

右之通取締候上者、其難村々不及申、無難之村方共前条之趣意不相背申合候通、急度相守可為後日連印依而如件

但、前ヶ条之趣相背キ村方有之、惣代中取計相成候諸入用之儀、其組合引請無御出張可致候、甚御違背仕間敷候事

文化元年

子十月

これは蒲田村組十八条村から出された一札であるが、文化元年（一八〇四）の水害に対して、摂州北中島付近の水難村々が割り当てられている大坂市中請入箇所の処置について述べられたものである。水害の被害を受けた村々では、当年において農作物の収穫が大幅に減少しており、被害の影響などで下屎汲取についても行き届いていないようである。そのような状況で、下屎請入箇所をどのようにするか。箇所の売買・質物は一応禁止されており、また箇所を完全に手放してしまうと復興後には肥料不足で悩む。そこで、村々から提案されたのが在方下屎仲間へ一年間に限って箇所を預けるということである。個人（村）対個人（村）で預け置き・貸与の契約をしても、返還される際に争論が起こる可能性が高く、仲間が介在することで水難村々にとって不安のない対処となることが求められたのである。

四条目では、請入箇所の家主が周辺農村に親類縁者を持つ場合、両者が新規に取引することを禁止している。下屎仲間の村割方式によって、大坂市中の町家がすべて摂河村々の請入箇所になっているはずだが、町・在の取り決めでいくつかの例外が認められている。それは主として、①大坂町人が周辺地域に買い付け田畑を所有している場合、②大坂町人が周辺農村に親類を持つ場合、③大坂町人が町内に耕作地を所有している場合の三点である。これらの理由が成立すると、原則的に在方仲間が権利を行使することは不可能であり、町人の判断によって下屎の汲取先が決定される。しかし、それを理由に町人が公定価格よりも高値で下屎を売却する事実もあり、十八条村からの一札には単なる新規取引の禁止を要求するだけでなく、在方側の権利確保の意味合いが含まれている。それとともに、町方は下屎取引の相手を自由に選択できない、むしろ在方側がほぼ完全な権

利の掌握を行っている裏付けでもある。

【史料2】(14)

下屎受入箇所本物返ニ売渡証文之事

一大坂敷屋町神崎屋善兵衛掛屋敷・雑喉場町下之橋筋家数五軒、我等先年ゟ請入ヶ所ニ御座候処、此度其元殿江本物返ニ売渡、銀子五百八拾四匁慥ニ受取申処実正也、然ル上者其許ゟ受入ヶ所下屎御汲取可被成候、尤右ヶ所ニ付脇ゟ差妨いたし候もの出来候ハヽ、我等罷出急度埒明可申候、乍去最早相募候共、右元銀相立候ハ、右ヶ所我等方へ御戻し之為後日下屎受入ヶ所本物返し売渡証文、仍如件

文久二戌年
十二月

稗嶋村
太良兵衛

受人
宇兵衛

同竹嶋村
弥八

稗嶋村
庄屋　保之助

竹嶋
喜兵衛殿

右者戸之内村弥兵衛ゟ譲受候ヶ所、本文之通竹嶋へ譲り渡候ニ付、奥印中受御惣代方帳面切替候処、相違無御座候、已上

右　太良兵衛

これは、文久二年（一八六二）一二月に、西成郡稗島村の太良兵衛から竹島村の喜兵衛へ出された下屎箇所の売渡証文である。末文に記されているように、この神崎屋善兵衛の掛屋敷と、神崎屋が所有する借家五軒の

下屎汲取権は戸之内村（現尼崎市）弥兵衛から太良兵衛が譲り受けたものであった。それを今回は、銀五八四匁で喜兵衛へ転売することになったのである。この下屎箇所は、大阪市中の西部地域であり、この汲取に携わる三か村はいずれも大坂の西方に位置する村々であった。

この転売には二つの留意点がある。まず、下屎箇所を売り渡したのと同時に、該当箇所の下屎汲取は喜兵衛がおこなうことになる。つまり、権利を譲渡された結果、いかなる理由があっても、喜兵衛の責任によって汲取が遂行される義務が生じたわけである。もうひとつには、この売り渡しについて、汲取をされる側の神崎屋（町人側）が関与しないという点がある。この文書をみると明らかなように、売買当事者の太良兵衛、喜兵衛、受人の宇兵衛（稗島村）、弥八、稗島村庄屋保之助の署名しか見当たらない。当然、汲取権の移動については、神崎屋へ伝達されると思われるが、譲渡の契約段階には町人側の承諾が不要であることを示している。

3　糶取《せりとり》・盗取の横行

続いて、右のような正式な手続きを取らずに、糶取という形で実質的には汲取人が動いている事例を検討したい。その前段階として、下屎請入、糶取禁止の申し合わせを紹介しておきたい。

【史料3】(15)

為申合之事

一去ル午年ゟ三郷下屎摂河三百拾四ヶ村請入ヶ所之分帳面相認、年々御番所様江指上来り候、然ル上者右ヶ所相互ニ羅（ママ）取無之様申合候、自然心得違之百姓有之、羅取候而ハ被羅取之者明年之耕作手支候ニ付、其組之惣代江申達早速元之請主江為相戻可申事

但、当寅年請付直段ゟセリ上ケ候筈、町家へ不抱銀子羅上候者ゟ急度相弁さセ其村之庄屋江セリ上銀請取、惣代ゟ元々之請主江無間違相渡可申事

一町方直請相対之儀、村々ゟ請惣代之百姓差出し多人数町家江罷出申間敷候、決而披露不仕候処ニ可致相対候事

（中略）

一間違等ニ而当年請入居候ヶ所被羅取候屋敷万一有之候ハヽ、来ル十一月廿八日迄ニ相糺、町所之名前并代銀等之委細ニ書付、通路所江致持参帳面ニ記可申候、尤廿八日迄ニ書付出渡し候分ハ引戻し預ニ難相加へ候間被羅取候而も致方無之条、心得違無之様可致候事

付り、右引戻し願ハ年番物代印形を以願出可申候、尤年番物代ゟ申達候儀ハ違背致間鋪候事

一当寅年之儀ハ前代未聞之凶作ニ而格別ニ御糺申上候程之年柄故、去年相対ニ而被羅取候ヶ所在之候共、当年申出し候而ハ混雑仕為申合之差支ニ相成候段、委細致承知得心仕候事

右之通一同申談候上ハ相互ニ急度相守違変仕間鋪候、尤村々小前之百姓迄連印為致、其組惣代江相渡し置、為其連印仍而如件、

天明二年寅十月

十八条村
庄屋　茂右衛門
年寄　彦右衛門

安永三年（一七七四）から摂河在方下屎仲間の大坂三郷請入箇所を明記した「下屎箇所請入帳」が作成され、これらはいずれも大坂町奉行所へ提出されており、それに従い羅取を禁止していることが冒頭に書かれている。そして、羅取をしている百姓は、即刻本来の請主へ請入箇所を返還することを命じた。羅上した銀子は、羅取を犯した百姓を出した村の庄屋・惣代を介して、本来の請主へ渡されることが義務付けられている。ここでの

不正者（糶取百姓）処分については、請入箇所を返還することと、糶上銀を賠償として差し出すことのみである。この天明二年（一七八二）は、西国を中心として大凶作となった年であり、糶取をおこなっている箇所があれば、困窮する農村が一層混乱することも指摘している。また糶取をされている者たち（本来汲取権を持つ者たち）へは、その町名・代銀などの詳細な情報を年番惣代の許可によって通路所へ連絡することを規定しており、既に天明年間（一七八一～八九年）において通路所が大きな意味を持っていることがわかり、惣代中のみでは糶取のような「不正行為」を解決する能力がないことを示唆している。

天明五年二月、摂津国武庫郡でも「紛らわしき下屎を買い取った」ことで窮地に追い込まれた長十郎なる人物がいた。長十郎は、非公式な経路で下屎を入手したことを村役人たちに摘発された。この下屎を長十郎に売った人間も同じ村に居住していたようだが、問題が発覚したので家内残らず家出をはかり、行方知れずになったようである。長十郎は提出した「誤り証文」で、自らも家出人同様の立場であるが、村内に住む市右衛門に仲介を依頼し、村役人中へ詫びを入れ、百姓中にも挨拶をすることで事なきを得たという[16]。仲間の論理で言う「不正」な取引が露呈すると、このように出奔せざるを得ない、または「村八分」状態に陥ることが推測できよう。しかしながら個別事例の域を出ないが、一方で長十郎は誤り証文を提出することで居住空間だけは確保でき、その他の処罰がなかった。この点で不正売買をしても甘い処分で終わることも仲間の規定が遵守されない一因ではないだろうか。

町家の汲取ではないが、大名家の大坂蔵屋敷に関する事例について紹介しておこう[17]。ちなみに、蔵屋敷の下屎についてはほとんど史料が見当たらず、先行研究においてもとくに論点にはなっていない。天保一〇年（一八三九）六月六日、摂津国武庫郡西新田村（現尼崎市）長左衛門は、大坂町奉行宛で以下のような口上書を提出した。長左衛門は、河内国茨田郡大庭五番村（現守口市）弥助から出雲国松江・松平家大坂蔵屋敷の下屎汲取について訴えられた。長左衛門の供述によれば、天保八年一〇月頃に大坂・土佐堀沿いの蔵屋敷から長左衛門に下屎を汲み取ってほしい旨依頼があった。それに対して長左衛門は、今まで汲取を担っていた者と直接対談をし、双方が承知してからでないと引き受けられないと主張し、汲取を一切しなかったと述べる。この訴訟の結論は定かではないが、大名家の大坂蔵屋敷には駐在の役人のみならず、そこに出入りをする商人や奉公人たちが多数いるので、下屎の汲取も大きな仕事であったことが推察できる。

糶取は在方下屎仲間成立後も頻繁におこなわれているが、とくに株仲間再興後には一段とその激しさを増している。

【史料4[18]】

覚

一今般下屎并小便方共取締向、先前之通御再興被為仰渡難有奉畏候、然ル処町・在之内、不正下屎取扱売買致し候者共在之（中略）右ニ付小便方登請入百性又ハ融通人之内、下屎・小便共引船江積受候而者、正不正難取調候間、此儀相止メ可申候件ニ而、実々両便共ニ受入積受差止メ不勝手之分も在之候差支之廉ハ、其段箇所名前等を以通路所へ相断候様取計可被下候、受小便汲取人并融通人共之内、或者陸荷・船路途中等ニ而不正売買致し候もの間々在之候由、百性方一同難渋差支候間、下人・船頭等ニ至まで右様心得違不致候様、急度申聞候様可被成候、若不正売買致し候者見当リ候ハヽ、無斟酌差押江御訴可申候間、此段村々小前・下人末々まで不洩様御申聞可被成候

下屎方
小便方
詰合
惣代中（印）

子
七月

小便請入村々
御役人中

この史料は、嘉永五年（一八五二）に下屎方・小便方の両惣代中から摂河小便仲間の各組惣代を経て、各村

の役人中へ伝えられたものである。この前年、株仲間再興が許可されており、これに呼応して在方下屎仲間や摂河小便仲間も公的に復活を遂げている矢先の出来事である。株仲間停止中は、表面的に仲間は解散された状態になっているが、この両仲間に限っては、事実上矮小化しつつも継続的に活動していたと考えられる。ただし、請入箇所を設定していた「町割」「村割」の秩序は機能しておらず、公然と自由競争が展開されていたと思われる。そのような状況下で株仲間再興がおこなわれると、従来の仲間秩序への回帰は容易ではなく、このような取締に関する文書が発給された。この内容が示すのは、仲間再興による規制強化の方針と、停止期間中における下屎取引の一側面である。

小便仲間に加入している小便汲取人や農村間の過不足を是正する融通人が小便だけでなく、下屎も同時に船へ積み込み、村々へ運搬している様子が記されている。これについては、表面的にどちらを積み込んでいるのか確かめることは難しいため、下屎箇所において取締を強化することを念頭に置き、不正に汲取がおこなわれている箇所の名前（町家を所有する町人の名前）を調べ、通路所に報告することとしている。また、小便汲取人や融通人が大坂から村々へ運搬する途中に、密売買をしていることも指摘している。これには、実際に屎尿肥料を運んでいる下人や船頭が深く関与しているため、彼ら末端で従事する者たちへも厳重に不正禁止を言い渡している。

このような不正売買は、小便仲間による下屎糶取が横行していることが背景に潜んでいるのだろう。屎舟で大坂市中へ汲み取りに出掛ける下屎仲間村々同様に、小便仲間も船を利用して小便担桶を運び出すため、仲間は異なるものの手法的には変わりのない両者にとって、糶取は非常に容易なことであった。小便仲間は直請場取村と買村に分別され、前者は村内で小便肥料を使用する分と買村への転売の役割を担っていたため、同じ取引関係によって糶取した下屎を販売していた可能性もある。(19) また糶取は小便仲間によるものだけでなく、下屎仲間内においても頻繁に実行されていた。

【史料5[20]】

以手紙申上候残暑厳敷御座候処、弥御壮健ニ御座被成、珍重之御儀奉賀上候、扨下屎入用之一条、度々大ニ御苦労様ニ預リ忝奉存候、乍併当御割賦之儀者仰セ之通相懸可申候得共、此後之儀者、申村之ヶ所へ河州方せり取致居候分、元々申村へ御取戻ス御世話被下度候ハ、、是迄之通り下屎入用相懸可申候得共、是又取々ニ不相成候得ハ、此後之儀者、申村受入ヶ所人別四百拾弐人丈ケ之分、此余者一切相懸申間敷候、此段左様御承引可被成下候、先ハ右御返事之程奉指上候、早々頓首

七月十四日

申村
下屎仲間

惣代
越知大君様
為用事書

下屎仲間の稗島組に加入している西成郡申村から同組惣代の稗島村東組庄屋へ宛てられた書状であるが、下屎入用銀に関する内容とともに、「せり取」について述べられている。申村に割り当てられている請入箇所が河内国の村に糶取されており、これは元来申村の所有であるとして、取り戻すよう惣代へ願い出ている。この一件についての結末は不明であるが、この訴えを受けて惣代は通路所へ届け出て、具体的な事実関係を確認したと思われる。このような糶取の事実は決して珍しくない。

【史料6[21]】

一　古川弐町目
　　備中屋助十郎
小松村請入
稗嶋村
弥三兵衛汲取

右汲取被居候間、当月晦日切無間違被差戻候様、急度御申付可被成候、尤汲取之節明後廿八日早朝迄ニ奥書を以御答可被成候、以上

但、其村請入之処、他村へ汲取之分ハ右同日切差戻候筈ニ引合致し候、左様も承引之事

子八月廿六日

下屎方
物代
野里村（印）

稗嶋村東組
御役人中

右の史料に登場する古川二丁目（現大阪市西区）の備中屋助十郎の屋敷は、本来「村割」によって小松村（現大阪市東淀川区）の請入箇所となっているが、実際には稗島村の弥三兵衛が汲取をおこなっていたようである。それが明らかになり、小松村から下屎方惣代中あるいは通路所に対し、請入箇所の返還を求めた結果、惣代の野里村から稗島村東組の村役人へ差し戻し命令が出された。しかし、弥三兵衛が文面に記されている八月末までに請入箇所を返還していないことが次の文書で書かれている。

【史料7】(22)

一 古川弐町目
備中や助次郎 小松村請入
稗嶋村ゟ汲取

一 濱町
紀の国や庄兵衛 吹田村請入
稗嶋村平兵衛汲取

右糶入之分、本人御調之上早々手離可致様、厳敷御申付被成下候御答有之様、先達申入候処、今以何等之御答も無之、最早来丑分代銀掛込時節ニ候間、今日御取調之上筆紙を以御答被成候、以上

子十一月

物代
野里村
重三郎

稗嶋村
御役人中

備中や助次郎は、前出の助十郎と同一人物（もしくは同じ世帯）と思われるため、同年八月に差し戻しの達書が出されているにも関わらず、一一月になっても継続して糶取をおこなっていた。また新たに、稗島村の平兵衛が浜町（現大阪市中央区）で吹田村（現吹田市）の請入箇所で不正な汲取をしていたことが明らかになっている。惣代の重三郎が指摘しているように、「先達申入」（【史料6】）をしているにもかかわらず、一切稗島村から返答がないという事実をどのように考えるか。まず気が付くのは、この二点の史料は下屎方からの厳しい達書ととらえて良いが、このどちらにも稗島村百姓あるいは役人中（実質的には庄屋）に対しての罰則が付されていないということである。

【史料8】(23)

然者不正屎売買之もの御取調ニ付、西盗賊方御役人様昨日より神崎村へ御出張有之、不正屎相携候もの者夫々召捕ニ相成、御厳重之御吟味被為成罷在候、右ニ付其村々之義も明廿日四ツ時まてニ村々庄屋中印形持参ニ而、右同村へ罷出候様被仰付候、此段御通達申上候、已上

十一月十九日　　下屎方
　　　　　　　　　惣代

村々御役人中

稗嶋　大和田　大野　福
御幣　海老江　塚本　浦江
成小路

ここでは不正な下屎売買に対して、西町奉行所盗賊方の役人が神崎村（現尼崎市）にて不正取引に関与した者を捕らえたとしている。最後に書かれている九か村は、その逮捕者を出した村々と思われ、村々の庄屋に、印形持参のうえ、逮捕者を引き取りに来るよう命令した文書だと考えられる。表10には、神崎村での不正売買

表10　文久２年(1862)下屎不正売買にかかる臨時入用

入用使途	銀・銭高
神崎かな屋・井筒屋入用、御出役御礼	（銀）２匁６分
亀十入用	（銭）１貫946文
神崎行き昼夜、弥次兵衛人足賃	（銭）440文
弥一兵衛・伊兵衛神崎へ御召し、飛脚賃	（銭）200文
捕方昼飯賄い、干物代	（銭）100文

出典：大阪府立大学経済学部所蔵越知家文書「文久二年　戌極月臨時掛調帳」より作成。

取締に関して、稗島村が支払った臨時入用の一覧をまとめた。最も大きな割合を占める「亀十入用」は、大坂の郷宿・亀屋に対して支払ったもので、今回の西町奉行所との手続きなどにかかった費用である。「神崎行昼夜、人足賃」は、庄屋が神崎村へ出向いた際の諸費用で、弥一兵衛と伊兵衛は、不正売買に関係した者たちであると思われる。その他には、町奉行所役人に対する礼金や彼らの昼飯代などが含まれている。

この神崎村における不正下屎売買は、西町奉行所が直接介在しているにもかかわらず、逮捕者やその所属する村々へは特別な処分がおこなわれていない。また下屎仲間からは、盗賊方の摘発と庄屋への出頭命令を伝達するのみで、仲間による制裁措置は明記されていない。庄屋においても村が臨時入用として支払った金銭を当事者に負担されるのみに止まっているとすれば、不正売買を犯しても基本的には何ら制裁を受けないというのが、規制の甘さを物語る。在方下屎仲間における村内の全般的な統括は、各村庄屋に一任しており、先述のような糶取や不正売買についても、惣代中から庄屋にその責務を委任されている。しかし、委任されているというよりは、規制を強化する術を仲間として持ち得ず、むしろ庄屋の自主規制に委ねているというべきではないだろうか。

第三節　下屎の汲取費用と仲間入用銀

1　下屎代銀の設定と公定価格

大坂市中へ下屎を汲取に来る周辺農村は、前節でも述べたようにさまざまな諸問題を抱えながら下屎獲得のための方策を練っている。次に下屎汲取村々あるいは仲間が、その肥料確保のためにどれぐらいの出費をしているのかを考察したい。

下屎汲取を実施するために農村側から町方へ支払われる下屎代銀（公定取引価格）は年代によって変動があるが、七歳以上の町人一人に付き二～三匁と定められている。小便の場合は価替物として、銭・繰綿・実綿・餅米・茄子・大根が取引の代替物になっており、その数量はそれぞれ代替物の相場により多少の変化が生じる[24]。下屎においては銀子で値段が換算されているが、実際には金・銭で払われることもあり、また現物払いとして青物が代替の対象になっていることもある。下屎における青物の場合は市場の動向に左右されることなく、固定された数量で町方へ運ばれる。また下屎・小便取引における最大の相違点は、このような銀銭・代替物の支払い先（取引相手）である。下屎は、居宅・掛屋敷・借家を問わず、すべてその所有者（主として家持ち町人）へ銀子が手渡される。一方小便仲間の規定では、各世帯主・経営者（各居住者）が取引相手となっているため、実際にその居住者と家別に引き合いをおこなう。

寛政年間（一七八九～一八〇一年）の下屎代銀（公定取引価格）は町人一人に付き銀三匁であったが[25]、天保九年（一八三八）の「在・町下屎一件」により、同年一〇月に両者は約定書を取り交わし、近年の肥料高騰などに配慮して銀二匁五分とした[26]。さらに天保一三年（一八四二）七月の大坂町奉行所からの触書で、株仲間停止

表11　嘉永５年(1852)４月　河内国茨田郡藤田村の請入箇所と下屎代銀

請入箇所の町名	請入箇所の町人	箇所人別(居住者)	下屎代銀小計(匁)	居住者１人あたりの代銀(匁)
平野町３丁目	唐紙屋安次郎	15	37.5	2.50
〃	藤木屋小兵衛	8	24.0	3.00
〃	堺屋利兵衛	45	105.0	2.33
錦町１丁目	か茂屋直七	6	17.5	2.92
船越町	河内屋永太郎	17	40.0	2.35

出典：大阪商業大学商業史博物館所蔵河内国大庭組藤田村文書「下屎ヶ所帳」より作成。

令に対応して摂河在方仲間も差し止めの措置がとられた[27]。この触書では、一人に付き銀二匁と定められている。

2　自由競争と規制

表11は、嘉永五年（一八五二）四月に調べられた河州茨田郡藤田村の請入箇所から各箇所の人別・下屎代銀が明記されている部分のみを引用・作成したものである。当時は株仲間再興が言い渡された翌年にあたるが、公定価格は天保一三年の銀二匁が継続された。しかし、表11のいずれの箇所も一人当たりの代銀を算出すると、それ以上の支払いをおこなっていることが明らかであり、公定価格とのズレが生じている。ここで留意すべきは、この示された数字が株仲間停止中の実態だということである。停止中は公定価格が義務付けられているが、以前のような請入箇所の村割が認められているわけではなく、全般的に「町・在相対次第」による取引がおこなわれていた。相対取引の公認は自由競争ということであり、是が非でも下屎肥料を確保したい村々は、多少の高値であっても取引に応じざるを得なかった。その結果が株仲間再興直後にも停止中と同様に、汲取農民と町人それぞれの個別取引関係によって値段が設定されているため、このように疎らな代銀支払いの様相が示されている。

それでは自由競争は、株仲間停止期だけに限られたものだろうか。結論からいえば、在方仲間主導になってから明治初年の制度変革に至るまで、長年にわたる糶取の事例があり、これは個別取引になる。仲間側からすれば、その糶取は不法、違反であると指摘されるが、実際のところ町家側の承諾を得たうえでの取引だったので、「隠れた自由取引」は潜在的にかなりの数にのぼっていたことが予想できる。

3　下屎仲間の入用割

在方下屎仲間を運営していくうえで、仲間全体ではさまざまな資金が必要となってくる。最も経費がかかるのは、通路所ならびに下屎方惣代中の大坂滞在費用であろう。通路所は豊後町の八木屋喜右衛門方に設置されていて、八木屋が通路人として市中における下屎方の窓口業務を請け負っている。通路人は大坂町奉行所からの伝達や手続き、各惣代や各村々への連絡など仲間運営を一手に引き受けており、火消年番町年寄に代表される町方との交渉などにも参加をしていた。たとえば、何らかの事情によって町家で急掃除（緊急の汲取）が必要になった場合は、町人から八木屋が連絡を受け、汲取人足を手配して処理するといったことも通路人の職務範囲として定められている。このような通路所を運営する経費、そして八木屋への委託料は具体的な数値が明らかではないが、莫大な金額になると考えられる。また、大坂に滞在する下屎方惣代は月番で交代し、彼らの宿泊先は八木屋方であり、この費用についても仲間から負担をしていた。その他、仲間内の寄合・集会なども基本的に通路所で開催されることが多いが、それにかかる諸費用も仲間から拠出される(28)。

それに対して下屎仲間の入用銀は、どのように村々から徴集されるのかをみていきたい。まず、通路所では毎年七月・一二月の年二回、仲間の総支出がまとめられ、通路所から各組合（小組）に対して、村ごとの割銀（負担額）が伝えられる。これは村々から惣代中・通路所へ毎年提出される「下屎箇所請入帳」を参考にして、請入箇所の人数（町人の数）に応じて、各村々へ割り当てられていた。表12は西成郡稗島組九か村の下屎方組合割を示しており、表13は稗島村内における入用割をまとめたものである。とくに、ここでは表13を取り上げ、具体的な入用割のあり方を検討したい。

表13　明治３年(1870)12月　稗島村下屎方入用割

請主（百姓）	入用銭（単位：貫文）	箇所人別（町家居住者）
惣左衛門・八兵衛	4.680	130
夘兵衛	2.880	80
佐右衛門	2.772	77
治兵衛	2.772	77
治良兵衛	2.772	77
弥三兵衛	1.980	55
伊兵衛	1.440	40
七右衛門	1.260	35
八兵衛	0.612	17
源兵衛	0.540	15
合計	21.708	603

出典：越知家文書「午極月下屎方并臨時掛入用帳（東控）」より作成。

表12　慶応２年(1866)７月　下屎方組合割銀

村名	銀高(匁)
佃	453.25
大和田	307.91
大野	108.04
野里	106.24
申	95.76
御幣島	88.77
稗島	77.09
福	56.01
助太夫開	1.81
合計	1294.88

出典：越知家文書「慶応二年寅七月組合割仮帳」より作成。

表14　慶応元年(1865)稗島村の下屎方入用

月	銀高(単位：匁)	入用銀支払先
7月	44.19	大和田村（年番）
12月	42.95	野里村

出典：越知家文書「慶応二年四月　去丑年中小入用帳」より作成。

明治三年（一八七〇）一二月に稗島村へ割り当てられた下屎方入用割は、銭二一貫三二四文である。(29) 当時の稗島村百姓が有していた下屎請入箇所の人別は合計六〇三人であり、町人一人分に付き銭三六文を賦課した結果を請け人ごとに記している。仲間入用割においても、請入箇所の人別が利用されており、下屎仲間において請入箇所あるいはその人別というものが、仲間運営の根幹をなしていたことを実証している。請け人たちから庄屋の元へ集められた入用銭は、組惣代から通路所へ届けられるが、慶応二年（一八六五）の稗島村小入用帳から前年における下屎方入用銀の渡し先を探すと、表14のようになっていた。

慶応元年には例年通り二回に分けて、下屎方入用銀が納められているが、七月分は大和田村へ、一二月分は下屎方組惣代の野里村へ、それぞれ支払い先が異なっている。稗島組九か村は、いずれも幕領支配であって下屎組合だけでなく、行政機構的にも組合を形成しており、その年番惣代が大和田村庄屋であった[30]。その関係から、本来野里村へ渡されるべき入用銀は、その他組合村々で別途徴集する費目があったため、下屎入用七月支払い分が一緒に大和田村へ支払われていたものと思われる。幕領支配村々の「組合入用帳」などに、たびたび下屎入用が書かれていることもあり、徴集する役割を下屎惣代ではなく、支配関係の年番惣代が担っていたこともあったようである。行政的組合と下屎組合の関連性については、いまのところ論証する用意がないため、今後の課題としたい。

組合で一括された入用銀は、惣代たちによって大坂市中の通路所へ納入される。支払いが確認されると、以下のような領収書が村々へ送られる。

【史料9[31]】

覚①

一　金弐拾壱両也

右者当七月下屎方諸入用割賦金之内江、慥ニ受取申候、以上

午七月十四日　　　　下屎方詰合（印）

稗嶋荘（ママ）
越知保之助様

覚②

一　八貫五百文

右者飯代銭、慥ニ受取申候、已上

午七月十四日　　　　八木屋喜右衛門（印）

越知様

この二点の史料は残存状況や前後の文書からみて、八木屋から一括して飛脚により稗島村東組庄屋の越知保

之助方へ送られたものと判断される。①は下屎入用割についての受取、②は集会などで通路所へ出向いた保之助の宿泊代・飲食代の受取である。①・②は、「下屎方詰合（惣代中の別称）」と「八木屋喜右衛門」の名義・印鑑で区別されているが、筆跡は同じであり、八木屋が下屎方詰合の代行業務に深く関与していたことの裏付けとして、惣代中の印鑑を取り扱っていたことが明らかである。

第四節　通路人の活動と都市・農村

1　近世大坂における通路人

組織というものは拡大するにつれて、内部で必要諸作業の役割分担が行われ、それで対応できない場合は「外部委託」を模索する。本節で取り上げる通路人とは、近世都市大坂および周辺地域の組織編成とともに誕生した「商売」であり、近世後期から幕末期にかけて諸商売仲間による「外部委託」を担う存在であった。これまでの商売仲間および株仲間研究においては、内部構造の特質に焦点が定められてきたが、仲間組織が同業者だけでは成立しなかったことも、この通路人研究によって新たな論点を提示することができよう。

その通路人とは如何なる役割を果たし、どのような職業であったのか。そして通路人を務めたのはどのような人物か。そのような疑問を解くため、以下、近世大坂における通路人の存在と役割、また万延組通路人であった浜屋卯蔵の活動を通じて、その役割と他の業種との兼職に焦点を絞って諸問題を明らかにしたい。

通路人とは、大坂および周辺地域の商業仲間・組合等と契約関係を持ち、それら組織と関係を持つ他の組織や行政機構との結節点と位置づけられる。つまり、「組織A」―「組織B」を結ぶ道筋を付けることから、「通路人」という名称が定まったものと考えられる。

まず、諸史料にみられる「通路人」を紹介し、その類型化を試みることからはじめよう(32)。

第一として、海運・舟運にかかわる通路人である。上方から江戸への「下り荷物」を取り扱う廿四組江戸積問屋仲間には、平野屋弥兵衛（京橋六丁目）が通路人として関わっている(33)。たとえばこの仲間に新規加入を申し出る者がおり、それが許可された場合、新規加入者は仲間入用として惣行司・大行司に金子一〇〇両を納める。同時に祝儀として通路人に金子一〇〇疋、仲間の小使に銀子三匁を支払うことが仲間規定に記されている。加入許可に通路人が直接介在しているかどうかは不詳であるが、仲間運営の業務に従事する者として存在していることが確認できるだろう。続いて、大坂長崎廻船支配人を務める河内屋源兵衛（備後町一丁目）は唐和薬種巻物反物問屋中買の長崎本商人江戸・京・堺・大坂通路人として、その名を残している(34)。また、唐和薬種問屋通路人には河内屋平治郎、石灰問屋并薬灰の灰屋九兵衛（天満伊勢町）など、江戸や長崎などを中心とした遠隔地との商品取引に関わる業種に通路人が設置されていたことが判明している(35)。その一方で、上荷船・茶船仲間の通路人惣代・海部屋喜兵衛(36)、伝法茶船の六左衛門（屋号不詳、天満舟大工町）(37)など、大坂地域における商品流通で重要な役割を果たす舟運業の組織にも通路人の存在が認められる。彼らの役割として、契約もしくは所属している仲間が関係する取引先との折衝、および大坂町奉行所ほか行政機構との連絡実務、そして大坂市中における事務代行などが想定されよう。

第二として、寺社にかかわる通路人が挙げられる。男山八幡宮には堺屋弥右衛門（京橋五丁目、平野町天神橋筋）が通路人をしていた(38)。この堺屋は、「城州八まん《ママ》豊蔵坊・瀧本坊・辻本坊・泉坊・中坊用聞」、あるいは「伊勢御師宿」としても登場しており、大坂における代理人的存在であったと思われる(39)。

第三として、大坂と周辺地域の商工業に関与する通路人である。「種しぼり問屋仲間」には近江屋利介（本町二丁目）、「綿種しぼり油屋」の茂左衛門町・はりまや伊兵衛、「両種増問屋」の松屋勘兵衛が挙げられる(40)。また、摂河在方下屎仲間には八木屋喜右衛門（豊後町・松江町）、摂河小便仲間の今宮屋庄助（松江町）、天満青物市場の立売場や万延組に関わる加勢屋金助（天満青物市場問屋仲間通路人）、上本町二丁目・浜屋卯蔵（万延組通路人）の存在が関係諸史料によって明らかである(41)。

このなかで八木屋喜右衛門については、本書でも触れる通り、下屎仲間の具体的な組織運営に関係していた。また、八木屋は下屎仲間通路人の業務以外にも、旗本である森新太良、大嶋兵庫、大嶋喜太郎の用聞(42)、そして寺院関係では京大仏養源院、河内国錦部郡金剛寺の用聞に就任していたのである(43)。さらに「諸方郷宿(44)」という肩書も見られ、通路人の枠を越えた多様な性格を持っていたことが印象深い。

右に挙げた事例から、通路人の特徴を記しておこう。

ア、大坂市中に屋敷を構え、大坂において契約する組織（商売仲間、寺社）の交渉事や、代理人的機能を有している。

イ、通路人の屋敷は、組織の運営業務に適した場所（天満、備後町など）、もしくは大坂東町・西町奉行所の隣接地域（豊後町、松江町、上本町二丁目など）である。

ウ、通路人の一部には、用聞・郷宿を兼職する者がおり、さまざまな組織との契約関係を持っている。

三点とも通路人の機能を考えるうえで重要な手がかりであるが、とくに注目すべきは用聞や郷宿などの「類似職種」との兼職である。以下、浜屋卯蔵の事例から、この「通路人・郷宿・用聞層」について考察を深めたい(45)。

2　浜屋卯蔵の郷宿渡世と「詰合所」

幕末期における大坂青物流通で重要な位置を占める農村連合「万延組(46)」の通路人であった浜屋卯蔵は如何なる人物か。彼の活動を通じて、「通路人・郷宿・用聞層」の実態を明らかにしたい。

まず、浜屋卯蔵の活動状況を追っていくことにしよう。筆者の知る限り、浜屋の初出は津田秀夫によって明らかとなった文政六年（一八二三）の国訴である。[47] この摂津・河内両国村々によって展開された運動の起点は、まさに「大坂上本町二丁目浜屋宇蔵方」の会合であった。ここでは、浜屋が「郷宿」渡世をおこなっており、村々代表者の寄合場所を提供していたことが確認できる。

続いて、直接的に渡世と関わるものではないが、天保八年（一八三七）二月の「御触及口達」に以下のような記述がある。

【史料10[48]】

上本町貳丁目
濱屋卯蔵

其方儀、若年之頃ゟ両親江孝心を竭、下女・下男等多召仕候へ共、右之者ニハ任せ不置、母きの義老病ニ付、毎夜寝所ニ而撫摩等いたし、便所へ罷越候節抔も、怪我無之様格別致心添、其上渡世向要用有之節ハ、女房たか江篤と申諭、同様為取扱、誠実を竭致介抱、家内睦敷相暮候段奇特ニ付、褒美として鳥目三貫文取らせ遣候

二月〔十六日〕

これは浜屋が老母の面倒を見ていることに、「孝心奇特成者ニ付御褒美」を大坂町奉行所が与えたものである。主な内容は、病気を抱える母親を浜屋やその女房が介護している状況を表したものであるが、同時に浜屋方の様子も垣間見ることができよう。ひとつには、下女・下男など使用人を多く召し抱えていることである。周辺村々や町奉行所との緊密な連絡が必要な郷宿経営をおこなっている関係上、雇い人は相当数に及んでいたと思われる。そして、この史料で最も重要なのは町奉行所から褒美を受け取っていることである。両親孝行の点については事実であろうが、このような大坂町人が稀有な存在ではなく、大坂町奉行所と日頃から付き合いの深い浜屋だからこそ取り上げられ、鳥目三貫文が下付されたのであろう。

天保年間（一八三〇〜四四）といえば、天保一〇年から一一年にかけて、当時の大坂における用聞層を書き連ねる『大坂便用録』・『大坂御役便録』[49]があり、これを素材として大坂の用聞研究が大きな進展を遂げている[50]。たとえば、鈴木町の大坂屋定二郎（貞治郎）などの「大手用聞」が多様な領主層と関係を持ち、支配村々とのつなぎ役になっていたことが実証されている。しかし、そのなかに浜屋卯蔵の名前は登場しない。つまり、浜屋は用聞ではなく、郷宿渡世が主たる生業だったことを示し、本来的には用聞と郷宿は全く別の業種であることが認められよう。

ただし幕末期の浜屋は、郷宿、通路人、寄所のほかに、「下宿」も兼任している[51]。

【史料11[52]】

（端裏書）「下宿濱屋卯蔵類焼ニ付飯代前借証文壱通」

借用申銀子之事

一　銀壱貫目也

右者飯代之内、此度前借之義御願申上、書面之銀子借用申次第実正也、然ル上者返済之義者、来ル丑ゟ戌迄拾ヶ年賦ニ割合壱ヶ年銀百目宛急度返済可申候、仍て為後日前借銀証文如件

濱屋
宇蔵（印）

文久四子年
二月

津守新田
御支配人
多米助様

この史料に依拠すれば、文久四年（一八六四）に摂津国西成郡津守新田の大坂下宿であった浜屋は、近隣の

火事の類焼に遭ってその修繕費用を飯代の前借りという形で調達している。飯代とは本来、村方から出張してきた人々の食事代を指すが、宿代・書類作成のための筆墨代・飛脚賃などを含めた諸経費の総称である。前借りとはいえ、銀一貫目を村方が都合するという行為には、浜屋との信用関係が存在したことを示している。

周辺村々と緊密な関係を結ぶ浜屋については、先に挙げたような村方の史料から具体的な動向を知ることができる。少なくとも嘉永七年（一八五四）五月から明治維新に至るまで摂津国西成郡内の鈴木町代官所支配村々と関係を持っていた。それを明らかにするのは以下の史料である。

最初に、幕末期に西成郡稗島村（東組）庄屋であった越知家に残された触留[53]から浜屋卯蔵の役割を考察してみたい。彼が最初に村々との関係において確認できるのは嘉永七年五月一二日であり、同年一〇月には年貢米について関与していた。

【史料12[54]】

当所年貢米二条・江戸・難波へも御急キ被遊候ニ付、右同様并納庄屋二条詰・難波納万端御相談之上取極メ仕度候間、明後廿九日早朝ゟ浜屋卯蔵方江向、乍御苦労御出勤可被成下候、以上

十月廿七日　　　　大和田村

この時期、幕府はペリー来航、日米和親条約締結など外交問題を抱えており、国防の危機感を募らせていた。【史料12】の前月にはロシアのディアナ号が大坂に現れたこともあり、御触も城詰米の収納に関するものが多数出されている[55]。稗島村の場合、当年の年貢米のうち、米三四七石を二条御蔵へ、米九八石と大豆二七石五斗を大坂御詰米として早急に差し出すよう代官所から申し渡された。大和田村とは稗島村と同じ組合村に位置する近隣村落で、二条および難波御蔵への納庄屋の選任など、組合内の相談を浜屋方でおこなうことを連絡してきた。このように、組合における年貢納入や入用銀勘定の「寄合」は大坂市中の浜屋方でおこなわれることが多く、村々庄屋をはじめとする村方上層と浜屋が顔馴染みの関係にあったことも明らかである[56]。

表15　元治２年（＝慶応元・1865）佃村北組触留にみる浜屋卯蔵と大坂屋貞治郎

月　　日	差出人	文書の内容
（元治元）12.27	浜屋	年頭御礼
1.12	大和田村	五人組帳前書、浜屋卯蔵の取次
1.17	詰合惣代	二条御詰米津出し方、浜卯詰合所へ申し出
1.21	大坂屋	御進発による加助郷
2.15	詰合惣代	東照権現勧化、大坂屋貞治郎方へ申し出
2.20	大坂屋	尾張殿芸州路へ出張、西宮駅加助人馬
3.9	詰合惣代	四天王寺寄進銀、御用達大坂屋貞治郎方へ
5.17	浜屋	御用につき村役人出向
5.29	大和田・野里村	献金（御用金）一件で庄屋衆相談、浜卯方へ出勤
閏5.11	浜屋	佃村献金、村方・組合双方に出勤要請
6.8	詰合惣代	廻状早々順達、留村→浜屋詰合所へ
6.15	浜屋	献金小前帳未提出につき催促
7.2	天王寺村など	守口宿加助入用銀、留り村→浜屋へ御戻し
7.3	浜屋	御進発につき御用、惣代に出勤要請
7.21	浜屋	代官書役→手代、八朔の案内
7.27	浜屋	口達　献上御免
8.3	大和田村	西宮宿加助人足、御用達大坂屋貞治郎より通達
8.8	大和田村	年貢米早納、浜卯方より相達
8.19	浜屋	検見手順・内見帳差上催促
9.17	浜屋・長田屋	検見につき休泊
9.28	詰合惣代	年貢過不足、浜屋卯蔵方へ掛込
10.19	浜屋	万延元・２年の皆済目録、役所へ差出
12.12	鈴木町御役所	御役宅修覆入用、大坂屋貞治郎方へ持参
12.13	大坂屋	守口宿臨時助郷

出典：田蓑神社文書「佃村北組御触書并廻章留」より作成。

そのような状況で浜屋卯蔵が村々への触伝達・年貢収納に関わっていたことも指摘できる。これ以後、安政四年（一八五七）正月、同年一〇月、同年一一月、安政五年二月、同年九月、同年一二月と年貢米・江戸廻米を中心として触の伝達・年貢収納に関与していた。一方で、稗島村、大和田村、佃村など大坂三郷北西部の鈴木町代官所支配幕領村々には鈴木町の大坂屋貞治郎が用達として関わっている(57)。大坂屋の用達業務は天保期以降、維新期の慶応四年（一八六八）七月ごろまで継続される(58)。

浜屋と大坂屋が村々とどのように関わっていたのか。**表15**に稗島村と同じ組合に属する佃村北組の「御触書并廻章留（元治二年）」から年貢・諸入用その他「御用」に関する記述をまとめた(59)。ここでは、浜屋・大坂屋と村方における双方向の「交渉」に絞って、その関係を紹介しよう。

最初に、浜屋から村方宛に差し出された文書の内容は、年頭および八朔御礼・村役人および組合惣代の代官所出勤、年貢・検見・御用金諸書類の提出、などである。また、その他の差出人による文書からも浜屋と村方の関わりが断片的に表れた。五人組帳前書の取次、二条御詰米津出し方など年貢納入関係、守口宿加助郷入用銀、御用金一件につき浜屋方で相談、廻状の順達、などである。この双方から導き出されたものから、浜屋の役割を整理すると、①年貢納入に関わる諸々の業務、②村方にかかる入用銀・諸書類の受け渡し、③村役人層への大坂（代官所・浜屋方）出勤要請、④浜屋方を惣代・村役人層の集会場所、詰合所としての利用、に大別できる。

浜屋と村方との関係は、実に多種多様な事柄で結び付いていることがわかるが、とくに支配機構の根幹をなす年貢に関わる諸々の業務は、すべて浜屋からの伝達、村方からの申し出に収斂されており、代官所と村方との「つなぎ役」として浜屋が如何に重要な役割を果たしていたのかが理解できる。また、表15に登場する「詰合惣代」とは、この組合を代表する惣代を指しており、「詰合所」である浜屋方を大坂における活動拠点にしながら、代官所・浜屋との交渉を担っていたものと考えられる。郷宿と詰合所の関係は不明であるが、浜屋が兼職していることから類推して、同一のもの、あるいは支配関係においては郷宿を詰合所と別称して、組合・村方関係の仕事がこなされていたのであろう。

年貢納入と同じく、諸入用・御用金徴収についても浜屋が一手に引き受けていた。御進発による助郷人足の徴発や、特異な時期であることもこの事実を浮き彫りにしているが、村方に課せられた諸入用は、すべて浜屋を通じた経路で納入されている。当然、銀子の納入のみならず、これらに関わる廻状は最後に受け取った留村から浜屋詰合所へ「御戻し」になっていることから、代官所支配の機構運営について浜屋の存在が大きな意味を持っていたことが注目できる。

次いで大坂屋からの発給文書には、代官所からの加助郷の命令、鈴木町代官の御役宅修復入用が挙げられる。大坂屋以外の文書には、東照権現勧化・四天王寺寄進銀など幕府の強い影響を受けている寺社関係の献銀について惣代から大坂屋方へ申し出ていることが確認できる。その他、用達の機能から考えれば、大坂町奉行所・鈴木町代官所発給文書、もしくは記名のない法令なども実際には大坂屋からの廻達であろうと推測できるが、大坂屋と村方における双方向の「交渉」に焦点を当てた場合、上記の役割に限定せざるを得ない。

浜屋と大坂屋の村々への「介在」は、以上のように住み分けがおこなわれ、それぞれの役割分担が明確になされており、両者が同じ案件を共同で取り扱うことはない。たとえば、御進発での加助郷についても、人馬の拠出命令は大坂屋が、その入用銀徴収については浜屋が担っていることからも決して重複することのない効率的な支配機構が確立されていたことも明らかである。そして両者の活動を比較すると、多様な関わり方が認められる浜屋と、限定されたごく一部の関係しか有しない大坂屋では、明らかに浜屋が密度の濃い付き合いを持っていた。また、支配機構全体で考えた場合でも、「詰合所」浜屋の役割は高く評価できる。

3　浜屋卯蔵の力量と人的諸関係

通路人の職務とは、契約関係にある組織の運営、入用の勘定、組織の代理人的機能が挙げられる。組織側としては契約する段階において、それら職務を履行できる人物を選任するわけである。万延組の通路人であった浜屋卯蔵は、もちろん上記の条件を満たしており、適任と判断されたのであろうが、そこには能力とともに村々との人的諸関係、もしくは信用度が高いことも重要な要素であったと考えられる。

岩城卓二が指摘している通り、用聞は短期間の活動しか浮かび上がらず、一代限りで消滅するケースが多い(60)。もちろん八木屋喜右衛門のように宝暦年間（一七五一～六四）から幕末期にかけて数代にわたり生業を受け継いでいる家もあるが、このような事例はごく少数である。そこには看板だけでは成り立たない、個人の能力、仕事の専門性に左右される実務であることが裏付けられよう。

浜屋卯蔵の場合、家系について定かではないが、明らかになっている文政六年（一八二三）から幕末期にかけての活動時期を考えると、おおよそ一代ないし二代程度のものと想定できる。浜屋の力量は既に述べた通り、郷宿のみならず、下宿、組合村詰合所、摂河小便仲間寄所、そして万延組通路人という、いずれも大坂周辺農村を相手とした「商売」で実証済みである。それぞれの事例から共通することは、①大坂町奉行所、鈴木町代官所などの幕府機関および大坂市中の組織と、大坂周辺農村の関係を補完する機能、②大坂周辺農村の市中出張所・代理人的機能、③大坂周辺農村による組織の入用銀勘定をおこなう機能、という三点が挙げられる。これらをすべて担う能力を持ち合わせていたことから、前述のような多彩な経営形態が維持できたと考えられる。そして、浜屋の活動を通じて得られた事実は、幕末期の大坂周辺農村が一人の郷宿渡世にさまざまな兼職を要求しなければならない背景があった。

浜屋個人の力量は職務の速やかな遂行だけではない。大坂周辺農村上層部との人的諸関係に拠るところも大きな要素である。とくに大坂の郷宿を拠点に、さまざまな活動を繰り広げる郡中惣代は、大きな「得意先」となる。郷宿と郡中惣代の関係については、先行研究で明らかとなっているが、浜屋の場合も田中善左衛門という人物が貴重な「得意先」であった(61)。田中は、万延組、摂河小便仲間の事例で確認したように、これらの組織の中枢に存在し、結果的にいずれも浜屋がその運営に携わっている。幕末期の大坂周辺農村において、田中が大きな実権を保持し、浜屋を利用して諸組織を運営がされていたことは、この地域の政治的ならびに経済的な動向において注目すべき事象であろう。

おわりに

在方下屎仲間の内部構造やその役割を中心に、末端の組織形態、請入箇所の譲渡、糶取など不正売買の横行、また必要経費である下屎代銀、仲間入用割について述べてきた。それによって明らかになった部分を最後にまとめておきたい。

まず、門真二番村のような比較的大きな農村においては村内汲取組が存在し、村単位で実質的な活動を行うのではなく、村内にいくつか汲取グループを形成して、大坂市中の下屎を手に入れていた。村単位では点在しているように思われる請入箇所も、村内汲取組ごとに追っていくと、効率の良い請入箇所の住み分けがおこなわれており、末端組織としての役割を担っていたのは村や個人ではなく、このような専業小集団であった。

在方下屎仲間と町方の協議によって設定された請入箇所は、原則的に所有の移動が許可されていないが、百姓間において売買の対象として位置付けられていた。その売買に箇所の所有者（家持ち町人など）は一切関与せず、汲取の権利は完全に在方仲間側が掌握していた。つまり、町人は正規の取引制度において、下屎に関する取引相手を選択する権利を持たず、自ら商品として下屎を扱うためには糶取という手段しかなかったことになる。糶取という密売買が後を絶たなかった背景には、商品価値を持つ下屎と、その取引に主導権を持ちたい町人と百姓の「私欲」が交錯していたからである。

糶取や不正売買については、常時取締を強化する動きが見えるが、犯罪としての位置付けを行わず、むしろ庄屋に対する自主規制のみに頼るしか方法がなかったようである。大坂町奉行所が介在しても大きな処罰は行使されないまま、庄屋への委任的状況に踏み止まっているところからも、罰則規定のない糶取は当然の如く横行していたのである。これらの諸問題では、仲間の首脳である惣代中が無力であったことに注目した。仲間全体の運営は通路人の影響が大きく、組・村レベルでは庄屋が重要な役割を担っていた。

下屎代銀は時代によって公定価格に若干の変動があるが、基本的な値段が変わらない。この点についても町方の不満が背景にあり、事あるごとに代銀値上げが表面化する。株仲間停止時において仲間は機能せずとも、公定価格が設定されていた。しかし、それは遵守されることはなく、個々の相対取引であった。これは同時期だけでなく、近世後期全般にも当てはまるのではないだろうか。また仲間入用についての側面から見ると、請入箇所人別に依拠した費用支出が取り入れられており、ここでも請入箇所が仲間運営の基軸として作用していたことが分かる。これについても仲間惣代中が積極的に運営参加している姿は見えず、通路人の役割が非常に大きかったことが裏付けられる。

近世大坂における通路人は組織間を結ぶ役割を担い、具体的に関わりを持った業種は多様であった。そこで本章では、通路人の特徴を精査するため類型化を行い、大きく分けて三点の傾向が見出せた。第一には海運・舟運にかかわる者、第二に寺社にかかわる者、第三としては大坂と周辺地域の商工業にかかわる者、である。これらはいずれも通路人として組織と契約関係にあり、交渉事や行政機構との連絡・諸書類の提出、諸入用勘定、あるいは大坂における代理人的機能などの業務をこなしていたと考えられる。また、通路人を勤めた者の一部には、用聞や郷宿といった「類似職種」を兼職する場合があり、一人の人間がさまざまな「顔」を持つことも明らかになった。そのような人々を本章では「通路人・郷宿・用聞層」と名付けておく。

「通路人・郷宿・用聞層」のうち、万延組通路人であった浜屋卯蔵に注目し、彼の活動を通じて、その実態を明らかにしたことも本章の成果である。浜屋は郷宿渡世を生業としながらも、通路人、寄所、詰合所、下宿という実に多彩な「顔」を持ち、大坂周辺農村との契約関係を中心に仕事を重ね、彼ら村方上層部の信頼を勝ち取っていくのである。これら数々の「顔」の共通点は、行政機構・大坂市中と大坂周辺農村の関係を結び付ける機能や、契約している組織の市中出張所・代理人的機能、組織の入用銀勘定機能、という印象を受ける。

浜屋はこれらの能力をすべて兼ね備えており、次々と仕事が舞い込むような状況が続いていく。ただし、浜屋個人の力量は上記の職務遂行だけではなく、大坂周辺農村の指導者である郡中惣代たち、とくに田中善左衛門との人的関係によって活動範囲を拡大し、幕末期の大坂周辺農村の動向を左右するまでの存在になったと考えられる。

以上、通路人および「通路人・郷宿・用聞層」に関する動向を中心に考察したが、近世大坂周辺地域における重要な役割と大きな影響力を保持したことを改めて評価できよう。

〔注〕

(1) 「摂河在方三一四ヶ村并新田方七ヶ村下屎仲間」「摂河三一四ヶ村并加入村々」など史料用語にもさまざまな呼称がある。「三一四ヶ村」、「三一四ヶ村并七ヶ村」は必ずしも加盟村々の実数ではない。本書では「摂河在方下屎仲間」と略称する。

(2) 津田秀夫「封建社会崩壊期における農民闘争の一類型について」(『歴史学研究』一六八、一九五四年)。藪田貫『国訴と百姓一揆の研究』校倉書房、一九九二年。平川新『紛争と世論―近世民衆の政治参加―』東京大学出版会、一九九六年。同「国訴研究史と肥料訴願」(大阪市史編纂所『大阪の歴史』二五、一九八八年)。

(3) 『堺市史続編』一、一九七一年。

(4) 東光治編『河内九個荘郷土誌』九個荘村、一九三七年、一四六～一四九頁。

(5) 小林茂『日本屎尿問題源流考』明石書店、一九八三年、二二一～二二七頁。

(6) 西坂靖「大坂の火消組合による通達と訴願運動」(『史学雑誌』九四―八、一九八五年)。

(7) 注(5)小林著書、二一一～三〇頁。

(8) 注(5)小林著書、四六～五一頁。

(9) 関西大学図書館所蔵門真四番村文書「寛政二年　三郷町割帳」。この史料の内容は、本書巻末付表に掲載した。

(10) 『門真市史』第三巻(近世史料編)、二五～二六頁、「門真二番村明細帳」。

(11) 関西大学図書館蔵門真二番村文書「寛政四年　子年下屎ヶ所付帳」。
(12) 門真二番村文書「寛政五年　宗門人別改帳」。
(13) 藻井家文書「文化元子年十月　為申合一札」。
(14) 大阪府立大学経済学部所蔵越知家文書「文久戌十二月　太良兵衛ゟ竹島へ下屎ヶ所譲り渡候証文之写受印」。
(15) 藻井家文書「天明二年寅十一月　三郷直請為申合之覚」。
(16) 尼崎市立地域研究史料館所蔵小西光信氏文書一〇九「下屎不正買取の件につき誤り一札」。
(17) 尼崎市立地域研究史料館所蔵小西光信氏文書三二〇「出雲蔵屋敷下屎汲取り出入りにつき口上」。
(18) 越知家文書「子七月　覚」。
(19) 注(5)前掲小林著書、七八～八〇頁。
(20) 荒武賢一朗「『私領渡差障有無奉申上候書上帳』他、稗島村下屎・江戸廻米関係史料」(『大阪の歴史』第五一号、一九九八年)掲載。
(21) 越知家文書「下屎汲取ニ付書付」。
(22) 注(21)前掲史料。
(23) 越知家文書「不正屎売買ニ付達書」。
(24) 越知家文書「三郷出肥し小便直請場取箇所帳」。
(25) 『大阪市史』四、寛政二年一〇月一七日付触書。
(26) 大阪商業大学比較地域研究所蔵河内国大庭組藤田村文書「天保九戌年十月　在町トモ連印御調ニ付御請書之控」等によると、この時期に下屎代銀など寛政年間の約定について町方と在方で争論が起こった。
(27) 『大阪市史』四、天保一三年七月(一八日)付触書。
(28) この「寄合・集会」は、在方仲間全体あるいは惣代の会合を指しており、小組等の寄合は仲間から費用は支出されない。
(29) 越知家文書「午極月下屎方并臨時掛入用帳(東控)」。
(30) 表8の村々によって組合が形成されており、触廻達等も基本的にこの九か村で行われている。
(31) 越知家文書「午七月十四日覚」(①②とも)。

(32) 近世大坂において通路人は、さまざまな場面に登場してくるため、その特徴が不鮮明である。以下、挙げる通路人についてもそれぞれ固有の業務があるという前提で類型化を行う。
(33) 『大阪市史』一、九三五〜九三七頁。
(34) 『改訂増補　難波丸綱目』(以下、『綱目』と略す) 下之一。
(35) 『綱目』三。
(36) 大阪市史史料第五六輯『諸事控』上。
(37) 『綱目』三。
(38) 『綱目』上之一。
(39) 『綱目』下之二。
(40) 『綱目』三。
(41) 本書第一章および第二章。
(42) 森新太良については『綱目』下之二、大嶋兵庫と大嶋喜太郎については大阪市立中央図書館所蔵『明和　大坂武鑑』の「大坂用聞并通路人」を参照。
(43) 『綱目』下之二。
(44) 『綱目』四。
(45) 岩城卓二『近世畿内・近国支配の構造』(柏書房、二〇〇六年) で指摘されている大坂の郷宿と用達の兼任、村の都市拠点としての郷宿・用達などを参考にした。
(46) 本書第一章参照。
(47) 津田秀夫『近世民衆運動の研究』三省堂、一九七九年 (初出「いわゆる「文政の『国訴』」について」(『ヒストリア』五〇、一九六八年))、三〇一頁「摂津・河内両国では、三所綿問屋にたいする差し支えの願いを出そうということで、大坂上本町弐丁目浜屋宇蔵方に五〇人ばかり集まった」とある。
(48) 『大阪市史』第四 (一九一三年)、一二六四頁「達一八七三号」文書。
(49) 大阪市立中央図書館所蔵文書。
(50) 用達については、村田路人『近世広域支配の研究』大阪大学出版会、一九九六年、および『大坂便用録』によってその実態を明らかにした岩城卓二「大坂町奉行所と用達」（『日本史研究』三四九、一九九一年）、同「近世村落の展開と支配構造―『支配国』における用達を中心に―」（『日本史研究』三五五号、一九九二年）など（岩城論文はいずれも注(45)著書に所収）。また、藪田貫『近世大坂地域の史的研究』清文堂出版、二〇〇五年でも用達、郷宿、下宿などについて考察がある。

(51) 本書第三章参照。

(52) 摂津国西成郡津守新田文書「借用申銀子之事」。

(53) 越知家文書「嘉永七寅年　御触書廻状留帳」。ほか天保期～慶応四年の御触留帳。

(54) 浜屋卯蔵は年貢米・廻米など代官所からの達書に再三名前が出てくる。

(55) 越知家文書「嘉永七寅年　御触書廻状留帳」。ほか天保期～慶応四年の御触留帳。

(56) 本書第一章参照。

(57) その他、西成郡海老江村・野里村・御幣島村・福村・大野村など。

(58) 慶応四年一月～四月には、その他の用達も名前を連ねている。その後、沢田貞治郎（大坂屋と同一人物）が登場して同年八月頃に用達は確認できなくなる。

(59) 大阪市西淀川区佃・田蓑神社文書「佃村北組　御触書并廻章留」。

(60) 注(45)前掲著書。このなかでは『難波丸綱目』延享版と安永版の比較を通じて、「継続していない屋号が多く、郷宿は浮沈をともなう商売であった」ことを明らかにされている。

(61) 渡邊忠司「幕末期の取扱人（仲介人）について―幕末期郡中物代のゆくえ―」（『大阪の歴史』五六、二〇〇〇年）。

第三章　摂河小便仲間の組織編成と取引

はじめに

本章では、近世後期から幕末期における大坂とその周辺地域を素材として、都市と村落を結ぶ、いまひとつの「商品」である小便の流通から両者の関係を解いていく。かつての農業肥料に関する成果によれば、全国的商品流通から大坂市場と干鰯の問題が注目されている(1)。また、肥料価格の動向から国訴など民衆運動史や地域社会の研究からも干鰯に関する分析がなされている(2)。いずれも畿内先進農村、あるいは商業的農業の拡大などに結び付き、肥料流通が「幕藩制社会」において重要な問題であることを指摘している。干鰯はいわゆる「金肥」と呼称され、生産農家にとって購入肥料の類に属し、その商品的性格から「干鰯の需要＝商業的農作物生産」が浮上するわけであるが、そのような施肥に対して今回取り上げる小便肥料が摂河農村でどのように利用されていたのかを検討したい。その基礎的事実から干鰯の優位性と小便の利便性を改めて認識し、後者も大坂地域において不可欠な存在であることを実証する。

近世大坂地域における屎尿肥料の諸問題については、小林茂の先駆的な研究が挙げられる(3)。小林による最大の成果は、下屎、小便の二つの在方仲間（大坂周辺農村）が近世後期大坂の屎尿取引に重要な役割を明らかにしたことである。この基礎は、小林が大坂周辺農村の史料を網羅的に調査したことにあり、大坂市中町人と周辺農村の下屎・小便売買、その取引における両者の主導権争いを明確に示した。さらに、この問題に対する一貫した分析視角は「農民闘争」であり、「政治権力対農民」、「都市町人対農民」の構図を柱として検討が深められた。その一方で流通に関する視点は「特権的な領主的商品流通（下屎においては明和年間以前の町人主導取引）」の打破と、明和以降の在方仲間成立と発展に伴う「農民的商品流通」が確立する諸条件を論理的主体に据えている。つまりこの論説は、都市と周辺農村をきれいに分別し、その対抗関係のみで把握しており、その具体的な諸問題や仲間の存立と構造について不明な点が多々ある。

これに対して本章では流通史の視角から、摂河小便仲間という近世後期大坂町家の小便処理で重要な役割を担う組織と、その存立に関係していく町人をみつめ直すことで「周辺農村」と一括されている在方仲間内部の構造と都市的存在との接触、町・村の動向について検討を試みたい。

第一節　下屎と小便

1　屎尿肥料の分別

本節では、近世大坂における屎尿が下屎・小便に分けて処理・売買されている特質と、摂河小便仲間加入農村の施肥状況から小便肥料の重要性を述べる。

まず大坂における屎尿の区分について検討したい。「屎尿」と一括して称するが、大坂町家においては「屎（下屎・大便）」と「尿（小便）」に分別して処理がおこなわれていることは、小林茂の研究からも窺える。(4)近世前期から中期に都市内から、前者は町方急掃除人仲間、後者は町方小便仲買といった汲取組織が成立・展開し、市中町家の屎尿汲取をおこない周辺農村へ転売していた。しかし、再三にわたる農村側の訴願によって明和年

表16　近世後期大坂の屎尿汲取組織

組　　織	対　　象	汲取代	支払先	成立時期
①摂河在方三一四ヶ村下屎仲間	大坂三郷町家の大便（大便所）	町人１人（７歳以上）あたり年間銀２～３匁	汲取権を持つ百姓→町家の所有者（家主）	明和６年（1769）
②摂河小便仲間	大坂三郷町家の小便（小便所）	町人１人（７歳以上）あたり年間【後掲表18に記載】	汲取権を持つ百姓→町家の居住者（借家人を含む世帯主）	天明３年（1783）
③摂津役人村	大坂三郷町辻の小（辻小便）	無代	—	享保16年（1731）
④播州明石郡三三ヶ村	摂津国西成郡四ヶ村（上福島・下福島・野田・九条）	①に準ずる	①に準ずる	明和８年（1771）

間から天明年間にかけて、双方とも在方の仲間組織が結成・公認され、小林の見解では町人主導から農民主導へと、大坂町家の屎尿処理・売買の主体が変化した。

表16は、在方仲間公認以降、大坂で屎尿汲取をおこなう組織の一覧である。このうち摂河小便仲間は、特徴として都市民すなわち市中居宅・屋敷の居住者数により小便の代償が支払われる。それは汲取をおこなう仲間側の箇所所有者から七歳以上の町人一人に付き一年分前払いと定められた（代替品目は表18参照）。同様に大坂町家を取引対象としている摂河在方下屎仲間と比較すると、代償が箇所所有者から家主に払われる下屎と、居住者が受け取る小便というような相違点が見出せる。その点から各居住者との契約、交渉などを考えると、小便仲間の煩雑さが窺える。嘉永五年（一八五二）六月の仲間内で取り決めた約定に、「小便之儀ハ下屎とは違ひ引合手数相懸り候」との文言が記されているように、下屎との取引形態が異なっていることが裏付けられる(5)。

下屎と小便は、ともに田畑肥料として農作物栽培に使用されているが作物によって用途が異なり、大坂周辺でも地域的にそれぞれ独自に利用圏が形成されていた。下屎の場合、摂津国では高槻から神崎川・中津川筋一帯、猪名川流域から尼崎周辺、さらに武庫川下流の鳴尾付近までである。河内国においては北河内を中心に淀川沿岸

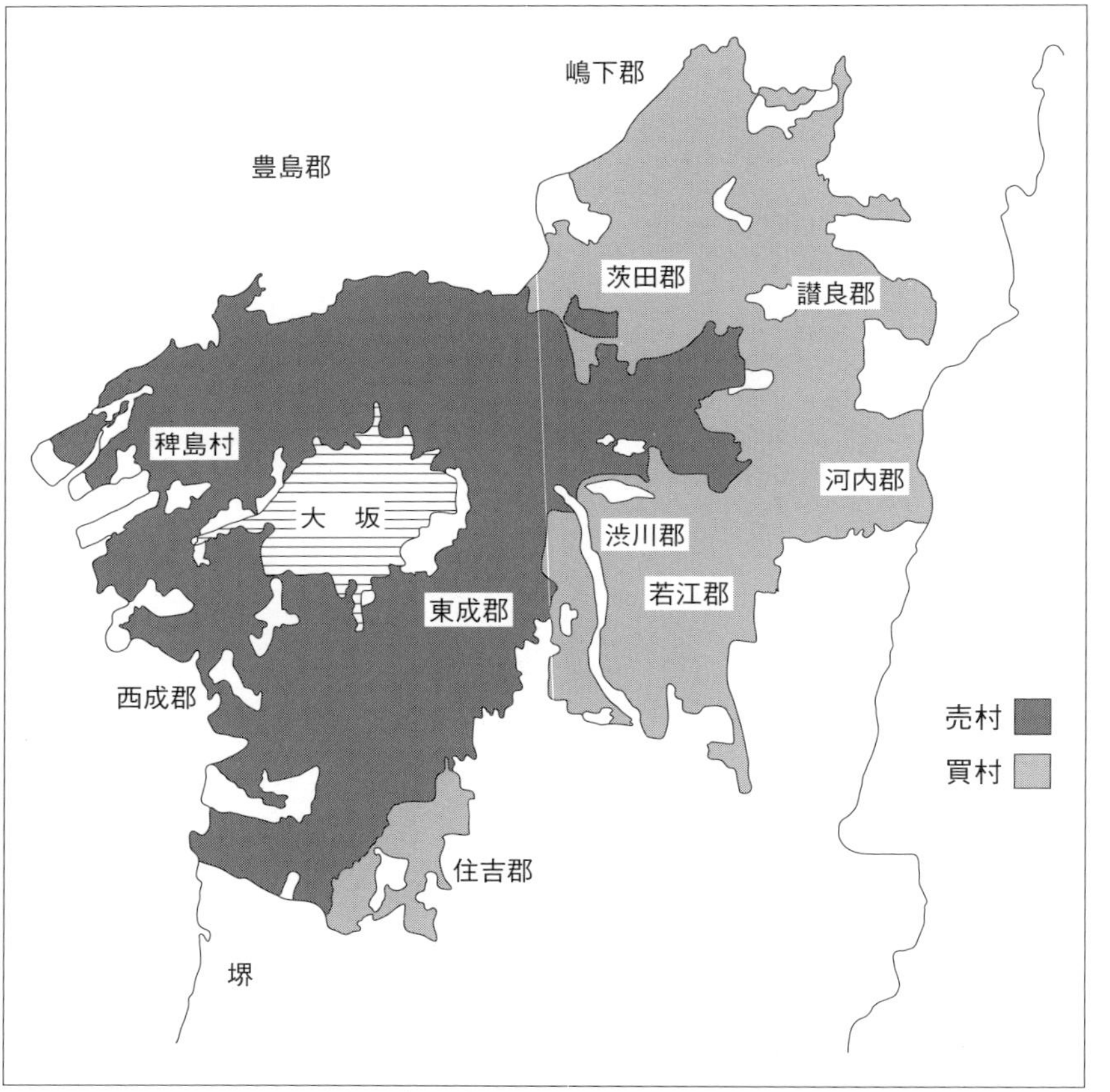

図２　嘉永５(1852)年摂河小便仲間加盟村々の位置

の村々が利用している。一方、小便利用圏は一部下屎と重複する村々があるものの、図2に表したように摂津国東成・西成・住吉三郡と北河内から中河内一帯を含む範囲となっている。

「屎」と「尿」の区別については不詳な点が多いが、その手がかりとして便器設置の構造から考えてみたい。民家建築史研究の成果に依拠すると、大坂三郷の町家では近世前期にはすでに大便と小便の便所が別々に設置されており、小便用は町家の前、道路に面したところに置かれ、大便用は母屋・敷地内の奥に位置していることが明らかである。(6) 加えて考古学的分析によると、堺環濠都市遺跡では一六世紀末段階に大便・小便を分けて処理していたことが指摘されている。(7) このような事例から近世初頭の畿内の都市における便所の構造は大・小の区分が明確になされており、汲取組織が二分化しているのは決して不可思議ではない。さらに都市部で発達する便所分別の構造は、適切な処理を視野に入れて、周辺農村への肥料転化が目的である可能性も示唆される。

2　肥料としての重要性

下屎と小便の区分に続いて、作物栽培への利用状況において小便肥料がどのような位置を占めているのかを論じたい。ここでは摂河小便仲間に加盟している摂津国西成郡難波村における施肥について検討する。

表17は「青物立売一件」から同村の諸作物ごとの施肥に関する記述をまとめたものである。津田秀夫は、この一覧表から大坂近郊農村の農家経営について分析を深めたが、ここでは肥料のみに注目し、小便肥料の利用頻度を追ってみたい。(8) 同村は「畑場八か村」と呼称される大坂近在青物作農村の中心を担い、この表からもわかるように麦などの穀物以外に、藍、大根、その他瓜類・茄子などの夏青物、人参・かぶらなどの冬青物、牛蒡・ほうれん草などの春青物を栽培していた。当然、植え付け、収穫の時期もそれぞれ異なっているが、施肥に着目すると、一部西瓜や茄子を除いてすべての栽培に小便が使用されている。藍作・冬瓜作は、干鰯、ごもくとの併用であるが、麦・大根・冬青物・春青物はすべて小便のみで賄われる。

【史料1[9]】

一大坂市中町家毎ゟ出肥し小便之儀者往古ゟ市中近村百性中江受入来、殊更天明・享和年中其後度々従御上様難有承御趣意近村百性中江受入来候処、年数相立心得違之者共価替物を以家所羅取、既ニ去ル天保三辰年ゟ翌巳年迄遠近在及出入之郷三百五拾ヵ村与村数相増、其節近村之向者砂畑場、殊ニ市中日用野菜の向者小便肥し無之而者生立かたく、其外油粕・干鰯諸肥し買求ならす、居村之下屎者他村江為汲取之村方も間々有之位之訳物奉申上候処、御紀シ之上近村百六十三ヶ村者直受場取村、遠在之向者買村与相定、近村屎買作物ニより用不用之時節在之、余り肥し分小便渡世之者四十人を融通人与相唱、同人共江荷渡仕、同人共ゟ遠近在入用之村々江年々立会定直段を以（後略）

嘉永四亥年

十一月

この史料は、嘉永四年の仲間惣代による歎願書であるが、「市中日用野菜の向者、小便肥し無之而者生立かたく」とあり、大坂市中への出荷を目的とした近在青物作農村における小便肥料の動かざる位置を示す。また、油粕・干鰯・下屎が入手しにくい状況を述べているが、これは後段にみられるように用途が異なる向きもあるため、仲間惣代による恣意的な理由付けに過ぎないのではないか。

以上は青物作中心農村である難波村の事例に小便の利用頻度を求めたが、続いて農業一般における重要度を探りたい。文政年間（一八一八～三〇）後期に大蔵永常が著した『農稼肥培論』には、人糞（下屎）や小便は水との調合により田畑へ施されるとあり、その割合は作物・季節ごとに異なることが記されている[10]。該当する作物は米・麦・藍・綿・青物であり、干鰯・堆肥・油粕との併用だった。岡光夫による河内国若江郡八尾木村・木下家の綿作施肥分析では、基幹になる肥料として干鰯・魚肥・堆肥などが用いられ、発育状況によって「かけ肥」の小便が何度となく使われている[11]。麦・藍・青物以外にも小便は農業肥料としての需要が高いわけで、

表17　摂津国西成郡難波村の諸作・施肥状況（近世後期）

	藍　作	大根作	麦　作	夏青物	冬青物	春青物
植　付	4月下旬～	7月中旬～	10月中旬～11月中旬	3月下旬～	7月下旬～	9月中旬～
施　肥	干鰯、小便、ごもく（14～15回おこなう）	小便度々（たびたび）	小便（14～15回おこなう）	冬瓜（小便・ごもく）、西瓜・茄子（干鰯）	小便度々	小便度々
収　穫	6月土用～7月上旬	9月上旬～11月中旬	～5月上旬	6月中旬～売払	9月上旬～売払	翌春2月上旬～売払
10年売平均（1反につき）	代銀250匁	代銭約20貫文（銀換算180匁）	1石5斗収穫のうち、5斗販売（代銀45匁）	西瓜・冬瓜代銭25貫文	代銭20貫文	わけぎ代銭15貫文、牛蒡同16貫文など
肥干鰯代	銀80匁			銭5貫文（銀換算45匁）		
小便代	銭8貫文	銭7貫文	銭3貫文	西瓜・冬瓜・茄子銭5貫文、白瓜・南瓜銭5貫文	銭7貫文	菜類銭4貫500文、牛蒡銭4貫文、若大根4貫文、ほうれん草など4品種3貫500文
ごもく代	銭2貫文			銭1貫文		

出典：津田秀夫「幕末・維新期の近郊農村の性格」（大阪歴史学会編『近世社会の成立と崩壊』吉川弘文館、1976年）より転載。原史料「青物立売一件」（大阪市史史料第28輯『天満青物市場史料（上）』大阪市史料調査会、1990年）により一部加筆修正。

綿作でも明らかなように、干鰯など上肥の補完的肥料でありながら、広範にその利用形態が存在している。

このように商品としての流通を念頭に置いた畿内の農作物生産で、干鰯が不可欠である肥料として重要視されていたことは明らかである。しかし、その干鰯と並んで小便あるいは下屎もまた摂河農村の農業的基盤を担う存在であった。「近世都市大坂」が整備され、青物・下屎・小便の商品化が促進されると、「生活再生産」の基本体系は貨幣、専業従事者層を包含して複雑・拡大化する。その増幅傾向も小便がいかに肥料的重要性を持ち合わせているかの証明といえよう。

第二節　摂河小便仲間の特質

1　仲間内の売村と買村

本論に入る前提として小便の取引方法について触れておこう。実際の小便取引は、農民・融通人など箇所所有者、すなわち町家と直接取引（受け渡し）する者によって実行され、取引における代償についても個々の箇所所有者と、契約する町家との間で決済される。しかし、それらの権利や価格設定については在方仲間・加盟各村が保障する構造となっている。つまり、仲間・村によって認定される「権利」と、個別農民・汲取人レベルでの「商品取引」が揃うことで「正式な取引」が成就するわけである。

仲間の規模から説明すると、天明三年（一七八三）の成立直後に一二七か村、天保三年（一八三二）に直請場取村（売村）と称される村々と、肥小便買加入村（買村）と呼ばれる村々に区分されて、それぞれ一六二、一九〇か村と拡大する傾向にあった。[12]この区分けの理由は、加盟村数の増大したことや、仲間初発段階に受け入れ先である町家の箇所割が固定しているため、後発の村々に割り当てる箇所が僅少していること、などが挙げられる。とくに箇所不足は深刻で、加盟しても小便を得る箇所が無く、他村農民の所有箇所を無断で糶取する問題が頻発していた。

株仲間再興時の嘉永五年（一八五二）では、売村一八五、買村一四六か村で、明治初年には両方合わせて約四〇〇か村となった。[13]天保三年と嘉永五年における売・買の村数変動は、株仲間停止時期を挟むことを考慮しなければならないが、売村として加盟する方が高い利益を得られることと、請入箇所の権利譲渡が頻繁におこなわれていることから、その区別は非常に流動的であることに注意を要する。

そこで売村、買村それぞれの性格について説明したい。売村は、区別される以前の初発段階から自村利用分と、直接市中と取引していない村の分を大坂市中から入手して、他村転売分は天保四年に設置される融通人へ譲渡していたと考えられる。融通人設置以降になると、買村分については摂河仲間全体における過不足調整の見地から、売村が直接取引したうえで自村にて利用しきれない「余り肥し」と、箇所の権利を持つものの事前に使い切れないと目される分を「過取箇所」として融通人に預け、その箇所については融通人が責任を持って町家の小便汲取の実施へ転化していく。

買村は、売村ないし融通人の箇所から運搬される小便を手に入れることで、直接取引する手間を省くが、その反面仲買的存在となる融通人への賃銭・見返り分が上積みされるため、入手の単価は売村より割高であった。この小便取引にかかる価格形成についてみると、大坂の小便は市中町家から売村・融通人、そして買村の順序で譲渡されるが、次のような形式で公定価格が一年ごとに決められる。

【史料2】[14]

一小便価替物之儀者、作方豊凶之差別有之候間、年々惣代中立会之上、甲乙無之様取極候事

一年々融通肥シ買ね直定之儀者十一月十日迄之内、売村・買村惣代共世話人立会相定可申事

但、売買無之村方之惣代不及立会事

【史料3】[15]

申十月三日小便方替物平均頼之儀ニ付廻文

然者兼而御伝申置候肥小便価替物取極之儀、去ル四月五日別紙願書写之通出願致し候処書面御留置相成、其後三郷火消年番町江直々引合有之候共、決而一己之存意を以約諾不致、願惣代江振向候様御村限り請入人江不洩様得与御申諭置ニ被成候、尚引合結之上者追而可得御意候、此廻状御披見之上御村名ト御印形被成、願書写とも早々御順達留村より御戻し可被成候、已上

十月三日　野里村　重三郎

稗島　申　福　大和田
佃　御幣　三ツ屋

【史料2】にあるように仲間からの希望価格が惣代中により決定され、【史料3】の傍線部に記される町方代表の三郷火消年番町（の年寄）に提示され、在方と町方との間で交渉がおこなわれる。[16] その結果、双方の合意を経て、町家と売村農民・融通人間の小便価替物（公定レート）が決定される仕組みになっていたが、これについては、**表18**にまとめている。ここに挙げる品目に限り、小便取引が認められるが、どの品目を選択するかは、実際の契約によって決められる。貨幣だけでなく、綿・餅米・茄子・大根によって支払われることが認められているのは、個々の農家経営（作付）と密接に関係しているが、融通人の取引は彼らが「都市的存在」という意味から考えて銭勘定に限定されていた。価替物相場は、村々の「作方豊凶之差別」があるため、毎年町・在の引き合いにより改訂することになっているが、他の史料からみても幕末期において、ほぼ変化がない。

表18　安政5年（1858）10月 小便代替品目

品　目	数　量（1年間の町人1人分）
繰　綿	60目
実　綿	200目
餅　米	1升5合
銭	148文
茄　子	24〜30本
くき大根	30本
干し大根	30本

出典：大阪府立大学経済学部所蔵越知家文書

　続いて、融通人と買村農民間の価格設定を検討したい。まず嘉永期は、前述の【史料1】文中にある「余り肥し分」、すなわち売村汲取分から融通人へ渡される小便は、融通人中から毎年売村・買村へ価格提示がおこなわれ、公定価格が決定される。安政年間（一八五四〜六〇年）に仲間村々で再締結された約定書である【史料2】では、売・買両方の物代と世話人が立ち会って価格が形成されたことを記している。つまり、「売村—融通人—買村」の取引は、融通人独自の価格決定は認められず、所有者、購入者の同意を必要とした。安政期の融通人中から仲間への願書によると、融通人から買村への譲渡は町人一人分に付き一年間銭二五〇文とすることが要求されており、「町家—融通人」の取引とは約一〇〇文の開きがある。[17] その差額が融通人の取り分となるが、小便担桶の回収・運搬を担う人足の賃銭などが含まれているので、純利益はそれほど多くはない。ただし、ここで取り上げた「価格」というのはあくまで公定価格であり、実勢価格を示したものではない。とくに嘉永四年の株仲間再興以後は、糶取と呼ばれる仲間協定を無視した売買、加えて融通人の不正売買により必ず公定価格が遵守されていたとは言いがたい。町・在における小便の過不足調整機能である融通人への依存が高まるにつれ、表と裏の価格が乖離していく傾向にあったと考えられる。

売村・買村・融通人の諸関係から、仲間加盟のうち売村農民が有する「権利」と、実際に取引される小便すなわち「商品」が分離していることが明らかである。また、天保から嘉永への経過で見られるように、直接取引を求めて売村が増大していることも事実だが、これは仲間停止・再興という変革期の段階的特質であることを付け加えておきたい。一方の買村の性格を考えると、町家との直売買の権利を持たないことも形成要因として挙げられるが、肥料入手にかかる労働的負担を軽減させるため、売村・融通人と委託関係を構築していたと位置付けられよう。残る融通人については摂河小便仲間の効率的運営において重要な役割を担っているが、詳細は後段の組織構成で検討したうえでまとめることとする。

2　幕末期における組織構成

前節では、売村・買村といった加入村々の性格について検討したが、次いで幕末期の仲間内における組織構成を考察したい。これについては、安政三年の売村物代による申合再約定書を基礎として、その他関連史料を合わせ、それぞれの特質を求める。

仲間を構成するのは、**表19**の一覧に出ている①から⑦であり、仲間の本来的構成員は周辺農村の①から⑤が主たるものである。⑥と⑦は正規の構成員ではないが、都市的存在として仲間と重厚な関係を持っている。それでは、これらの役割を個々にみていくことにしよう。

表19　幕末期における小便取引に関わる組織・役職

	役　職	特　徴
仲間内・周辺村落内	①年番惣代（惣辻、元締） ②組合惣代 ③村惣代 ④下惣代 ⑤世話人	組合惣代中から選出［非世襲］ 村惣代から各組合ごとに1、2名 各村の庄屋または年寄 世話人中から選出 売村それぞれに1、2名
仲間外・都市内	⑥融通人 ⑦通路人	小便の過不足調整、町方小便渡世とも称する 仲間の諸御用を引き受ける

【史料4】嘉永五年六月「約定一札之事」[18]

一此度先前之通再興承　御趣意候ニ付而者申添、取締万一之儀ニ付方角ニ惣
代庄屋相定候事
一世話人之儀ハ村々ニ而壱両人宛相定在之候得共、小便之儀ハ下屎与者違ひ
引合手数相懸り候儀ニ付、右世話人内ニ而下惣代罷立、人数取極メ候事
一小便之儀ハ商売物ニ無之上ハ、価替物之儀ハ年々作物豊凶見積を以、惣代
并下惣代立会相定候事
一融通人之儀ハ是迄之通一札取置有之、立会中差図之通相守、近村入用之
村々并ニ加入村江融通為行届可申、若不行届之内、外村之融通仕候而ハ近
在肥手差支、且ハ直段高直ニ相成候与成行、御触面差障候間、加入村へ者
融通可致候事
一買小便之儀ハ年分入用荷数通路所江被申出、立会中より懸行仕候事
　但シ融通人より百性江直売買相成候而者、荷物行寄取締差障候ニ付、以
　来者直売買不相成候事

【史料5】[19]

一向後通路所相止、先前之通惣代ニ而惣辻元〆之者相極置、惣体江抱り候御
用并ニ諸用共元〆方ゟ惣代中江通達いたし一同立会取計可申候、尚又近在
売村用向者売村惣代ニ而取計、買村用向者買村惣代ニ而取計、売買ニ抱り
候用向者双方立会取計可申、尤集会所之儀者其筋之弁利宜敷場所ニ而可致
候事

但、惣辻元〆之儀、先前近在村々惣代ニ而相勤居候得共、向後売村・買村年番ニ而相勤可申候、尚又此度再約定ニ付而者通路所不用ニ相成候間、今宮屋庄助儀相改候得共、自然後年ニ至通路所取立候儀有之候ハヽ、同人江再談致直し不申候事

まず①の年番惣代であるが、これは「惣辻」「元締」などとも称され、仲間首脳として組織全体の統括、荷数配分、入用銀徴収などの重要事項について決定権を持つ。さらに安政三年（一八五六）の通路所廃止に伴い、一層権限を拡大する役職でもある。

【史料5】からは、①の役割と選出についての状況を知ることができる。通路所の廃止によって、通路人がそれまでおこなってきた仲間に関する御用（大坂町奉行所関連の業務）と諸用（仲間における諸業務）についての惣代中への連絡する仕事を引き継ぐことになった。選出については、但し書きに付されているように、これまで年番惣代は近在（売村）惣代から選ばれていたが、これ以後は買村を含めて仲間全体の惣代中から年番にて適任者を擁立することを申し合わせている。「惣代中」と記しているが、事実上②の組合惣代から選ばれており、年番であることから当然非世襲であり、また一年交代が原則とされているが、再任が可能である。

①を輩出する②の組合惣代は、仲間と各村の中間に位置する「組合」（各地域に約五〜三〇か村）の代表者である。【史料4】にある「惣代庄屋」がこの組合惣代を指しており、方角（組合）ごとの取締を引き受ける責任者となる。安政四年には売村だけで一五の組合が存在し、それぞれ組合惣代を立てている。どちらも各組合内の③村惣代（庄屋）より一名選出された。これも年番になっているが再任される確率が高く、傾向として取引高の多い村から出ている。職務としては、仲間全体を運営する年番惣代の補完的機能、組合村々の統括などをおこなう。

村惣代は各村の庄屋が務めており、村内における小便取引の取締および統括をおこなう。彼らは仲間形成において実態を掌握する最も重要な存在であった。仲間からの通達は組合惣代を経由して受け取り、村内の小便

汲取人へ申し送るなどの仕事を担当し、仲間上層と末端の構成員を結び付ける基幹的機能を持ち合わせている。とくに安政三年以降は、上部における権限委譲が企図されて、売村・買村それぞれにかかる問題、あるいは両者間で解決しうる用件は、村惣代レベルで処理される。たとえば、先述の融通人を介する取引などは、その権限のひとつといえよう。世話人は売村の各村に一、二名定められ、価格設定の立会をするなど実際の取引に関わった。この世話人は、加盟村々に横断的グループを形成し、そのなかから下惣代が立てられ、惣代中の補助をおこなう。

以上が仲間構成員から出されている主要な役職であり、仲間の中枢を担うものとして位置付けられる。

次に、非構成員である融通人と通路人の役割を検討したい[20]。融通人は売村・買村の関係で説明済みの部分もあるが、もう一度その性格を整理しておきたい。融通人の史料的初見は、天保四年（一八三三）六月の仲間内出入一件に伴う約定書である。そこでは、「余り小便」・「過取箇所（売村の余剰箇所）」の管理・汲取を融通人に委託することが述べられている。先述したように、売村の不用な小便を買村へ譲渡する立場にあり、さらに箇所そのものも請け負うことが可能だった。それとともに【史料4】の四条目には、近村（売村）で肥料の供給を求める村々にも融通することが盛り込まれている。つまり、売村・買村間の取引だけでなく、売村でも肥料不足に陥った農民がいる場合には、融通人の所有する小便から売村農民へ転売されることを示している。先述の【史料1】には「小便渡世之者四十人を融通人と相唱」とあり、嘉永四年（一八五一）段階には四〇人の融通人が仲間に公認された存在として小便売買に従事している。それだけでなく、小便渡世、いわゆる市中小便売買を生業とする町人層が存在し、そのなかから四〇人が摂河仲間傘下に組み込まれていることを指摘しておきたい。

【史料6】（安政三年一二月二五日）仲間惣代中→東御奉行様[21]

一増田作右衛門様御代官所摂州西成郡難波村助左衛門・伊三郎・七兵衛・久兵衛、白石忠太夫様御代官所同郡北野村弥左衛門・与右衛門、曽根崎村重五郎、天満綿屋町河内屋三郎右衛門、高津新地三丁目日野屋徳兵衛義、融通人ニ御座候処不都合之義有之候ニ付、預ケ箇所御糺出入当取調中惣代共ゟ奉願上御聞届、右相手之もの共被召出御糺ニ相成候（以下、略）

この史料は、融通人の不正売買について仲間惣代中から奉行所に出された口上書で、その取締強化策として組合惣代を増員することを述べている。ここに挙げた冒頭部分には、不都合を犯した融通人九名の名前が登場している。彼らの居住地をみると、難波村、北野村、曽根崎村、天満綿屋町、高津新地三丁目とあり、町続き在領として町人が居を構え都市化の進行している村々および市中町々であり、「町人」あるいは「町人的存在」と措定できる。そのように仮定すると、小便渡世は寛政期に廃止された町方小便仲買のことを指し、それが実際は残存しながら、一部は摂河仲間に包摂され、融通人として取引を継続しているのではないかと考えられる。さらに融通人への「預け箇所」の意味は二通りあり、①売村農民所有の「過取箇所」、②寛政期以前から市中小便渡世が所有する箇所で摂河仲間の公認を受けている「融通人所有箇所」、と解釈すべきではないか。

融通人は先に指摘した買村農民の前貸的機能を持つことのみならず、売村農民への一部供給もおこなっており、まさに周辺農村における小便肥料の過不足調整を請け負っていたことがわかる。むしろ、融通人を包摂しなければ、仲間の存立は危うい状況であった。さらに通説で論じられるような完全な「農民主導の独占取引」は存在せず、摂河仲間の隆盛期ともいえる幕末期に至っても市中小便渡世は脈々とその存在を保持していた。

小便仲間の通路人は今宮屋庄助で、大坂松江町に屋敷を構え、そこが小便方通路所となっている。通路人設置の時期は明確ではないが、天保初年ごろと推定される。在方下屎仲間では仲間結成直後から大坂豊後町の八木屋喜右衛門を通路人に指定しており、仲間の規模拡大などで、小便仲間も同様の組織編成を導入したと思われる。(22) 通路人は主として仲間入用銀の管理、大坂町奉行所との連絡など都市内における仲間の雑務を担う存在である。

安政三年一二月の【史料5】には、通路所廃止の申し合わせが記されているが、それまでは通路人が「御用」「諸用」など都市内の事務機能を請け負っていたと考えられる。

【史料7】（子六月一七日）通路所詰合惣代中→村々庄屋・年寄・世話人[23]

（前略）然ル処小便一件御承知之通、当三月晦日先前之通取締向再興　御趣意奉頂戴、其以来集会之上申会一札下書相認候間別紙之通御座候、右ニ付場取（筆者注・売村）村々庄屋・年寄并世話人壱ヶ村ニ三人宛連判之上帳面奉持上候処、当月廿日より七月十日之内通路所松江町今宮屋庄助方江御詰合惣代相待罷在候間、右日取之内御印形御持参御出席被下度、委細其節御座可申上候、已上

通路人はこのような申し合わせに関する仲間村々への通達などをおこなっており、通路所は散在する仲間村々の拠点として位置付けられる。また、通路所は仲間の集会、惣代中の集会、それらに出席する者たちや市中出勤をする惣代の宿泊・滞在先にも利用されていた。

安政三年の通路所廃止に伴って今宮屋が通路人を解任されたのかは定かではないが、これ以後、小便仲間において通路所が再設置されることはなかった。しかし、安政四年以降の諸史料によると、仲間入用銀徴集や集会に関する通達などに大坂上本町の郷宿・浜屋卯蔵が「寄所」として関与している。これは実質的な通路人の業務継承であるが、浜屋は当該期に鈴木町代官所支配の幕領村々に詰合所として仕事をおこなうなど、大坂と周辺農村の関係に極めて活発な動きをみせていることから、村々上層部との緊密な関係によって小便仲間の業務を請け負ったのではないかと考えられる[24]。今宮屋についても松江町という西町奉行所に近接するところに屋敷を所有していることから、郷宿・用達層と同質に捉えられる。通路人・郷宿・詰合所を同一人物が勤めている事実は大変興味深い。

以上、仲間組織、仲間と密接な関係を持つ町人の存在について概観したが、とくに融通人・通路人という都市的存在を仲間が内包している事実から、通説的理解における「農民による独占取引」の状況は認められず、

摂河小便仲間内部には消滅したはずの市中小便渡世の存在が不可欠であった。また、在方仲間とはいえ、商品が発生する「場」、売買の「場」である大坂市中に拠点を持つことからしても、これらの包摂は必然的であろう。もっとも、融通人や通路人を認める権利は百姓側にあり、「農民主導」による取引形態という部分に異論はない。しかし、都市的存在への依存と協調は、在方仲間主導である幕末期においても継続・発展を遂げたといえる。そして、周辺農村に限定して答えを求めれば、年番惣代以下農民内でも仲間内序列が表面化して、「農民」と一括できず、むしろ周辺農村は都市との関係に基づいて諸階層の派生・展開が拡大する状態であったと考えられる。

3　「組合」の分析——安政期稗島組の事例から

ここでは安政期における摂州西成郡稗島組一〇か村の動向に基づいて、仲間と各村の間に存在する「組合」を分析する。当時、同組の組合惣代を勤めていた稗島村庄屋・蔭山保之助に関わる史料から組合の状況を解明するため、組合惣代の視点からという認識に基づき組織形態を明らかにしたい。

最初に組合の小便荷数調整について考察したい。表20には、安政四年（一八五七）稗島組各村の希望請入荷数をまとめた。これに至る過程では各村において個別農民から必要な小便荷数を提出させ、庄屋が村全体で合計したものを組合惣代に報告していた。必要な荷数とはいえ、おそらく各農民の所有箇所（契約している町家）分を提出していると考えられる。それと、この表に示されているのは加盟一〇か村のうち八か村で、残りの大野村・助太夫開は、この年に小便を受け入れていない。あるいは箇所を持っておらず、小便肥料が必要であれば融通人から仕入れているのであろう。これは、売村組合

表20　安政4年(1857)稗島組各村の希望請入荷数

村名	希望荷数
稗　島	120
大和田	81
野里	38
申	15
御幣島	10
佃	10
三津屋	6
福	5
合計	285

出典：大阪府立大学経済学部所蔵越知家文書

表21　安政4年　摂河小便仲間各組の荷数

組　名	荷数
難　波	1657.0
横堤・今福・榎並	750.0
南中島	631.0
海老江	392.0
新　田	340.5
北長柄	327.0
島　村	300.0
天王寺	250.0
稗　島	240.5
南　方	155.5
北　野	139.0
小島新田	106.0
本庄・中浜	78.0
融通人	550.0
合計	5279.5

出典：越知家文書

に含まれていても実態は買村であることを裏付ける。表20の内容に戻ると、稗島村・大和田村が群を抜いて希望荷数が多いのが特徴である。八か村合計で二八五荷となり、この数字を組合惣代から仲間へ提出した。このような方法で一五余りの売村組合から仲間へ希望荷数が上申されて、年番惣代・組合惣代による全体の数量調整が実施される。結果、この一年間の摂河小便仲間内の配分が確定（表21参照）する仕組みになっていた。その結果、仲間全体では「畑場八か村」を有する難波組が最も多く、融通人の割り当ても五五〇荷と総計の約一割を占めていた。融通人分は、本来所有する箇所と、売村の「過取箇所」を合わせた数量を示している。稗島組は希望の二八五荷から四四荷半削減され、二四〇荷半となっている。これは、前年の小便肥料消費度や買村への転売を考慮したためであろう。当然、希望荷数より減少したといっても、個別農民が所有箇所を喪失したわけでなく、減少分は融通人への預け箇所となるだけで、町家との契約に変動はない。

　続いて仲間運営の諸入用についてみていこう。ここで示す諸入用は、大坂市中との取引における価替物とは別に、在方仲間を運営するうえで必要な経費を指す。入用についての規定は、以下の史料に記述がある。

【史料8】（安政三年一一月）[25]

一毎年七月・十二月両度、惣分諸入用勘定割方之儀者惣代一同立会可申事

　但、請入村々惣体江可掛入用者、去ル子年（著者注・嘉永五年）約定帳通り之割方ニ可仕候、尤組江の掛ケ入用者組限り可差出、尚又組々ニ而之入用之内ニも若惣分江可割出分者取調惣分江差出、其外組内之入用者其組限りニ可致、且村々割賦銀組惣代江取集無遅滞差出可申、万一取集方不埒之惣代者相改可申事

まず、惣分（仲間全体）における諸入用は嘉永五年（一八五二）の「約定帳通り」とある。約定帳については未確認であるが、当時の惣分諸入用は①村懸り割、②荷数割、③買荷懸り割の三種類によって賄われていた。①は仲間加盟村々全体に、②は売村に、③は売村・買村を問わず融通人との取引がある村に、それぞれ賦課が定められている。また各組合にかかる入用は、その組内で拠出すること、組合にかかるものでも場合によっては取り調べた末、仲間全体で割り出すこと、村々に賦課された入用銀は組合惣代が取り集めて差し出すことなどが明記された。

その規定に従って表22に示す稗島組諸入用割を検討すると、同組はすべて売村として加盟しており、融通人との取引もないため、荷数割と村懸り割が課せられていた。荷数割をみていくうえでは、さきの表20と見比べると理解しやすいが、各村が入手している小便荷数に比例して代銀が算出されている。荷数割を支払っていない二か村は、先述のように安政四年に小便取引をしていないため免除されていた。同組に荷数割された入用の内訳は、各組合に割り振られた安政四年上半期の惣分諸入用（仲間運営費用）、同年三月におこなわれた集会入用の半額、その他人足代銀、約定帳作成費用などである。一方、村懸り割には三月の集会入用の半額、前年一〇月「玉藤」における集会入用（参加八か村のみ）、その他諸雑費となっていた。

これら組内村々に割り当てられた入用銀は組合惣代である蔭山保之助のもとへ集められるが、そこからどこへ渡されるのか。

【史料9】（安政四年七月七日）[26]

残暑弛御座候処、弥御安康可被成御勤奉賀候、然者今日北長

表22　安政４年７月　稗島組小便方諸入用割

（単位：銀・匁）

村　名	荷数割	村掛り割	１か村あたりの負担
稗　島	97.32	11.90	109.22
大和田	65.69	11.90	77.59
野　里	30.82	11.90	42.72
申	12.17	11.90	24.07
御幣島	8.11	11.90	20.01
佃	8.11	11.90	20.01
三津屋	4.87	11.90	16.77
福	4.06	11.90	15.96
大　野	0	4.99	4.99
助太夫開	0	4.99	4.99
合計	231.15	105.18	336.33

出典：越知家文書

柄木下氏ゟ左之通申来り候、其御組合肥し方（筆者注・摂河小便仲間）当七月入用懸り銀百六拾八匁三分九厘、濱屋夘蔵方肥し懸り払銀へ相渡し、当村組懸り銀共同人へ相渡し呉候様申来り、尤其御組懸り銀受取書御入手可被成下候、今朝飛脚を以申上置候、再約定書筆・紙・墨代ハ弐匁ツ、之積りニ而常吉氏へ御渡し可被下候、且又壱ヶ村四匁つ、、去冬玉ふじ集会入用ハ当方へ御渡し可被成下候、右之段御承引御取計可被成下候、草々以上

これは、隣接する海老江組惣代（＝摂津国西成郡海老江村庄屋）の間（羽間）市右衛門から出された文書であるが、稗島組で集銀された入用銀の支払い先を述べている。七月入用銀などはすべて浜屋卯蔵方へ渡し、再約定書作成費用は年番惣代で西成郡南方村庄屋の常吉庄左衛門に渡すとある。また、玉藤での集会入用については当方（間）に支払うとしている。玉藤の集会は、西成郡のうち四組合によっておこなわれているので、その関係組合で分担していた（**表23**参照）。とくに浜屋方への支払いは、これ以前において通路所へ納められたものが変更されたものであろう。ここでも浜屋は通路人ではないが、同様の業務を請け負っていることを表している。これらの指示は、もう一人の年番惣代である北長柄村・木下作左衛門によって各組合へ通達されているようである。

表23　安政３年10月
４つの小組における入用銀

組　名	村　数	入用銀（単位・匁）
新　田	23	94.3
稗　島	8	32.8
海老江	7	28.7
南　方	7	28.7
合計	45	184.5

出典：越知家文書

このように村々を束ねる組合は、組内村々をまとめる役割を持ち、組合惣代は商品である小便、諸入用を通じて仲間と農村を結ぶ重要な位置を占めていた。個別農民による取引が各村へ、村々から組合へ、そして仲間全体へと積み上げられる組織形成が、この分析から明らかであろう。そして仲間の荷数配分や入用銀に関する権限を掌握していたのは、年番惣代であった。彼らの裁量によって、摂河村々の田畑相続、小便処理を求める大坂町人たちの生活環境が左右されるといっても過言ではなく、絶大な影響力を持っていたと考えられる。

第三節　仲間内部の対立と規制

大坂周辺地域の農民たちが、有利に小便肥料を獲得しようとして結成された摂河小便仲間も時期を追うごとに、仲間内部の構造的矛盾が生じる。それが惣代中における対立という形で表面化した。

1　仲間惣代の序列

仲間結成当初から加入村数、取引に関わる汲取人の増加によって、仲間は肥大していくが、それと付随して惣代中においても組織運営に強大な影響を持つ者と、持たざる者に分化されていく。それは前節にもあらわれる年番惣代の権限拡大が典型的であろう。

安政四年の通路所廃止などにみられる摂河仲間の組織改革をきっかけとして、仲間上層とりわけ年番惣代と、組合惣代の隔絶が進行する。それは仲間惣代の序列化、年番惣代への権限集中ともいえる。表24に、安政四年から五年にかけて惣代（年番・組合）が大坂市中（寄所・浜屋卯蔵方）へ出勤する割り当てを示した。この月ごとに定められた当番惣代は、一か月のうち四と九の付く日、つまり割合にすると五日間に一度、寄所へ詰めることになっている。市中へ出勤する意味は、仲間運営にかかる諸事の検討、町家・売村農民・融通人における取引の諸問題に対処するためだと思われる。この表で明確であるように、北長柄村（木下作左衛門）と南方村（常

表24　安政4・5年小便仲間惣代の市中出勤割当

年　月	当番惣代			
安政4年9月	北長柄村	南方村	中浜村	難波村
10月	〃	〃	横堤村	稗島村
11月	〃	〃	野江村	海老江村
12月	〃	〃	島　村	福崎新田
安政5年1月	〃	〃	島野村	北野村
2月	〃	〃	本庄村	小島新田
3月	〃	〃	下辻村	難波村
4月	〃	〃	天王寺村	稗島村

出典：越知家文書「出勤日割定」より作成。当番惣代は「毎月四・九日」の付く日に大坂（通路所）へ出勤する。

吉庄左衛門）は毎月出勤当番することになっていた。これは両者が当時の年番惣代を勤めていたからである。その他は、村惣代（庄屋）が組合惣代をしていた村名で、この八か月間で一、二回それぞれ出勤する見当となっている。この側面からみても、木下、常吉が仲間の拠点に詰めて独占的支配を強めている姿が窺える。通路所機能を今宮屋から浜屋へ変更した当時も、この両名が年番惣代であり、浜屋夘蔵との密接な関係を構築し、三名を中心に仲間の方針が決定されていたことも仮説として成り立つ。継続的に市中へ出勤する年番惣代が権限を拡大していくのは当然で、ごく稀にしか当番惣代とならない組合惣代中の発言力は弱いと考えられ、ここに惣代中における格差が生じていることが想定できるのである。

2　借銀問題と文久二年の訴訟

ここでは仲間における借銀問題の発生と、年番惣代が訴えられる事例から、年番惣代と組合惣代の対立を論じたい。

まずは小便仲間の借銀問題について考察する。

【史料10】（安政三年一二月）(27)

一肥小便方取締向者此度再申合談事行届候処、是迄之諸入用多分買荷掛り入用ニ而借入ニ相成、其割方ニ付若彼是論事合等出来候而者中合之廉ニも差障り候間、其許殿取扱を以右入用銀取調之上売村江可掛分売村ゟ出銀被致、残銀買村々ゟ出銀仕候ニ付而者、遠在買村江も掛合之上平等ニ致割賦、借用銀連々ニ済方致度、右ニ付銀取集等々融通人共為携候儀者一切不致、其村々江引合直々取集可致候、右ニ付近在売村故障之有無者（其脱）許殿ゟ御掛合被下候処、於売村ニ差支無之趣致承知候、尤多分之銀高故、一時ニ取集難出来候間、両三ヶ年之間ニ取集候積りニ付、集銀辻返済残辻取調、旁返済中年々其許殿御立会可被下候、尚又右借用銀皆済之上ハ聊ニ而も集銀相決而不致候、為其約定一札如件

河州茨田郡拾七ヶ村物代
横堤村年寄
喜右衛門印
（以下、九名組合物代）

安政三辰年
十二月

御取扱人
南方村
庄左衛門殿

この史料によると、小便仲間諸入用のうち買荷掛り入用についての集銀が不足し、借入を余儀なくされた。この入用銀の内訳を精査し、売村が負担すべき分はその村々で支払うこと、残りは買村が出銀することで、平等な割賦方法によって返済するとしている。これは文書発給者が横堤村年寄の喜右衛門以下すべて買村物代であることから、融通人から小便供給を受けている売村からの出銀を強く求める動きと考えられる。とくに返済の割方について、議論することを拒否している部分は、売村と買村の力関係において、前者がかなり有利であり、集会に持ち込まれた場合、買村へ返済が押しつけられることを危惧しているのではないか。その背景から、買村物代たちより直接年番物代へ約定を提出しているのであろう。その返済は一括でおこなえないので、二、三年かけて取り集める。皆済となれば、この臨時徴収を取りやめることも明記されている。さらに注目すべきは、この集銀に融通人を介在させないことである。取引においては依存関係にありながらも、金銭に関する部分では「仲間外」であることから信用度が低いことを意味している。

南方村の常吉庄左衛門に提出後、この一札は売村惣代中へ常吉が掛け合うとしながらも、もう一人の年番惣代である木下作左衛門へ手渡され、その承諾を得るに止まっている。つまり、実際に売村惣代中の承認をとらず、常吉・木下のみで約定を締結している。このような両名の問題処理からも、年番惣代による仲間支配の様相を知ることができる。

しかし、独裁的な仲間支配をおこなう年番惣代に対して、文久二年（一八六二）一〇月、仲間内の世話人一二名（それぞれの庄屋・年寄の奥印あり）が年番物代三名を相手取り訴訟を起こした。

【史料11】（文久二年一〇月）(28)

一大坂三郷出肥し小便之儀者（中略）前々ゟ約定規則相立罷在候、然ル処近年自侭取計ひ仕出し候者、間々有之（中略）既ニ去酉秋中及混雑候節（中略）則江口村田中田左衛門取嗳を以和談行届、前々議定書ニ基キ規則相立一同調印之上、猶又書面奉差上、聊違茂無之筈ニ御座候処、今以取締向不行届難渋罷在候ニ付、別紙頼談書を以肥し方年番物代中江頼入候得共、何分頓着いたし呉不申、既ニ去酉冬・当戌春、肥し不廻り難渋之次第者何連茂能承知可仕、取締向捨置呉候而者（中略）右肥し方年番物代之もの共御召被為成下、約定規則書之通諸事取計致呉候様被為　仰付被成下候ハ丶、御慈悲一同難有仕合奉存候、以上

この訴状から内容を要約すると、「近年自侭」に小便取引がおこなわれていること、これは他人の持つ契約箇所に、公定価格より高い代銭を町家へ支払って小便を入手する「糶取」の横行、そして約定書などでも触れられていた融通人の不正売買を指している。これらの仲間規則の違反によって、願人である世話人中の村々が「肥し不廻り」の状況に陥っているため、年番物代へ不正の取締を要求した。前年秋にも同様の願書を年番物代へ提出しているが、このときは鈴木町代官所支配の郡中惣代（西成郡江口村）・田中田左衛門の仲裁で和解している模様も記されている。しかし、その後も取締が一向に強化されず、「取締向不行届」として年番物代を相手取り、大坂町奉行所へ訴えることになったわけである。

【史料12】（文久三年一二月）(29)

一銘々共肥し方惣代勤中、夫々勤向并諸入用銀ニ差支、安政三辰年十二月相生東町荒物屋治左衛門殿ニ而銀子拾貫目連印証文を以借入、右銀高之内七貫九百四拾匁相渡、残銀元利共三貫百七拾九匁七分弐厘滞候ニ付、此度我々共相手取、先月二日西御奉行所へ被願出候、則当月七日対決之上六十日限被仰付罷在

表25　史料11・12に表出する村名

役　　職	史料11	史料12
年番惣代 世話人・元組合惣代など	北長柄、野里、本庄 海老江、稗島、野江、勝間、恩貫島新田、春日出新田、石田新田、中在家、友渕、桑津、新庄、三島新田	北長柄、野里 海老江、稗島、野江、横堤、天王寺、本庄、戎島町

候、然ル処右同人返済之義ハ去々酉年十二月摂河惣分割方へ組込ニ相成候段承知罷在候、依之右割賦銀ニ而早々返済被成下度候、此段御引合申上候、若不行届ニ相成候ハヽ、無拠来御用日御出願仕候間（後略）

これは世話人からの訴訟の翌年一二月、野江村七良兵衛など七名（元組合惣代など）から年番惣代である北長柄村・木下作左衛門、野里村・勝重次郎の二名へ借銀返済に関わる引き合いの申し入れである。安政三年一二月に相生東町・荒物屋治左衛門から小便仲間が借り入れた銀子一〇貫目、これは【史料10】の借銀一件を指すものであるが、そのうちの三貫目余りが未払いとなり、荒物屋が奉行所に訴えたことが書かれている。荒物屋への返済銀については、文久元年の入用割で各村々から徴収しているにも関わらず、それを集めた年番惣代から支払いがおこなわれていないことを指摘しており、これについて七名は年番惣代との引き合いを申し出ている。

表25には、【史料11】と【史料12】に登場する世話人・元組合惣代などと、年番惣代の村名を挙げた。ここから年番惣代とその反体制勢力の構図を知ることができる。願人あるいは引き合いの申し入れをした村々のうち、海老江・稗島・野江の各村は、双方にその名を連ねており、年番惣代反対派の中核に位置付けられる。そして、本庄村は訴えられた側の年番惣代から一転、年番惣代反対派に加わっていた。これは年番惣代を勤めていた庄屋・藤三郎から藤左衛門へ代替わりしているからであろう。【史料12】の戎島町・柴屋太兵衛を除く六名は組合惣代を勤めていた村々であることは、表24の当番惣代一覧からも窺える。この状況から察すると、年番惣代に対する不満が仲間内に高まっていること、あるいは仲間運営をめぐり、年番惣代と組合惣代層が対

立する関係にあったことなどが示されている。

一方、批判の対象とされている年番物代も次のような動きを見せている。

【史料13】（元治元年四月一二日）(30)

以廻状得貴意候、然者肥小便方売村・買村之間柄兎角自侭之取計ニ而彼是取継候付、去戌十月中議定書相背、世話人共之内ゟ年番物代相手取、自侭ニ出願いたし候一件、売・買村惣代一同毎々呼立、双方談判有之候得共、今以不行届ニ付組合限存意書取、来ル十日持寄手合之上、十一日否可申上筈相成候ニ付、集会之上得与御談可申上（中略）且世話人共ゟ願立候趣意者、兼而御聞取も可有之義ニ付（中略）右願之趣意尤と御承知之方者其趣、不尤と御心取之方者是又其趣、何連ニも御村名下へ別而思召御書記御調印を以御答可被下候（中略）先者右之通御談得貴意度迄如此御座候、以上

子四月七日　　勝重次郎　印

年番物代・勝重次郎（野里村庄屋）から、組合内の大和田、佃、三津屋、御幣島、稗島、福、申の七か村に宛てた廻状である。年番物代を批判している世話人中の出願を「自侭」であるとして、さらに世話人の趣意書について村惣代の是非を問いかけている。これには「お膝元」である自らの組合の結束を求めるものであると同時に、反対派の中心である稗島村の動きを牽制する狙いがある。これを受けて、稗島村がどのような意向を示したかは不明であるが、年番物代の巻き返し策が如実に表れている事例であることは間違いない。

【史料14】（元治元年一一月）(31)

一年番物代北長柄村木下作左衛門・野里村庄屋重次郎・本庄村庄屋藤左衛門相手取、摂河村々肥方取継出入、去々戌十月廿五日奉願上候処追々御調相成、然ル処右願之義前々之手続を以村々世話人ゟ奉願上候儀者、不都合之趣御利解被仰聞恐入奉畏候、依之猶外下ニ而対談仕度奉存候ニ付、右願之義御下ケ被成下様奉願上候、乍恐此段御聞済被為成下候ハヽ、難有仕合ニ奉存候

結果的に文久二年に出願された訴訟は、この不廻り村々世話人中から大坂町奉行所へ提出された口上によって、取り下げられる。この問題は「外下ニ而対談仕る」こととして終結したが、幕末期において小便仲間内で対立が生じたことや、年番物代が仲間内で卓越した権限を有していたことが社会的にも露呈したといえる。

本節を概括すると、この一連の訴訟や引き合いの問題から組織内の主導権争いと肥し不廻りという実態が明確に示されていた。前者については、年番物代の独占的な仲間支配に拮抗する組合物代層の対抗が映し出される。その契機となったのは、肥し不廻り問題が深刻化しているとともに、木下作左衛門と同格であった常吉庄左衛門が死去したこと（万延元年）や、本庄村の藤三郎が同時期に庄屋ならびに年番物代を退任していたことで、年番物代が入れ替わったことにあるだろう。その結果、木下への比重が高まる反面、年番物代の支配に陰りがみえたと考えられる。年番物代は加入農民の利益代表者でありながら、商品的価値の高い小便取引に強大な発言権を持ち、仲間支配者としての権益を追求していったことから、他の組合物代、広くいえば加入村々の農民から乖離した存在へと変化していく。このような年番物代の変質から、必然的に世話人中からの批判、仲間内対立が表出し、そして本質的な問題として、肥し不廻り問題が表面化する。これについては融通人の不正売買が出訴側の念頭に置かれており、それを規制することができない年番物代の非力さ、「仲間外」である融通人との何らかの癒着を抑止する動きといえよう。村々の肥料不足に対しての不満は、融通人に対しても向けられており、一方の融通人にとっては仲間の一員ではなく、自己の利益を追求する小便渡世という立場から不正売買を多発化させていくのではないだろうか。

おわりに

本章では、小便肥料の重要性と組織形態に着目し、「村落地域と都市」について考察した。大坂周辺農村における小便肥料は、農作物栽培に不可欠な肥料的価値を有していた。さらに、近年の研究成果で重要視されていた干鰯とともに、非常に需給頻度の高い「商品」として位置付けられたのである。

「都市と周辺地域」は、農民闘争の分析における単純な対立関係だけで捉えることは不可能であり、むしろ「商品」を通じて、町人と農民の共存的関係が確立していたといえよう。それは単なる町家と農民の取引関係だけでなく、摂河小便仲間の構造的特質でも明らかである。仲間組織に加盟する村、農民とともに、仲間と緊密な関係にある融通人・通路人といった都市的存在を包摂することで仲間の基盤が確保できる。つまり、商品が都市で取引されるという特徴から、仲間における都市内拠点を常置するなど、相互依存の関係が構築されたのである。

周辺農村の鍵を握るのは、組合の存在である。組内村々は、組合惣代の指揮下にあり、小便取引や諸入用を通して仲間と農村間を結ぶ重要な役割を果たしていた。

年番惣代を中心に推移する諸問題は、幕末期における小便仲間の構造的矛盾を露呈させた。年番惣代が権限を拡大していくことで農民内に序列化が進行し、「周辺農民」と一括できない状況がみられる。年番惣代が「百姓の代表」から「仲間支配者」へと変貌することは、一定の段階を経て、第一層（年番惣代）と第二層（組合惣代）の覇権をめぐる対抗関係を生むこととなった。そして、融通人をはじめとする「都市」への依存過多は、まさに仲間が本質的に抱える存立条件の揺れを示している。

〔注〕

（1）原直史による一連の研究が挙げられる。例えば「市場と問屋・仲買―江戸・東浦賀・大坂の干鰯市場を中心に―」（斎藤善之編『新しい近世史三　市場と民間社会』新人物往来社、一九九六年）、「松前問屋」（吉田伸之編『近世の身分的周縁四　商いの場と社会』吉川弘文館、二〇〇〇年）など。

（2）平川新『紛争と世論―近世民衆の政治参加―』東京大学出版会、一九九六年など。
（3）小林茂『近世大阪における屎尿問題』大阪府教育委員会、一九五七年。同『近世農村経済史の研究』未来社、一九六三年。同『日本屎尿問題源流考』明石書店、一九八三年。
（4）注（3）前掲小林著書一九八三年、六九頁。
（5）大阪府立大学経済学部所蔵越知家文書「約定一札之事」。
（6）青山賢信氏の御教示による。近世期における大和国の山間部では分別が行われておらず、都市であるがゆえの特徴といえる。
（7）川口宏海「中・近世都市における便所遺構の諸様相」（『関西近世考古学研究』Ⅲ、一九九二年）。
（8）津田秀夫「幕末・維新期の近郊農村の性格」（大阪歴史学会編『近世社会の成立と崩壊』吉川弘文館、一九七六年）。
（9）越知家文書「乍恐御訴訟　市中出肥し小便取締方歎願」。
（10）大蔵永常「農稼肥培論」（『日本農書全集』六九、農山漁村文化協会、一九九六年所収）。
（11）岡光夫『近世農業経営の展開』ミネルヴァ書房、一九六六年。同「木下清左衛門著『家業伝』解説」（『日本農書全集』八、農山漁村文化協会、一九七八年）。
（12）摂州西成郡海老江村羽間家文書「乍恐書付ヲ以奉歎願候」。
（13）注（3）前掲小林著書一九八三年、六九頁。
（14）越知家文書「安政三辰年十二月　申合再約定書写」。
（15）越知家文書「乍恐御訴訟　肥小便価替物取極仕度御願」。
（16）三郷火消年番町については、西坂靖「大坂の火消組合の機能と運営」（『三井文庫論叢』一八、一九八四年）、同「大坂の火消組合による通達と訴願運動」（『史学雑誌』九四―八、一九八五年）に詳細な分析がある。
（17）『大阪市史』第四、一二一四〜一二一八頁（安政元年一二月一三日条）。
（18）注（5）前掲史料。
（19）注（14）前掲史料。
（20）通路人に関しては、本書第二章参照。

(21) 越知家文書「安政三辰年十二月廿五日　乍恐口上」。
(22) 『門真市史』四（同編さん委員会、二〇〇〇年）、第四章五一四～五一五頁。
(23) 越知家文書「子（嘉永五年）六月十七日　口上」。
(24) 浜屋卯蔵については、本書第二章参照。
(25) 注(14)前掲史料。
(26) 越知家文書「蔭山保之助宛　間（羽間）市右衛門書状」。
(27) 越知家文書「約定一札」。
(28) 越知家文書「乍恐御訴訟」。
(29) 越知家文書「引合覚」。
(30) 越知家文書「小便方用ニ付惣代野里村ゟ廻状之写」。
(31) 越知家文書「乍恐口上」。

第四章　下屎流通と価格の形成

はじめに

本章では、下屎の買い手・消費者側である周辺農村に焦点を当てて、「都市―農村間」および村落内の流通的特質、価格形成をめぐる当事者の動向などを主要な論点として提示したい。

下屎を排する都市と、これを肥料として活用する農村がどのような取引をおこなっていたのかという課題もさることながら、農村と一括りにしている内部構造について議論を深めたい。近世後期は通説的に商品経済が進展しているとの評価がなされているが、実態としてはどうだったか。下屎流通および周辺農村を分析主体とすることで、その時代的特質の一端が明らかになると考えている。また、「村落と都市」という命題について、その具体像を提示したい。本章が周辺農村を多面的に考察しようとする意図はこれらの課題を克服することにある。

近世における米穀などの基幹商品は、相場値段によってある程度の実勢価格が明らかになっている。また、その価格を形成する担い手も明確であろう。しかし、下屎のような相場制の存在しない相対による商品流通は、基準と実態の乖離が甚だしい。そして、売り手と買い手の「綱引き」を経て、一応の合意に至るという過程も非常に複雑である。そのような多様な価格決定への道筋について論及するとともに、下屎を通じての近世後期における価格形成に注目したい。

第一節　近世後期大坂と周辺地域の下屎流通

1　大坂と周辺農村の下屎取引

近世後期大坂における町家の排泄物は、下屎（大便）と小便に分別され、それぞれが周辺農村の加盟による在方仲間主導のもと、取引形態が明和期から寛政期にかけて確立される。これまでの下屎研究では、明和六年（一七六九）に汲取組織の主導権が町方から在方へ移行したことなど、取引機構や秩序形成に力点が置かれてきたが、それよりも具体的な取引の実態を分析する必要があろう[1]。それによって、屎尿流通の重要性が再評価できることはもとより、組織形成や加盟村々の動向など、未だ不明瞭な部分が浮き彫りになる。

明和六年以降、大坂町家の下屎は淀川、神崎川、中津川、猪名川などの河川流域に位置する摂河在方下屎仲間加盟三二〇か村余りの農民たちによって汲み取られ、屎舟に積んで村へ持ち帰り、田畑肥料として利用される[2]。この大坂と周辺農村の取引の売り手は家主、買い手は農民であり、大坂に住む借家人たちの排泄物は家主に所有権が認められる。売り手側は家主に一本化されているが、買い手側の農民についてこれまで深く考えられることはなかった。果たして下屎汲取を実行する農民とはどのような存在か、また町家の下屎を購入する権利は誰が持つのかという具体的な疑問に挑んでみたい。

在方下屎仲間は、一部の例外を除いてすべての大坂町家を請入箇所（下屎汲取箇所）とし、それらを加盟村々に割り当てる形態をとっていた。**表26**は在方仲間成立直後における門真二番村（現大阪府門真市）の汲取直請の事例である。ここに列挙した農民は、右側に示した請入箇所の下屎汲取権を有している。一か所しか所持していない農民も全体の三分の一ほどいるが、最大で八か所を有する助右衛門のような人物も存在する。

この表26では具体的に請入箇所を表記していないが、これを捕捉するため、一〇〇年余り時代は下るが、農民・家主・箇所の形態・箇所の居住人数まで明らかになる**表27**を提示しておこう。先述の門真二番村に住む農民が大坂・北久太郎町五丁目で所持する箇所の事例であるが、すべてを列挙するのは膨大な紙幅が必要となるため、ここでは一部のみとする。冒頭に掲げた藤平は、駿河屋仁兵衛の所有する借家（居住者二〇人）と、堺屋弥七の所有する借家（居住者二五人）を請入箇所として持っていた。藤平と駿河屋の場合を例にとれば、藤平が駿河屋所有の借家から排出される下屎を汲取、居住者二〇人×銀二匁＝銀四〇匁を一年間の下屎代銀として家主である駿河屋に支払うということになる。さらにこの表27で明らかになっているのは、「屋敷・借家」が一括して一人の農民に汲み取られている場合と、そうでない場合が見受けられたことである。さきの駿河屋は借家を藤平に、屋敷を与三右衛門に汲み取らせるというようにそれぞれと契約関係を取り結んでいた。後段の河内屋喜兵衛は、屋敷と借家を平右衛門に、さらに別の借家は七右衛門に委ねている。またこの事例だけで断定はできないが、需給調整を村内で事前におこなっている可能性もある。

取引価格については、七歳以上の町人一人当たり一年間銀二匁から三匁で均一的な基準設定がある。ただし、割り当てられている請入箇所は村によってその汲取をおこなう

表26　安永6年（1777）門真二番村の直請

大坂市中の汲み取りを直接請け負う百姓（請主）	大坂市中の請入箇所数
次兵衛	2
助右衛門	8
六左衛門	7
惣兵衛	4
八兵衛	1
彦左衛門	1
太郎右衛門	3
長左衛門	1
七右衛門	1
善右衛門	1
七兵衛・多右衛門	4
平　八	1
半右衛門	6
久兵衛	4
平兵衛	3
利兵衛	3
市左衛門	4
喜右衛門	6
六兵衛	1
惣右衛門	1
万右衛門	2
小右衛門	2

出典：関西大学図書館所蔵門真二番村文書「安永五年　来酉年下屎直請ヶ所付帳」より作成。

表27　明治４年（1871）
門真二番村の下屎箇所（大坂北久太郎町五丁目の一部）

請主（門真二番村百姓）	請入家主（大坂町人）	請入箇所の形態	箇所人別
藤　平	駿河屋仁兵衛	借家	20
〃	堺屋弥七	〃	25
与三右衛門	堺屋彦右衛門	屋敷	10
〃	駿河屋仁兵衛	〃	9
〃	炭屋新兵衛	屋敷、借家	28
庄右衛門	池田屋徳兵衛	〃	—
利兵衛	京屋か兵衛	借家	7
〃	重田屋弥兵衛	屋敷、借家	8
〃	大仙寺	〃	9
〃	紀伊国屋大吉	——	17
平右衛門	河内屋喜兵衛	屋敷、借家	45
九郎右衛門	大和屋源兵衛	〃	12
〃	紀伊国屋二郎兵衛	〃	16
新兵衛	綿屋喜八	〃	22
七右衛門	山田屋徳兵衛	屋敷	6
〃	河内屋喜兵衛	借家	25
〃	西河屋彦兵衛	屋敷	5
〃	竹屋弥七	屋敷、借家	12
和　助	正念寺	〃	28

出典：関西大学図書館所蔵門真二番村文書「明治四年六月　下屎請入箇所帳」より作成。

権利や運営方法が複雑で、その具体的なあり方を追究することは現在までのところ皆無に近い。そこで、この課題を的確に捉えるため、いくつかの事例を検討しておこう。

2　汲取の実態

本題に入る前に、汲取の実態を紹介しておく必要があろう。そこで、淀川西岸に位置する摂津国島下郡柱本村（現大阪府高槻市、図3参照）における文化年間（一八〇四～一八）の下屎汲取を素材として分析を進めてみたい。まず、同村の所持する請入箇所は、大坂の木挽町・冨田町・津村町（図4）と三か町にわたり、約四五人の家主と汲取契約を結んでいる。[3] 柱本村庄屋であった田中佐一家文書には、文化三～五年（一八〇六～〇八）の下屎代銀受取覚（大坂家主→柱本村農民）が多数残されており、具体的な代銀支払いの実態が明らかになる好素材といえよう。

取引の規定では、一年間の下屎代銀はその前年一一月までに大坂家主へ先払いすることが義務付けられているが、この事例で遵守されているのは文化六年分（文化五年に支払う分）の一部のみである。ほとんどが一二

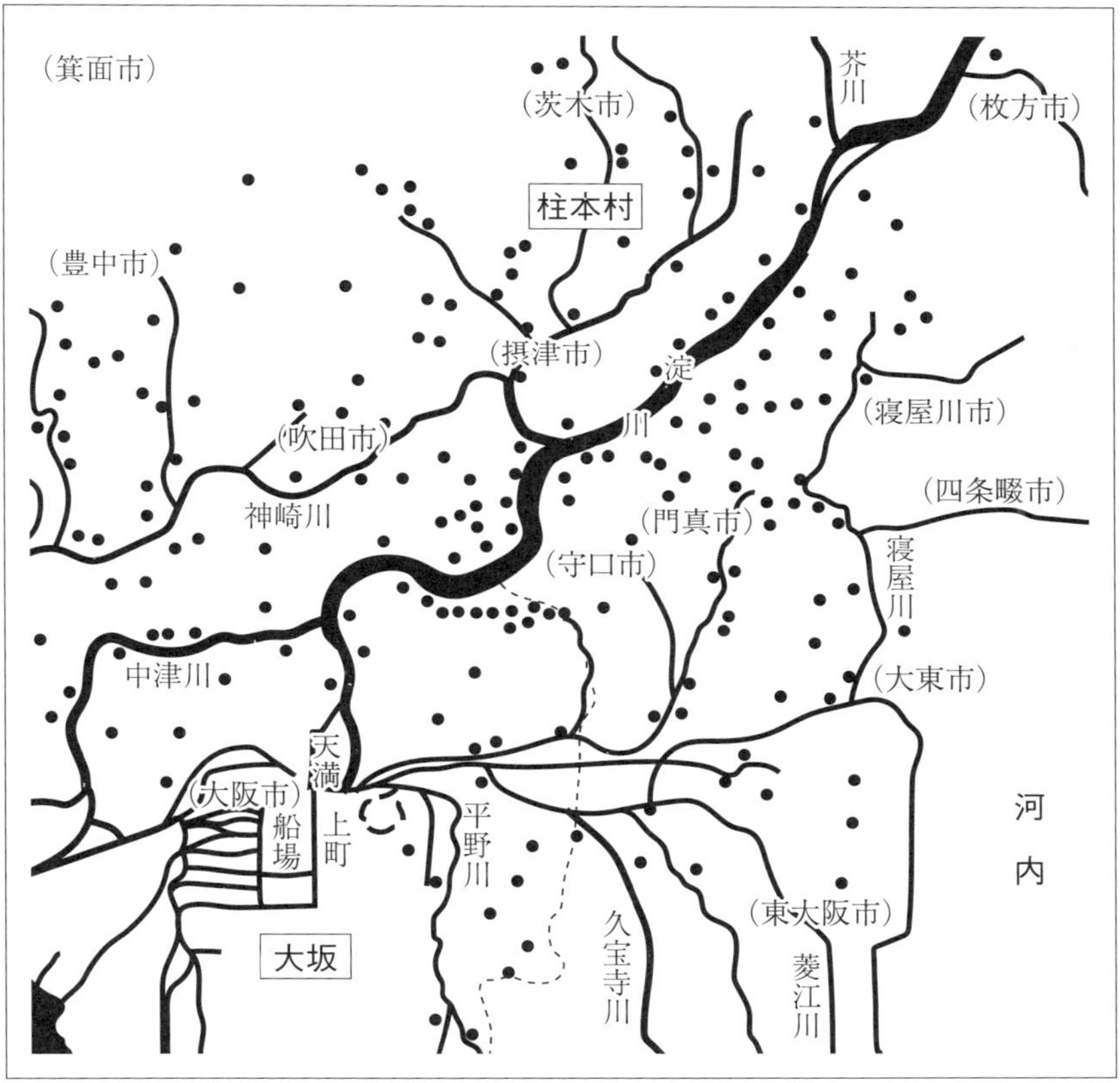

図3　柱本村と大坂の位置
＊（　）内は現在の自治体名。

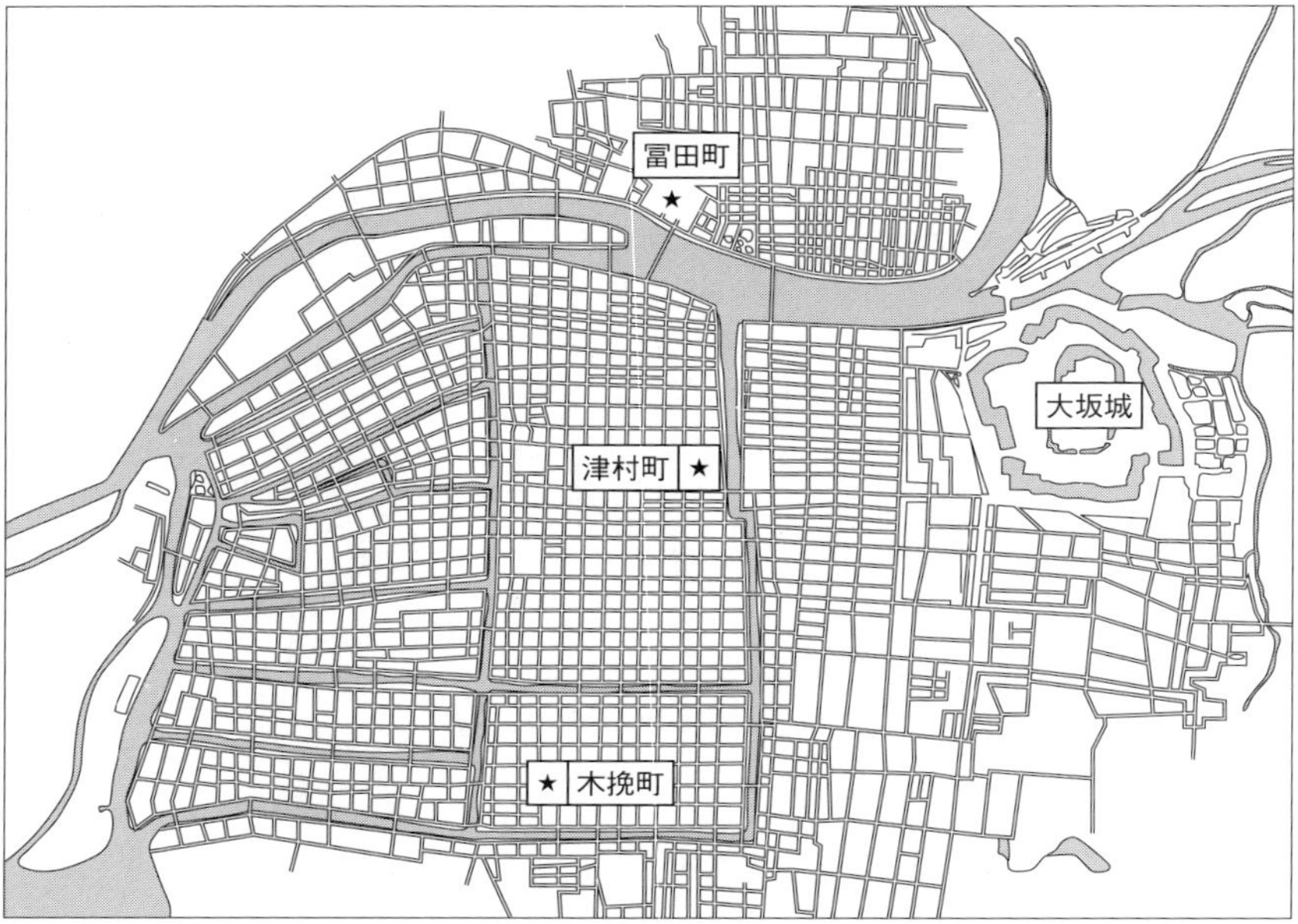

図4　大坂冨田町・津村町・木挽町の位置

月に入ってから、もしくは年明けになってから支払われているようで、規定とはあくまで目安であり、実際には町と村の信用関係に基づく取引であることが垣間見える。

【史料1】(4)

覚

一　弐拾五匁也　　卯之とし分

右之通慥請取申候、以上、

寅ノ極月四日　　　茨木屋 伊右衛門

柱本 与右衛門殿

これは木挽町の茨木屋が柱本村与右衛門宛に記した下屎代銀受取覚である。田中佐一家文書を通覧する限り、この書式が標準的な代銀受取覚であった。先述のごとく、寅年（文化三年）末に卯年分（文化四年分）の下屎代銀が支払われていた。茨木屋の所持する屋敷に何人居住していたのかは不明であるが、仮に居住者一人当たり二匁五分の単価（公定価格は銀三匁）とすると、二五匁は一〇人分の代銀という換算になる。

【史料2】(5)

覚

屎十七匁六分

右ハ辰之年分

右之通慥請取候

う極月廿一日

いばらき屋

伊右衛門

柱本村様

【史料1】の翌年に同じ茨木屋伊右衛門から柱本村に宛てた下屎代銀受取覚である。これも卯年（文化四年）末に翌年の辰年分の先払いがおこなわれているが、代銀に注目すると、前年と比較して七匁四分少ない一七匁六分で取引されていた。単純に茨木屋所持屋敷の居住者数が減少したとも仮定できるが、茨木屋だけでなくその他の取引事例でも軒並み減額となっていることから、柱本村側で凶作ないし水害などによる一時的な経済状況の悪化が起こった結果、家主側の譲歩によって取引価格の変動が生じたものと考えられる。この実態からも規定との乖離を知ることができ、また個々の取引は都市と農村の信用関係に帰着するということが認められよう。

【史料3】(6)

覚

一　銀廿五匁也

右ハ巳之年分

慥請取

辰極月五日

茨木屋
伊右衛門

はしら本
與右衛門様へ

さらに翌年の辰年（文化五年）には巳年分（文化六年分）が支払われているが、ここでは【史料1】の文化四年分と同じ銀二五匁に代銀が戻されていることがわかり、【史料2】に示された文化五年分の減額は一時的なものであることが裏付けられる。

【史料4】(7)

覚

一　銀三匁

右者辰年分屎代不足銀慥ニ請取申候、以上

辰十一月廿九日

はりま屋
伊右衛門（印）

柱本村
与右衛門殿

これは本来前年（卯・文化四年）に完納すべきはずの辰年分代銀が一年遅れで不足分を支払った事例である。規定ではこのような「融通」が認められていないが、当事者間の交渉によって、不足銀延納の措置がとられたのであろう。以下、同様に規定ではあり得ない「融通」の事例を二点紹介しよう。

【史料5】(8)

覚

一　四拾五匁
　内九匁まけ　辰ノ年
　　　　　　こへ代
差引　三拾六匁
右之通慥ニ受取申候、
　はしら本村様
　辰ノ年
　　極月廿二日
　　　　　　　　　　　茜屋
　　　　　　　　　　　　利兵衛（印）

【史料6】(9)

　　覚
一　銀弐百七拾目也
右者夘・巳年下屎代銀
右之通慥受取申候、以上
　辰
十二月
　　　　　　　　　　　新屋嘉吉（印）
　　　　　　　　　　　同　嘉兵衛（印）
　但シ天満冨田町分

【史料5】については、先述と同じように辰年分の支払いが一年遅れとなっていることに加え、本来四五匁となる下屎代銀が三六匁に割り引かれている。また【史料6】では、一年ごとに精算すべきはずの代銀が二年分をまとめて支払うという手段がとられていた。これらは多数ある下屎代銀覚のなかのごく一部であり、すべてが町（大坂）・在（在方仲間）合意による規定を逸脱したものではないが、個別交渉のなかで当事者の経営事情などを加味した代銀受け渡しが実際におこなわれていたことを意味する。

右に挙げた【史料1】から【史料5】の史料では、下屎を受け取る側となる宛名が「柱本村」もしくは「柱本村与（與）右衛門」となっていた。ここでも果たして請入箇所とは村全体の管轄下にあるのか、それとも農民個人の権利となっているのか、という疑問が浮かび上がる。右の史料群はあくまで下屎という商品に対する代価を示しているものであり、それにかかる諸雑費などは一切含まれていない。その諸雑費については個別農家が直接的に賄うのではなく、村入用から支出された。

摂津国西成郡稗島村（現・大阪市西淀川区）の慶応二年（一八六六）の村入用帳には、大川入用銀、郡中入用銀、組合諸入用銀などと並んで下屎方入用銀の項目が設定されている。[10] 同年の下屎方入用銀は、七月の四四匁一分九厘、一二月の四二匁九分五厘、と二回に分けて計上されており、ともに隣村の野里村を通して在方仲間本体へ納入がおこなわれていた。

この入用銀の具体的な使途は定かではないが、在方仲間の運営費用として加盟村々から取り集められていたと考えられる。下屎流通組織と村財政の関係は今後検討深めるべきであるが、個人のみの取引ということではなく、村全体で下屎汲取に積極的な対応をしていたことが実証できる。

また、個別百姓が下屎汲取をするため、それぞれ各自で定期的に大坂へ出向くことは非効率である。そのため村全体で利便性の高い作業をおこなう必要があろう。それを示す好素材が柱本村の事例にあった。

柱本村が実際に汲取をしている状況と、そのサイクルに触れておこう。文化一一年（一八一四）の「請屎荷数出人足留帳」には、柱本村による大坂町家での下屎汲取の状況が記されている。[11] これによれば、当時の柱本村は一番組・二番組・三番組と三つの組に分割して下屎汲取をしていた。これは定かではないが、請入箇所として認められている木挽町・冨田町・津村町の三か町に対応させた形で組編成を実施した可能性もある。参考までに一番組における一年間の活動状況を掲げた（表28）。まず、大坂へ汲取に向かうのは半月に一回、日帰りで村に戻ってくることはなく、ほとんどが一泊二日、最大で三泊四日というときもある。武庫川筋の摂津国

表28　柱本村一番組の大坂汲取状況

汲取実施日	汲取量(単位：荷)	汲取をおこなった百姓
1／5、6	46.00	清助、十右衛門、五左衛門、三郎右衛門
1／18、19	44.50	藤八、弥助、藤九良、庄右衛門
2／4、5	58.70	又左衛門、清介、弥右衛門、勘右衛門
2／19、20	63.00	与右衛門、源兵衛、小助、弥助
3／7、8	70.00	伝七、又左衛門、孫右衛門、三郎右衛門
3／23、24	61.50	喜兵衛、弥助、太郎兵衛、重右衛門
4／4、5	47.00	三郎右衛門、又左衛門、清助、孫右衛門
4／16、17	47.00	伝右衛門、重右衛門、茂兵衛、藤八
4／29、5／1	56.00	三郎右衛門、又左衛門、清助、孫右衛門
5／18、19	60.70	与右衛門、弥助、茂兵衛、太助
6／3、4	64.50	藤九郎、又左衛門、清助、孫右衛門
6／19、20	58.75	利兵衛、小助、太郎兵衛、庄右衛門
小計	677.65	
7／3、4	53.00	三郎右衛門、又左衛門、清助、孫右衛門
7／19、20、21	68.50	重右衛門、太郎兵衛、弥助、藤八
8／4、5、6、7	58.00	又左衛門、清助、三郎右衛門、孫右衛門
8／18、19	56.40	弥助、勘右衛門、小助、太〔郎脱ヵ〕兵衛
9／5、6	62.50	三郎右衛門、又左衛門、清助、孫右衛門
9／17、18	47.50	勘右衛門、伝七、小助、源兵衛
10／4、5	67.50	又左衛門、伝右衛門、与右衛門、藤兵衛
10／21、22、23、24	61.00	重右衛門、弥介、勘右衛門、藤八
11／5、6、7、8	58.75	又左衛門、重右衛門、清助、与右衛門
11／22、23	70.00	弥介、藤九郎、喜兵衛、平助
12／8、9	56.40	三郎右衛門、又左衛門、清助、藤兵衛
12／19、20	51.00	藤九郎、喜兵衛、庄右衛門、伝七
小計	710.55	
合計	1388.20	

武庫郡鳴尾村（現兵庫県西宮市）における明治二年（一八六九）の記録でも、大坂の下屎通船は一か月に二回と記されているから、大坂市中の町家で汲取をするのはおおよそ半月に一回が平均的だったのではないだろうか。(12)一回の作業で得る下屎は、居住者の人別数による原則的な契約のため一定量ではなく、表に示される通り四〇～七〇荷と、時々に応じて疎らな数字となる。この下屎を汲取に行く農民は当番制で一回につき定員四人であるが、たとえば清助は年間一〇回、十右衛門ならば六回、藤八なら四回、というように画一的な法則性は認められない。ここに登場する農民は下屎請入箇所の権利を有する者たちであり、それぞれが所持する箇所数に比例した割り当ての結果であろう。また、表に掲出された農民たちが直接大坂に赴いているのかどうかは疑問であるが、本人もしくは雇用した人足が出向いていたのではないか。

この表で理解できることを簡潔にまとめておこう。

ア、請入箇所をそれぞれ個別に大坂へ出向くのではなく、村内の請入箇所を有する者たちが一括して共同作業をおこなう。

イ、共同で汲取を実施する際、四人一組の当番制が敷かれており、その頻度は箇所数に比例して割り当てられる。

以上のようなことから、下屎汲取は単なる個人請負ではなく、村全体（とくに下屎請入箇所所持者）の共同汲取組織によって成り立っていたと考えられる。つまり請入箇所を保有する主体とは、狭義には「農民」、広義にみた場合には「村（柱本村）」と結論付けられ、個別農民の権利とは村および村の共同組織に保障されたものといえる。

3　請入箇所を持つ人々と所有権の移動

既に述べた汲取の実態から、請入箇所を持つ農民という存在が浮上した。町人一人当たり年間銀二～三匁とはいえ、恒常的な契約である一定の箇所を維持するというのは農家経営においても莫大な負担であった。表28で示した箇所を有していた農民たちも中規模以上の農家経営をおこなっている村内上層に位置する人々であったと考えられる。

柱本村の様相とは若干異なる河内国茨田郡門真二番村（現大阪府門真市）における村内汲取組織の特質については本書第二章で明らかにした。[13]同村も柱本村と同様に、在方仲間に加盟して大坂市中の下屎を入手している。在方仲間成立当初の安永六年（一七七七）には村内に二二名（うち二名は共同）の請主（請入箇所を持つ門真二番村農民）が大坂の天満や玉造を中心とした六六か所の請入箇所に対して汲取をおこなっていた。そして寛政四年（一七九二）に至ると、「請け人」を頂点とする一四の「組」（うち一組は二名共同のため、請け人は一五名）に集約された代わりに、箇所数は一二〇か所と倍増した。各組には庄平組や治郎右衛門組といったように「請け人」と称される農民の名前が冠せられており、彼らが箇所権利を有して下屎の買取をしていたと考えられる。この「請け人」とはどのような存在か、ということが疑問であるが、「寛政五年宗門人別改帳」によると庄平など一五名の請け人はいずれも高四〇から一八〇石の持高が認められる。[14]村高約九五〇石の門真二番村において考えても、一五名の経済的富裕は揺るぎないものであろう。また、下屎汲取には屎舟が必要であり、広大な田畑、資金的ゆとり、屎舟の所有、という条件の整った者にしか箇所の所有はあり得ないのである。[15]

摂津国川辺郡長洲村の十右衛門は、大坂安治川上一丁目の箇所を寛政一一年（一七九九）一一月に同国武庫郡鳴尾村の市右衛門に譲渡した。[16]この箇所である掛屋敷は加嶋屋六左衛門（坂本町在住）が所有していたものだが、十右衛門は「下屎代銀不調達」のため六左衛門に託したようである。寛政二年（一七九〇）に作成された「三郷町割帳」には、安治川上一丁目は長洲、鳴尾の両村が汲取権を持つとされている。[17]よってこの譲渡は同じ町で汲取をしている鳴尾村の百姓へ譲られたことが想定できよう。

請け人と称される請入箇所を持つ農民たちは、当然の如く自家で所有する田畑で下屎を肥料として利用するわけであるが、下屎を定量で購入していないため、一年ごとにその供給量は変動している。また自家利用だけを主としておらず、直接大坂町家と取引できない村内農民への転売も重要な目的のひとつであった。摂河村々における多くの農家では規模の大小にかかわらず、田畑肥料としての下屎の利用価値は極めて高く、村内の農業安定においても下屎を持つ農民から、持たざる農民への譲渡は当然あり得る行為なのだ。

第二節　取引の制度的変遷と価格形成——近世後期の価格論

1　寛政～文政年間（一七八九～一八二九）における取引規定

都市民と農民の信頼関係に基づく下屎取引が表の顔とすれば、その裏面には「商品」をめぐる激しいせめぎ合いが隠されていた。それは下屎の価格についての駆け引きなのであるが、とくに寛政期（一七八九～一八〇一）以降になると一層の深刻化が認められる。近世社会全体の流れに呼応したものであると同時に、その流れに伴う売り手、買い手の立場を守る組織の拡充が相俟っていた。その実像は単なる都市と農村の対立で描くことは許されず、農民同士の熾烈な肥料獲得競争が導き出した結果だったのである。

その様相は、大坂（火消年番町年寄）と周辺農村（在方下屎仲間）の交渉、あるいは双方に対して達書を発給する大坂町奉行所の文書から読み解くことができる。そこで、寛政年間から天保の株仲間停止を経て嘉永四年の株仲間再興までの間について、時系列的に内容を検討していこう。

ここでは寛政期から文政期における下屎取引の特質を論じておきたい。この時期は後述するように、明和六年に設立されて大坂下屎の権利獲得を積極的におこなってきた摂河在方下屎仲間が完全に主導権を持ち、「農」重視の下屎政策に依拠しながら展開していくと述べられてきた。それではまず、その契機から明らかにしていくことにしよう。

【史料7】寛政二年（一七九〇）一〇月一七日触書[18]

一三郷町々下屎之儀、摂河三百拾四ヶ村百姓共、町々江罷出、可致直相対間可申談、（候脱カ）尤十二月へ入候而も、百姓引請残り之ヶ所有之者、急掃除人共請負、町々差支無之様可致旨申渡候ニ付、其段相心得下屎引当直段ハ是迄之通相対次第可相極趣、明和六丑年相触置候所、其後町家之者下屎口入或ハ致世話候者有之、又ハ右三百十四ヶ村之外、在々江も為請入候町家之者も有之、請入方差支難儀之由、願等有之候故、右躰無之様、天明五巳年五月・同八年申十一月両度触書差出置候、然ル処右急掃除人共売徳ニ拘り、手段ヲ以商売致手広、百姓請ヶ所相減、自ラ作方出来劣、御料所御取箇等ニも相響、其上代銀羅増買収、百姓共請入方差障ニ相成、難儀之由品々申立、三百十四ヶ村之内ゟ願出候趣、逸々無余儀相聞へ候ニ付、町々之者共後々差支之有無、願方之者共追々取調、并是迄急掃除人共ゟ買屎いたし候村ニハ、望次第加入又分ケ遣候共、聊不差滞様いたし候筈ニ取極候上、此度急掃除人共へ、当年限以来差止候旨申渡候、依之十一月限之無差別、三百十四ヶ村之者共、弥直請ニ申付候間、下屎代銀相対之儀者勿論其余諸事是迄之通相心得、右村々百姓共へ為汲取可申候、尤急掃除之儀ハ、最寄川岸々へ日々船弐艘ツ、付置、急掃除申来次第、聊差支無之様可致筈ニ候、且又三郷町々ヲ摂河之内願村高ニ割合、引請候積りニ候間、万一請残り之ヶ所有之節ハ、最寄村割引請、価之儀ハ其丁内請入相済候人数積りヲ以、無異儀引請候筈ニ候、其外急掃除人差止候ニ付而、外ニ汲取之者無之ヲ見込、自然心得違、勝手ニ乗し不正之取斗有之、我侭之致方等有之趣相聞へ候ハヽ、其仕義ニゟ急度可令沙汰旨申渡置候間、町家之者共も、下屎ハ商物ニハ訳違候へハ、代銀之儀勘弁之筋も可有之事ニ付、其段心得違無之様、正路ニ可致相対候

右之趣三郷町中末々之者迄も不洩様可触知者也

戌十月十七日　石見

この史料は「町方急掃除人」の下屎汲取差し止めを命じており、近世後期における大坂下屎流通の重要な制度的改革をもたらしたものである。明和六年の在方下屎仲間成立に至るまで大坂三郷の下屎取引に大きな影響を持っていた「町方急掃除人」は、それ以降（明和六～寛政二年）も町家下屎の口入や世話を行う一方、在方仲間側が引き受けない「残り之ヶ所」について従来通りの汲取作業をしていたようである。

しかし、右の史料によると、急掃除人が商売の拡大、つまり下屎の請入箇所を増大させることで、在方仲間の請入箇所は減少し、作物の出来が悪くなり、取箇（年貢納入）にも影響が出るとのことである。この見方は在方仲間側の一方的な論拠であり、すべてを額面通り受け取ることは難しいが、町方急掃除人の存在が明らかであり、当然在方仲間との競合関係にあったことは間違いない。結果的にこの寛政二年の触書によって表面的に町方急掃除人は廃止に追い込まれ、大坂町家（請入箇所）を村々がすべて引き受けたうえで線引きがおこなわれ、完全に在方仲間の汲取独占が確立される。

ここで着目したいのは、第一に下屎代銀は相対であること、第二に「下屎ハ商物ニハ訳違」という論理である。前者は基準価格（町人一人分年間銀三匁）を目安として家主と農民による個別交渉の結果、下屎の買取価格が決定するというもので、柱本村の事例でみたような代銀授受がおこなわれることを意味している。つまり、この時点では厳密な価格的規制（仲間の自主規制を含めて）がなく、値段の設定は当事者に委ねられていたことがわかる。

「下屎は商物とは違う」という論理は、近世後期を通じて一貫した大坂町奉行所の意向であるといって良い。また時として、在方仲間側は大坂との問題が生じるとこの文言を多用する。商物ではないとの主張は、下屎を商品として扱いながら生業の拡充を目指した町方急掃除人廃止を連関させたものと判断できる。町方急掃除人と在方仲間の決定的な違いは直接農業に従事するか否かであり、下屎の汲取作業そのものに大差はない。ここで在方仲間に事実上の独占を許可している背景には、下屎肥料の低価格化による農業生産の安定、そして拡充を幕府側が求めているものと判断できる。大坂の都市政策との観点で考えるならば、むしろ都市に常駐する者（町方急掃除人）が町家の状況に応じて汲取をすることが都市民にとって利便性は高いと思われるが、大坂町奉行所の論理は町家の衛生・屎尿処理に力点を置いているのではなく、農業肥料として下屎供給の安定を図っているといえよう。その意味でもここで取り上げる下屎取引の諸問題は屎尿処理ではなく、屎尿流通であることを改めて認識すべきである。[19]

下屎取引の方法を大きく変更させた【史料7】の触書が発給された約一〇日後、次のような町方の達書が出されている。

【史料8】寛政二年一〇月二六日達[20]

　北組惣会所江通達年番町年寄被召呼、被仰渡左之通

下屎汲取之儀ニ付、村々百姓共ゟ町々会所へ参り、家別人数承置度旨申聞候得共、不取敢旨ニ而、御声懸り之儀申聞候得共、右者相対次第之事故、御役所ゟ被仰渡候儀者、不被及御沙汰事ニ候、併下屎之儀者外へ可差遣品ニ無之、是悲（非）百姓共江可遣事ニ付、町家之者共百性共へ追々相対者可致筋ニ候、左候得者右人数之儀も、百姓共ゟ承合候得者、取調可申聞道理ニ当候儀ニ而、何れニも対談不差滞様可致事ニ候間、其趣無急度会所之者へ可申聞置候事

　但、百姓共末（未）罷越町々も有之趣ニ候事

右之通ニ御座候、尤右三百拾四ヶ村々百姓共、町々ニ家別人数承合ニ参り候ハヽ、早速申聞候様ニ、町々丁代へ申付置候様ニ、御口上ニ而被仰付候間、此段御承知可被成候、已上

　戌十月廿八日　　　　　　　　通達年番
　　　　　　　　　　　　　　　　大川町

村々百姓（在方下屎仲間の農民）が大坂三郷の各町会所へ出向いて、その町の正確な家別人数を知りたいと

いうものである。七歳以上の町人一人当たりで下屎代銀を算出するため、これも価格設定に重要な請入箇所の居住者数を確認する作業なのである。この居住者数の確定は【史料7】で明言されている「村割」（史料上には「町割」、「村割」と併用されるが内容としては同じ）をおこなうためのものであり、この作業の結果、在方仲間側で村高に対応した請入箇所の割り当てが開始されたのであろう。

【史料9】寛政一一年（一七九九）一〇月二四日付覚書[21]

一当六月十八日、三郷町々下屎村割并惣代御差止メ之儀奉頼（願）上候処、十月廿四日三郷火消年番貳十壹町年寄、并摂河之内下屎引請村々年番惣代、西御番所様江被為御召成、於御前左之通被仰渡候

被仰渡御請証文之事

摂河之内下屎直請村々年番

摂河之内下屎直請村々年番三郷町々之もの共、下屎請方之儀ニ付、町割并惣代共引合罷越候儀差止度旨、一同申立、其方共ゟも下屎請方町々引合之儀ニ付、書付差出、相糺候処、全価之儀付而彼是及争論候趣相聞候、元来三百十四ヶ村并加入村々百性共、兼而申合置、直段等も前々ゟ之積り有之ニまかせ、高下無之様可致所、百姓ニゟ土地ニ合ふ歟、或者百性存寄ニまかせ、村々へ相談ニもおよばす、外村々又者町銀之見競ニも不抱、高価ニ可申請存寄之者有之趣ニ相聞候、然ル時者右高直之村々へ差遣度者、全村々望候儀者眼前之事ニ而、是悲（非）相談混雑可致儀故、丁人共彼是申立候段、無余儀事ニ候、是等者全村々百性共申合不行届故之儀、不埒ニ相聞へ候、高持百性者小高之百性共之存寄ニ付、直段甲乙も可有之事ニ候得共、其儀者内分之儀、町々へ対シ候而者いか、ニ付、向後百性共一同申合を堅メ置候ハヽ、町々ニ而も疑惑無之様成行候間、向後此儀相弁へ、村々篤与申合、勿論無故直段引下ケ之儀者致間敷、先格之積りを以可致相対候、且又願村方惣代并其内ゟ相勒（勤）候年番惣代共儀、村々取締并断届等之儀、以前之ごとく両惣代共相極メ置候共、勝手次第ニ候得共、町割之村々下屎請入之対談ニ、丁々江罷越し候儀者、以前之（ご脱）とく請入之百

性直々町家へ参り可及直談候、如何躰之儀有之候共、年番惣代共右引合等ニ町家へ罷越候儀者差留メ候間、以来決而参問敷候

三郷火消年番貳十壹町年寄

其方共申立候趣を以相糺候上、右之通下屎引受村々江申渡候間、可令承知、其方共申立候町割差止メ之儀ハ、前々申渡置候儀も有之候間、此儀者不及貪着候、惣代共引合之義者指止メ候間、此段相心得、先達而も追々申渡置候通、下屎者外商ひものと違候間、無訳直段引上ケ申間敷候、右之通申渡候間、双方令承知、在町共正路ニ相対いたし、以来争論ヶ間敷義無之様可致候

右之通被仰渡、一同奉畏、依之御請如件

寛政十一未年十月廿四日

摂河之内下屎直請村々
年寄惣代
三郷火消年番年寄

御奉行所

この史料は、二一名の三郷火消年番町年寄が連名で提出した下屎請方の申し立てと、その結果が記されている。三郷火消年番町年寄については西坂靖の研究によって明らかにされているが、この下屎取引においても家主層の利益代表者的性格を持っており、彼らの上申はすなわち下屎の売り手である家主層の一致した主張ということになる(22)。この主張を大略すると、

①三郷町々下屎「町割」と在方仲間惣代中の差し止め

②下屎代銀の均一化（農民側の価格カルテル）に反対

③代銀交渉は惣代ではなく各農民と相対によるものとする

の三点である。家主側の言い分として、町割が既に確定しているうえ、在方仲間内において下屎代銀が事前に決定されており、自由競争ではなく家主にとっては選択のできない一定価格で下屎を売却せざるを得ない現状

を語っている。そして各農民と各町人の相対であれば、その当事者間で代銀交渉が可能となり、それぞれ固有の価格が設定されるが、年番惣代（史料中の「摂河之内下屎直請村々年番」、在方仲間首脳）をはじめとする惣代中が家主と直談するため、均一的な値段で交渉が締結されてしまうことを不満としている。その解決を目指すものとして、右の三点が主張されるわけであるが、あくまで家主側の申し立てという偏った史料で断定は難しいとしても寛政一一年段階では比較的在方仲間側が有利な条件で取引をやっていたようにみえる。とくにここで問題にしなければならないのは「下屎を高値で売却したい」という意識が明らかに述べられていることである。つまり、完全なる自由競争状態となれば家主優位の価格形成と、その取引手法が実現すると考えているわけである。

【史料9】の後段に裁定が下っているが、家主側の要求のうち、具体的な問題として惣代中の引き合い（代銀交渉）の差し止めが認められたほかは目新しい変化はなかった。しかし、ここでも大坂町奉行所の論理「下屎は外商《ほかあきない》ひものと違」という表現があり、法外な価格引き上げについては認めないという方針を貫いている。

【史料10】文政四年（一八二一）五月三日口達(23)

三郷町々下屎之儀ハ、摂河三百十四ヶ村加入村々百性共、町割を以為汲取、右ニ付村々ゟ年番惣代之もの相極、当所江差出置、右懸引而已を為取斗候ものニ有之所、近比下屎価請主を差置、惣代共引受、年々引下ケ、其元兼而(上)申渡候代銀、毎年十一月限無滞可相渡義、彼是申延シ、年越ニも相成捨置候義も有之趣、如何ニ相聞候ニ付、此度調之立(上)、以来年番惣代為差止、一ヶ月代りニ、行司之もの壹人通路所ニ差置、厳重ニ取締申付、代銀之義ハ村々請主与直応対ニ為致候間、正路ニ引合、毎年十一月限ニ無滞相渡候様、村々江申渡候、且急掃除等之義ハ、右通路所豊後町八木屋機右衛門方江掛合候ハヽ、行司之もの無差支様為取斗候間、此旨不洩様丁々江可申聞置候事

寛政期に町方から懸念されていた年番惣代の個別取引への介入は、一段とその活動を強化しているようであ

る。「請主を差置、惣代共引受」によって年々下屎代銀は下落しており、改めて年番惣代の差し止めが要求されている。それによって大坂における在方仲間首脳の職務は一か月交代で行司が務め、その他急掃除等の諸作業は通路所（在方仲間の在坂拠点）の八木屋が代行するなどの提案がなされており、代銀交渉についても再度「村々請主と直応対」にすることが述べられており、寛政一一年段階と問題の内容はそれほど変化していない、もしくは進歩していないのである。いずれにせよ、年番惣代という存在は町方にとって大きな障壁になっているようで、また再三の下屎取引への不介入が述べられているにもかかわらず、全く役割が変わらないところをみると、在方仲間における年番惣代の権限は絶大なものだったと想像せざるを得ない。

寛政期から文政期における下屎取引についての特質を簡潔にまとめておこう。まず、寛政二年の町方急掃除人廃止に伴い、在方仲間は大坂町家の独占的取引（すべてにおいて口入を経由しない町家との直接取引）が認められた。同時に行政側から「下屎は商物とは異なる」という論理が発せられた。当該期における大坂町奉行所の政策は農業肥料安定供給を軸とする下屎取引の規制であり、都市衛生政策とは程遠いものだといえよう。

具体的な取引方法は、本来的には直接汲取作業をおこなう請主と町家との相対によって代銀の決定がなされるはずである。しかし、寛政一一年以降の町方関係文書に記される内容からは、請主ではなく年番惣代と称される在方仲間の指導者が直談判によって価格決定することに家主層から反発が出る状況に陥った。一見、都市と農村の対立と捉えられようが、具体的には家主層あるいはそれを代表する火消年番町年寄と年番惣代（在方仲間上層部）の対抗関係であった。しかしながら家主は請主との「直応対」を望んでおり、実際に取引を行う家主と請主との間に亀裂が生じているとは認められない。

さらにここまでの経過で説明するならば、町方側は下屎を高直にて譲渡することを主目的として、しかも明文化して自己の既得権を最大限にアピールしている。また、在方仲間側は年番惣代を頂点として、下屎価格カルテル的な結束力を持って代銀を押さえ込んでいる姿が想定できよう。

2　天保期の取引

次に天保八および九年（一八三七・三八）の動向を確認しておきたい。先述の文政期までは価格設定について町・在とも一致結束して自らの利得を高める動きをおこなっていたように見受けられるが、株仲間停止直前にも大きな下屎取引の変容が確認できる。ここでも触書などを中心に町方と在方の動向、価格形成の諸問題を中心に考察をしていきたい。

【史料11】天保八年一二月四日(24)

一三郷市中下屎之儀、代銀高直ニ相成候而者、作方ニ抱り候ニ付、双方御糺之上、摂河三百拾四ヶ村ニ限り、相対を以可遣旨、享保年中猶又其後寛政年中被仰渡有之候処、年数相立、右忘却之者も有之、尚又不相弁者も有之候、其内ニ者右品を売物同様ニ相心得、直段宜買取候村方江遣し候様相成、村方ニも心得違仕、自直段セり上候様罷成候趣ニ相聞候、依之三郷町々当時之人別ニ致平均、代銀何程宛ニ相成罷在候哉、且又右村方ゟ下屎之儀ニ付及掛合候節、何々之筋申立、其始末ニ寄、市中難渋ニ罷成候儀も有之候ハヽ、其簾（廉）三郷町々相調、可奉申上候旨被為仰渡候ニ付、奉畏候、右取調中、来ル十九日迄御猶予奉願上候事（後略）

寛政から文政年間との決定的な相違点として、「直段セリ（糶）上」が挙げられる(25)。在方仲間加盟村々および農民がそれぞれの請入箇所を割り当てられていること（町割）は先に述べた。ここで取り上げられている糶上とは、その町割を無視して本来の請主よりも高値で下屎を買い取ることである。たとえば、表29に掲げた明治元年（一八六八）当時における門真二番村の請入箇所のうち、薩摩屋重兵衛、瀬戸西屋忠兵衛、河内屋作兵衛、大和屋又兵衛、橋屋新兵衛の屋敷については二番村以外の農民が別途価格交渉をおこない、薩摩屋他の家主と他村農民によって下屎取引が遂行されていた。

糶上、そして糶取の行為は何故起こるのであろうか。最も大きな原因として下屎が田畑肥料として貴重な存在であり、その商品価値の高さによって規定を逸脱した取引をしてしまうのであろう。ただ他にも理由がいくつか挙げられる。糶取の取締強化については在方仲間成立当初と位置付けられる天明年間（一七八一〜八九年）にも確認されている。その段階の糶取は仲間の申し合わせが徹底不十分であること、町方急掃除人が限定付きながらも存在していたことが背景として認められる。寛政から文政年間にはあまり糶取について言及されている触書や上申書は見当たらない。先述のように寛政二年には町方急掃除人廃止をはじめとした在方仲間重視の姿勢が大坂町奉行所側の意向にも窺え、仲間存立基盤の強固さ、および統制能力の高さが指摘できる。つまり糶取は、在方仲間の影響力が脆弱な時期に発生する規定外の取引行為と考えられる。その意味では、この天保八年段階で再び加盟村々およびそこに属する農民への仲間の統制が揺らいでいるのではないだろうか。

糶取の頻発から、高騰を歓迎する家主層と、限りなく低価格を追求する農民側という両者の関係だけでなく、もうひとつの対立関係が農民側に起こっていることは明白である。「自《おのず》から（農民側から）」という言葉に示されるように、買い手側の一部から価格高騰を持ち出すことにより、農民側の足並みが揃っていないことが指摘できる。それは農民内における価格への意識が高まっている時代でもあった。

表29　明治元年（1868）門真二番村の下屎請入箇所から外れた町家

請入家主	外れた理由
油屋藤兵衛	不　明
薩摩屋重兵衛	他村の糶取
瀬戸西屋忠兵衛	〃
兵庫屋新七	空き屋敷
河内屋作兵衛	他村の糶取
永勝寺（借家）	桑才村の汲取
綿屋伝兵衛	〃
大和屋又兵衛	他村の糶取
橋屋新兵衛	〃

出典：関西大学図書館所蔵門真二番村文書「明治元年九月　下屎箇所請入帳」より作成。

翌年の天保九年一〇月には「下屎一件」と呼ばれる在方・町方間の下屎取引をめぐる訴訟が起こっている。その和解までの経過を詳細に記しているのが、次の史料である。長文の史料であるため、多くの部分を割愛し、今回の論点に関わる三か所を引用した。(26)

【史料12―A】

乍恐口上

一大阪三郷町中下屎之儀者、寛政之度御取締有之、其頃迄在来候下屎急掃除人与唱、仲買同前之所業仕候者共不残御差止、摂河三百拾四ヶ村并加入村々江直受ニ相成代銀之儀者、毎年十一月限り先払いたし汲取候積御仕法被　仰渡候ニ付而者、糶売糶買無之候町方勝手ニ進退不致、町割を以村々江ヶ所引取下屎汲取来罷在候処、其後年月相立在町之もの共其節之御趣意忘却仕、町方之者者下屎を商物同前ニ心得糶売仕、在方之者者外ニ可汲取者無之儀を見込、格外直下ケ掛不承知之町家江者定之代銀渡方相滞罷通ならず、村々受主共差置、惣代之もの町家江立越重頭之引合致、町方難儀仕ニ付御取締之儀、先年ゟ追々歎願仕候度毎、御厳重被仰渡之趣茂御座候得共、何分年来之仕癖ニ付、在町異論不相止、彼是惑乱仕候ニ付、此度事実之御取調御一同奉恐入候、右ニ付向後取計方之儀、在町申合候次第左之通御座候

一寛政年中下屎一条之儀、御取調被仰渡候節代銀之儀者町家人別ニ引当壱人前一ヶ年之下屎直段凡三匁与相究候得共、出稼いたし候者又ハ一箱其外家業ニ寄、人別外之人出入多く下屎出方増減有之候得者、右三匁ニ当を次年分下屎汲取候、荷数ニ応じ代銀被渡仕来候処、近年肥手類高直ニ相成在難渋仕候由を以、直下ケ之儀追々御触渡ニ御座候ニ付、下屎定直段之儀者五分引下ケ以来壱人前弐匁五分ニ相極、七才未満之幼少之ものハ致無代ニ家業ニ寄、下屎代方増減有之分を弐匁五分之当りを以、荷数ニ応代銀取渡可致候、勿論此後於町家ニ如何様之儀有之候とも、此度取極候直段ゟ決而引上ケ不申、自然糶売ヶ間敷致取計候者有之候ハヽ、其町役人ゟ取来村々差支不相成様実意掛引可致候条、在無謂直下ケ申掛、又者定之代銀相滞、其外下屎掃除向等、等閑之取計決而致間敷候事

但し本文下屎代銀之義者、毎年十一月晦日迄ニ一村毎ニ百姓共ゟ其村役人手元江取付等、一町毎ニ其町役江向一手ニ相渡しいたし、右町役人ニ夫々ニ配当可致候、尤下屎一条ニ付在方ゟ町方対談之筋有之節者、兼而被仰渡候通、其請主計差置、惣代或ハ行司之者等町方江直越重頭之引合いたし間敷

これは町方の代表である火消年番町年寄から大坂西町奉行所に提出された口上書である。寛政期から今回の訴訟発生に至るまでの概要と取引仕法の変遷が述べられたうえで、規定違反の実情を訴え、本来的な取引形態の遵守を求めている。

この口上書で町方が「難渋」している点は、以下の二点である。

ア、寛政二年の仕法通りに取引がおこなわれておらず、本来支払われるべき代銀が滞っているケースがある。

イ、これまで再三歎願していることで代銀支払いなどにおいて請主が関わるのではなく、町家に惣代が直接交渉に出てくる。

これは寛政期以降、繰り返し町方側が主張している問題点であり、天保期に至っても改善がなされていないという証拠でもある。とくに町方側の重視していることは、「仲間惣代の直接介入」を阻止したいという希望であり、裏を返せば、それだけ仲間惣代の権限が非常に強くなっているとも推測できる。こうした組織上層の権限拡大が在方仲間の硬直化を加速させ、それに反発する農民たちを羅上に駆り立てたとみることもできよう。

後段では、従来の年間町人一人分銀三匁を基準とした価格設定を銀二匁五分に引き下げると述べられた。これは史料にも触れられているように、天保期に入ってから種々の肥料価格高騰に対して大坂町奉行所が引き下げを命じている背景から、町方が譲歩したものと受け止められる。この価格に関する町方側の表明は従来にはなかったことが三点ある。それは、①銀二匁五分という基準は原則的に遵守すること（この基準価格を固定する）、②定められた代銀の支払い、下屎汲取の履行について「等閑」にしないこと、③代銀支払い期日を守ることと同時に、代銀受け渡しの方式を在・町の役人同士による引き合いとすること、であった。とくに③については、これまで個別取引のなかで代銀受け渡し（請主→家主）がおこなわれていたものを大幅に変更することになる。①・②も合わせて考えると、下屎の商品的価値の高まりで混乱する「下屎処理」を正常化したいという前提で、糶売・糶買の防止とともに、価格の均一化を行うことで合理的な「下屎汲取システム」を構築したいという狙いが窺えよう。

これを受けての在方仲間側の上申が次の史料である。

【史料12―B】

乍恐書付を以奉申上候

大坂三郷下屎受入方
摂河三百拾四ヶ村之内
村々惣代

一当月四日私共御召出之上、近来下屎入方之儀ニ付、百性共心得違有之町々江等閑之致方仕成候者并右下屎方通路所豊後町八木屋喜右衛門方江、為行司差出候者抔町方気受不宜不取締之廉も御座候段達御聴、此度御取調厚御利害被為仰聞候段奉恐入、今日迄御猶余奉願上置村ニ小前百性末々迄為申間熟談仕候処、右三郷下屎之儀者去ル寛政之度結構御仕法御免被為成下候、以来摂河三百拾四ヶ村并加入村方江割荷町割・村割夫々ヶ所相定年久肥手請入仕、御仁恵之御憐を以、御田地耕作御年貢無滞上納仕、百姓安穏之渡世相続仕来段、全御厚恵之程永世無違失莫太之御慈悲冥加至極難有仕合奉存候、然ル所近来稀成凶作続も有之、百姓共困窮極難ニ差廻リ取続も六ヶ敷振合ニ付、無拠屎代銀用捨を受候掛合之内ニハ心得違之ものも有之、旁以町方江対し等閑之取計仕候次第承御差度を重々奉恐入候、依之向後相改熟談規定之儀乍恐左ニ奉申上候

一御上様ゟ下屎之儀ニ付御用筋御座、御節前書八木屋喜右衛門ゟ為相勤度、尤是迄村々ゟ為行司同人方江相詰候儀者市中之気受も不宜趣ニ付、以来差止可申候

一急掃除之儀者、右八木屋喜右衛門江兼而村々ゟ手筈申合置、早速人足差出市中末々迄掃除向万端取締仕、

聊差支無之様ニ急度可供候

一町割汲取之儀者、其町町限夫々受入場割持切之村方ゟ汲取ニ参候儀ニ付、不案内之者共罷遣候而も、是迄格別之差閊等も無御座取来候儀者、全結構之御手法被為立置候故之儀等小前百姓共一統御仁政之程、重々難有奉存立候処、此度右町割御差止摂河三百拾四ヶ村之内何れ之村々成共汲取候様相成而、八日然ル所入受糶買同様ニ相成可申、左候時者及混雑、中ニ者争論等正ニ来候義も難計奉恐入候次第ニ而、勿論是迄取来リ之ヶ所手離ニ相成、汲取場所も飛々ニ相成候而者、続ニ而下屎汲取候迚人数相掛リ、是迄障取自然与農業之差支も相成難渋可仕義者、末々百性共一同相歎罷在候間厚御慈悲を以、右小前之者難渋之段御憐察被為成下、町割汲取之儀者何卒是迄通之仰主法ニ而御仕置被為成下候様、乍恐□重之義奉願上候

一右町割ニ而差汲取人与其請場所之家主与間違等出来故障之節ハ夫々村役人を以、先方町役人江引合之上不書立様柔和之舟談仕、右ニ付御上様江御苦労筋不奉掛様精々取締仕置可申候

一下屎代銀翌年分十一月晦日限可相渡筈ニ御座候処、小前百姓共之内ニ者難有御主法を忘却仕等閑之取計仕候段奉恐入候、向後右等之儀者、前以其村々庄屋江取集、向々町年寄江相渡町中夫々江致配当呉候様仕度奉存候、其外何事ニよらす故障筋正々来候ハ、、其度毎村役人共罷出急度取集可仕候

一下屎代銀人別壱人ニ付弐匁五分宛ニ相減候様、市中ゟ被申上候得共、此儀者たとへ家内ニ人別ハ有之候而も、奉公或ハ主家江肩入勤等ニ罷出、其外都而正ニ商売等之もの、且宿屋渡世之ものも多分ニ而下屎正之方増減有之、旁□与不相定候得共、前条奉申上候通町役人并村役人共立会之上、是迄代銀振合ニ準し兎角柔和之掛引仕度奉存候

一類焼之町々江掛込置候下屎代銀掛戻シニも可被為　仰付趣重々御情愍之程難有難御儀ニ奉存候得共、右者百姓共ニおひても凶作之年柄ニ者、再々下屎代銀預用捨候訳合も御座候得者、相互之儀ニ付掛込銀申

請候所存毛頭無御座候

一是迄下屎代銀相掛候儀、等閑之村方も御座候ハヽ、早々取調之上請主ニ不抱、村役人ゟ急度相違可申候

右ヶ条之趣不顧恐奉願上候、尤百性方肥手之儀者前書下屎而已ニ而者、迚茂引足不申故、其余油粕・干鰯之類等多分遣用候得共、近来払応ニ而、都而諸色之高直ニ準し、素ニ直段ゟ一倍余も相嵩候故、買入難行届適ニ須気年柄ニ而も肥手不廻ニ付、自分不作勝と御座候間、此上右下屎請入町割之廉相滞候而者、是非村々ゟ糶買可致道利左候時者必定片寄、所詮三百ヶ村之肥手平等ニ難行届、第一御収納ニ茂相聞キ困窮之百姓共者渡世も難正ニ来様成行可申与当非歎ニ差廻リ罷在候間、何卒厚御憐愍を以、町割之儀者在来御主法通被為成置、前類願之趣御許容被為　成下候ハヽ、普大小の百姓共御救之基ニ而御田地大切ニ相続可仕与莫大之御慈悲重々難有奉存候、以上

天保九戌年

十月十六日

町方からの代銀値下げなどに関する譲歩もあり、在方仲間側の上申はそれに沿ったものと推測できる。行司等の差し止めなど、これまで町方の要求していた案件に応じている点は注目に値しよう。「市中之気受も不宜（町人たちの受け取り方が良くない）」などという文言にもあるように和解へ向けた意図がこの史料には多分に含まれている。文中の豊後町通路人・八木屋喜右衛門方というのは、明和六年の設立当初から在方仲間における大坂市中の拠点として存在するもので、今回の和解にも大きな影響を持っていた。

これら町方、在方の歩み寄りによって、寛政二年以来の新たな在町の下屎取引規定については以下の部分に大略が書き記されている。

【史料12―C】

諸事在町共其取銀役人同士引合ニ可致候事

一町家下屎相等致迷惑候節ハ、前々ゟ下屎方通路人ニ相究有之、豊後町八木家喜右衛門方へ向急掃除人之義申越候ハヽ、同人差心得兼而村方与手筈申合置、早速人足差遣掃除向不差支様取計可申候ニ付、町方勝手次第外々江差遣申間敷事

一是迄在方ゟ下屎代銀先払いたし置候町々之内火難ニ逢、右銀子払込ニ相成候分不出、又者町方にて請取代銀在々分渡方相滞候分も是又不少候得共、是迄之儀者相互ニ流ニいたし向後前条之通厳重ニ取渡可致事

一此度在町和熟之上、前条之通申合相互ニ永続之儀、夫々役人共誠実を以て世話仕筈ニ候上者、以来下屎一条ニ付異論之筋有之間敷候得共、自然在方之内心得違之もの有之、無謂代銀直下ケ申掛、又者渡方相滞掃除向等茂鳴閑ニ仕向、其外重頭之取計いたし、今般之申合取崩シ候族有之節者、前条ヶ所割ニ不抱、町方存寄次第下屎汲止外村江為汲替候歟、又者在方ニ新田等致所持居候、町人ハ右新田江下屎差遣候共、何連ニ茂町方勝手次第取計可申候、其節ニ至リ在方ゟ彼是故障ヶ間敷儀一切申掛間敷候、乍併聊之儀ニ品を付、町家勝手江引付自侭之取計致間敷候事

但、本文之通町家勝手次第ヶ所割進退致候儀有之候候共、摂河三百拾四ヶ村并加入村々之外江者、下屎為汲替申間敷候、尤新田等所持之町家者格別候事、尤新田等所持之町家者格別之事与申文面抜申度旨、在方ゟ被申候得者、畢竟村方ゟ等閑之儀無之候ハヽ、自分之新田たりとも自侭ニ為汲取候訳無之趣答置候、此段為心得此所江提紙致置候

一是迄在方ゟ下屎直下ケ之儀、町方江引合趣意者下屎方行司入用銀多分相掛ケ候而、右入合セニ直下ケ之義申掛候事之由申唱候者不少ニ付、行司有無ニ抱直段高下有之候而ハ、町方難儀仕候付、右行事御差止之義当二月御糺之節差支ヶ条之内ニ茂申上候得共、此度右躰和熟之上前条之通申合、以来下屎直段相枉不申上ハ行司有無之儀、於町方差構候筋無御座、右之廉者村方并理次第ニ而何連ニ相成候共、町方存寄

無御座候事、右之通規則相定、以来前条之趣相互ニ無遺失相守正路之取計可仕旨申合、在町一同無申分熟談仕候ニ付、夫々連印申書付ヲ以御断奉申上候御聞届被成下候ハヽ、難有仕合奉存候、以上

天保九戌年十月廿三日

〔三郷火消年番町　中船場町年寄ほか二〇名連印〕

〔摂河三百拾四ヶ村并加入村々

土井大炊頭殿領分摂州西成郡北大道村庄屋休左衛門ほか二二名連印〕

右在町一同熟談之趣承知仕、以来下屎急掃除之儀、町方ゟ申来候ハヽ、兼而在方与手筈申合置、早速人足差立掃除向不差支候様掛引可仕候、依之連印仕候、以上

下屎方通路人
八木屋喜右衛門印

御奉行様

この和解によって得られた内容は、下屎汲取の正常化と、「村方心得違之者」を規制していくこと、つまり糶取の防止を確約している点である。また、流動的な価格を求めず、あくまで銀二匁五分を基準とした価格の固定化が相互理解として組み込まれたことは、特筆すべきことであろう。価格に対する双方の自己規制は、肥料供給の確保を意図する在方と、下屎処理を円滑におこないたいという町方の妥協によるものである。これは下屎の需要が一層増している天保期という時代的特質、加えて価格というものにそれぞれが高い意識を持ち始めた社会状況の結果であるといえよう。

3　株仲間の停止と再興

天保九年の和解によって、大坂の下屎流通は新段階に入ったわけであるが、その直後にさらなる混乱が待ち

受けていた。それは天保改革である。天保の株仲間停止令は、「商内物とは異なる」下屎取引にも影響を及ぼしていた。その仕法改正を命じている触書をみていくことにしよう。

【史料13】天保一三年（一八四二）七月二二日触書(27)

大坂町中下屎之儀、寛政年中取締以後、摂河両国之内、三百十四ヶ村江、町割高割等を以、ヶ所引請汲取来候ニ付而ハ、流弊之筋有之候ニ付、去ル戌年在町取調中双方和談之上、取斗方申合候趣も有之処、其後も在町争論無止時、其上村々勝手を以町割之ヶ所を外村江、預与唱内実致売買候付、在方身元宜者ハ追々ヶ所多請持、小前之百性江高直ニ売肥いたし、徳用取候分も不少趣相聞候、右ハ此度都而株札・并問屋・仲間・組合等被差止候御触面之御趣意ニ差障候ニ付、以来右下屎之儀町割を以ヶ所引請候儀ハ勿論三百十四ヶ村ニ限候儀も差止、村々町々相対次第正路ニ可致直請候、尤右躰申渡候迚、百性共利欲ニ耽、兼而作用相当之見積ニ不拘余分之下屎買〆持囲ひ、又ハ取締ニ事寄せ重立候百性市中江出張候儀等決致間敷、夫々村役人共心を付可相改候

但、下屎直段之義も、去ル戌年在町申合候趣も有之由ニ候得共、此度諸色直下ケ之義、格別ニ申渡候上ハ、元来町家ニおゐて商物ニハ無之候ニ付、旁猶又引下ケ、以来壹人ニ付、壹ヶ年分銀弐匁之当を以取遣いたし、都而羅売羅買ヶ間敷取計無之様可相嗜候

一毎年十一月中、翌年分之下屎代銀、村々ゟ町家江先掛ケいたし候申合せ之趣相聞候ニ付、此後も只今迄之通為引請候者格別、左も無之分ハ右先掛ケ銀早々在方江可割戻候（後略）

石見

遠江

右之通三郷町中可触知もの也

大坂の下屎取引は株仲間停止令の対象である株札・問屋・仲間・組合などに該当するということで、三一四

か村（在方仲間）は活動の停止を余儀なくされる。但し書きでもなお繰り返されているように、大坂町奉行所はこれまで周辺農村の農業活性化を図る立場から「商《あき》（内《ない》）物《もの》とは異なる」という論理で下屎取引を捉えてきたはずである。しかし、これまでの町方と在方の取引をめぐる訴訟や、在方側が町割を勝手に運用していること（「預けと唱え内実売買致す」など）を理由に株仲間同様の扱いとしたのである。

仲間停止に伴う取引仕法の改正は、相対によって年間一人分銀二匁に引き下げるということで、諸物価引き下げの政策に準拠したものと考えられる。ただし、糶売・糶買は禁じているものの、それ以上の規制を命じているわけではなく、天保九年の在・町和解より内容的には後退しているのではないだろうか。

右の触書は天保改革による政策転換が全面に押し出されたことで、在方を擁護する立場にあった大坂町奉行所の態度が一転したことになる。これは改革の影響で、下屎取引の流れが大きく変化したといえよう。

【史料11】で農民側に足並みの乱れがあることを指摘したが、さらに踏み込んだ表現として、百姓どもが利欲に耽り、余分の下屎を買い占めて持ち囲いをおこなうとの内容である。換言すれば、潤沢な資金を有する上層農民が請入箇所を多く抱えて、請入箇所を持たない小前百姓が上層農民から高値で下屎を入手するとの印象を与える。結果、上層農民たちは下屎の商取引で利潤を追求し、小前層の経営を圧迫しているわけである。また、「取締」と称して有力な百姓が市中へ出張することにも警鐘を鳴らしている。これが事実であると仮定するならば、次のような状況が考えられよう。

第一に、在方仲間における組織としての統制が全く機能しない。在方仲間を運営する惣代中とは、そのほとんどが庄屋である。各村の庄屋・村役人層は、経済的にも農家経営的にも村内で上位にあるとするならば、彼らが右の「在方身元宜者」に該当してもおかしくない。すべての庄屋＝惣代が、利潤追求のための下屎取引をおこなっているわけでない。しかし、その組織の一部が関与していることは推測できる。その延長で考えるならば、町方や大坂町奉行所との折衝のなかでは糶取禁止を唱えつつも、実際には糶取や箇所売買をしているのは在方仲間の代表者たちなのである。内容的には、高値で農村に下屎を転売していたと評される町方急掃除人と非常に酷似しており、下屎の価格高騰を誘発しているのは右に挙げられる富裕な地域有力者だという指摘も可能だろう。

第二に、寛政二年の銀三匁、天保九年の銀二匁五分、そして今回の銀二匁という基準価格を設定したとしても、末端の肥料需給には何ら効果がない。町家→請主→小前という形態で下屎流通がおこなわれる場合、今回の指摘にある二次的取引（請主→小前間）の価格が規制されなければ問題解決に至らないのである。

これらの仮説を並べてみると、下屎の価格形成をめぐる都市と農村の綱引きという評価だけではなく、請入箇所を「持つ者」と「持たざる者」の経済的格差についても留意しなければならない。商品経済が進展した結果、このような隠された流通の諸問題が表れてくるのである。

続いて、弘化年間の触書から在方仲間停止状態にある大坂の下屎取引について考察を深めたい。

【史料14】弘化元年（一八四四）八月五日触書[28]

（前略）在々町々相対次第正路に取引いたし、尤直段之儀も年分壹人別銀貳匁ニ可相定旨等之儀、去々寅七月中相触、下屎取引手広ニ相成候ニ事寄、近頃在々之者共者、銘々作用相当之見積ニ不拘、下屎取付ヶ所多引請、身薄之百性共江高直ニ売肥手いたし、或右ヶ所代銀を以売買いたし、専利欲ニ耽候付而者、町家江手寄等を求、兼而之定直段ニ無頓着、追々直増を以ヶ所羅取候族不少哉ニ付、正路之百性共者年来作用手当いたし置候肥手ニ相離難儀いたし、町家之者共者右ニ乗、猶も直段引上羅売いたし候付、一統及難渋候趣相聞候、元来下屎之儀者商内ニも無之上者、猥ニ直増可致筈無之、其上肥手高直ニテ者、百性ども田畑養ひ行届兼諸作出来劣り、自然万価ニ拘候筋候処、其心付も無之、右之風儀ニ押移候段、以之外不埒之至ニ候、依之向後在方之者者、作用相当之見積之外、（而脱）余分之下屎引請候儀者勿論、取付ヶ所売買或買〆持囲ひ等、決而いたし間敷候、町家之もの者兼定直段之外、猥ニ直増いたし候儀、是又不相成候、其余取締方之儀者、去々寅年七月相触候趣無違失相守、在之（々）町々正路ニ取遣可致候、若又此後も右申渡を不相用、糴売糴買ヶ間敷取斗いたし候族於相聞候ニ者、無用捨召捕急（厳）重可申付候

但、是迄作用見積之外、余分ニ下屎取付候ヶ所引請居候分者、夫々村役人ども厚世話いたし、不足之方江融通致遣、何れも肥手差支無之様可致候（後略）

右之通三郷町中可触知者也

辰八月　　若狭

　　　　　佐渡

仲間停止を命じた触書に続き、在方の「持つ者」と「持たざる者」についての指摘がおこなわれている。やはり、種々の施策を打ち出していても、一向に問題が解決していないことを物語る。但し書きには、村役人層に対し過不足調整を命じているが、これも先述の仮説に基づいて検討するならば、「在方身元宜者＝村役人」が「正路の取引」をすべきとの見解を暗に記しているのではないだろうか。糴取や価格高騰の「犯人」と公儀が目論むのは、やはり村落の有力者層だと看取できる。

基準価格が銀二匁に引き下げられているにもかかわらず、この時期の下屎流通は混乱を極めていた。価格の引き下げ、および公定の無意味を証明しているようにも感じる。流通の乱れは在方仲間停止によるものか、あるいは下屎の商品価値が上昇したからなのか。ここまでの考察で明らかになったことを照合すると、仲間停止以前から糴取の問題が取り沙汰されており、前者が直接の原因とは言い切れないであろう。むしろ、下屎の流通促進にともなう農村内の経済的格差、下屎を高値で取引しようとする当事者（家主、上層農民）が実勢価格を決定付ける相対取引が最大の原因といえる。

摂津国武庫郡の小松・小曽根・西新田・東新田・道意新田・浜田の六か村は、この村々とともに下屎方の組を構成する鳴尾村庄屋市郎助と嘉永二年（一八四九）七月にある約定を締結する。[29] 小松村など六か村が語ると

ころによれば、天保一三年（一八四二）の「株仲間問屋等御趣意差し障り」によって下屎方も相対取引をおこなうようになった。いわば自由競争となったので、在方および町方で「重頭之者（有力者）」が登場し、糶取・糶売を展開したためこれまでの請入箇所を失った村方がたくさん存在した。この状況下、難渋する村々はたびたび大坂町奉行所へ歎願するのだが、諸務のため各村（一村ごと）から大坂豊後町の下屎方通路所・八木屋喜右衛門方へ出勤しなければならなくなった。「我等村方（六か村）」は大坂への出勤が困難なため鳴尾村庄屋市郎助に惣代を願って大坂出勤を務めてもらった。市郎助は七か村を代表して通路所でおこなわれる集会に出席し、出願などのためにたびたび大坂へ出張する。この入用・雑費などは鳴尾村を含む七か村で構成する組合で負担することになっている。本来、この組合入用は村高に応じて割り付けられているが、この約定によって箇所請入銀高で計算することにした。つまり、村の規模（生産高）で負担の金額を算出するのではなく、請入箇所（人別）の多少によって割賦する方式に変えたのである。株仲間停止期の糶取は村々を圧迫し、惣代など役職に就く者の仕事量も増大したことが明らかになったが、公儀のみならず村方においても有力者層が糶取をおこない、仲間加入者と競合関係にあることを認識していたことも重要であろう。

嘉永四年（一八五一）一〇月五日、株仲間再興令により在方仲間へも同様の措置が命じられ、大坂市中の下屎取引は天保九年の仕法に戻される[30]。触書のなかで、大坂町奉行所の認識する下屎取引の状況は【史料14】とほぼ同じで、身薄の百姓へ高値で売却、これに乗じた町方も糶売をおこない、「肥手」の価格高騰が起こっている旨を強調した。しかしながら、その結果もとの在方仲間体制に戻す、ということが大きな転換であった。触書は、仲間再興の命令と従来通りの状況しか伝えていないが、この一〇月五日から翌年三月までの過程、つまり仲間再興に関する動向を示す史料によって確認しておきたい[31]。

一〇月一〇日付けで摂津国武庫郡の「鳴尾村下屎方」から小松村など近隣六か村に出された廻状によれば、同月五日に下屎方惣代たちが大坂西町奉行に召し出された。これはさきの仲間再興令を言い渡されたことを指す。奉行所において「御咄（仲間再興）」を受けた惣代たちは、自らの組へ加盟する村役人たちにその内容を伝えた。鳴尾村や小松村など七か村で構成されるこの組では、一一日に小松村七右衛門宅で集会を催し、村役人たちが一堂に会して打ち合わせを実施している。次いで一九日には、「摂河下屎方惣代」の署名にて「村々小前」宛に文書が届けられた。その内容は、天保四年（一八三三）から「御取解《おとりとけ》（＝株仲間停止令）」になる同一三年（一八四二）までの請入箇所を書き出し、急いで組惣代の鳴尾村へ差し出すべきとの通達だった。仲間上層部（摂河下屎方惣代）は、再興令を受けて請入箇所の確認と町方との直請取引を復活させるために迅速な対応を村々や小前百姓に要求しているが、その一方で百姓たちは仲間停止期に混乱した請入箇所の復元をおこなうことが難しいと述べている。仲間内部でやりとりをしているうちに時は過ぎ、翌月を迎えた。一一月は大坂の下屎取引において最も重要な時期である。請入箇所を有する百姓たちは、翌年分の下屎代銀を町家へ支払うことになっているからだ。同月二二日、仲間上層部は村々に対し、翌年の下屎代銀について通知を出している。そこには、当年は仲間再興を命じられてから日数もあまり経っておらず、いろいろと混乱している。しかし、代銀支払いの期日（一一月末日）も迫っているので、請入箇所である町家の人別が明らかな場合はもちろん、多少の増減があったとしても「掛け引き穏やかに」代銀を早く用意するように、との達しであった。この文書から、上層部を中心に仲間全体で大坂の下屎取引における主導権の回復をねらう気運が高まっていることが理解できよう。

　代銀を速やかに渡すことで翌年の取引は円滑に運ぶはずだったが、ここでまた障害として立ちはだかるのは糶取であった。一二月一〇日付けの文書によれば、来年の下屎請入方は追々片付きつつあるものの、少し問題が残っていると摂河下屎方惣代が述べている。それは仲間停止期間中（天保一三年から嘉永四年一〇月）に在方仲間で設定していた請入箇所に、請主ではない百姓が糶入をおこなっていたからである。仲間停止期間には何ら拘束される規則はなく、自由な取引が可能だったわけで、当然といえば当然のことである。しかし、仲間が復活することでこの非請主による汲取行為は認められず、遅くとも来春（嘉永五年春）にはもとの請主に契約が戻るよう調整を進めるとの連絡であった。ただ、この調整は予想以上に困難を極めたようである。嘉永五年二月二二日、大坂の通路所詰合惣代から鳴尾村に出された文書には、この段階で「引き合い残り、埒明《らちあき》かね」の請入箇所を同月二七日までに組惣代方で集約し、三月一日早朝に通路所へ持参する旨を告げている。具体的には請主である百姓たちが町家と交渉をした結果、従来通りの契約を結ぶことができなかったところを集計する作業だったが、三月九日付けの鳴尾村庄屋から組内村々への口上でも「今もって相片付きかね候」との現状が報告された。そもそも仲間停止以前から糶取に悩まされてきた在方仲間は、嘉永四年の再興令のあと、より一層請入箇所の把握ができなかったといえるだろう。規則としては仲間が大坂市中の町家で汲取をおこなうと決まっているものの、実際には多くの「糶入」や「糶取」、または「盗屎」が横行し、完全な体制を設けられなかったのである。仲間全体では、組惣代三五名が「下屎請入箇所引き戻し」について約定を取り交わした（嘉永五年八月九日）[32]。ここでは本来の請主が下屎の汲取ができない箇所を「縺《もつれ》箇所」と記している。縺れ、すなわち明確な所有関係で線引きできない箇所については、この約定書の文面にも未だ引き戻しは実行されず、村々が勝手を申し立てているので仲間全体（「惣体」）としては迷惑するので最寄惣代たちがこの問題に対処し、八月末までに本来の請主に箇所を差し戻すことで合意した。惣代たちの意向では、この際に町家（家主）から反対する意見が出されたとしても速やかに箇所引き戻しを進めるとし、また「自侭」を申す村方は仲間（通路所）、あるいは御役所へ突き出すべきと述べている。

二年後の嘉永七年五月二八日、鳴尾村など七か村の廻状では未だ「下屎ヶ所帳」の作成ができていないと書かれている[33]。理由は、「今少し不分明」とのことで請入箇所の人別が大幅に減少しているため「上帖出来兼ね候」とした。ただ未完でありながらも六月一〇日までに組惣代の鳴尾村が取りまとめをおこない、大坂の通路所へ持参するとしている。このようにして、仲間全体から提出された下屎ヶ所帳は通路所において集計されて、

「不融通之方（村）」へ配当する評定を実施したようである。

在・町の取引が復活することは、在方仲間の組織も原状回復したことになる。一二月二五日付けの廻状では、仲間加盟の村々から再び入用銀を徴収するとの意向が示され、仲間諸入用として村高一石につき銀二分、大坂表の経費と仲間再興の歎願にかかった費用に充当する控銀を村高一石につき銀一分とした。仮に村高が六〇〇石の加盟村の場合、諸入用銀一二〇目と控銀六〇目の合計一八〇目（金換算では二両三歩）を翌春までに勘定することになっている。

天保改革で株仲間が停止される背景には、諸物価高騰という社会情勢があった。「商（内）物とは異なる」はずの下屎だったが、実際には物価高の影響をもろに受けている。少しでも利潤を得たい町家の人々と、肥料確保のための買い占めを展開する村落の有力者層の思惑が一致したことも大きな原因かもしれない。嘉永四年の再興令は、天保改革が目指した経済政策を失敗と認め、全体的な転換を促したものであった。そのなかで大坂の下屎に関しても在方仲間の復活が命じられたが、もとの状態に戻すのは簡単ではなかったと思われる。その過程はすでに述べた通りであるが、在方仲間が近世中期以降抱えてきた課題の「糶取」は、停止期を利用しながら一層の拍車をかけて請入箇所制度を脅かしていた。結果的にこの状態は明治維新後まで続いていくことになるのである。

第三節　流通・権利・争奪――各地の諸事例から

下屎の流通について、近隣都市と周辺農村、および大坂三郷と周辺村落の関係をいくつか紹介しておきたい。近隣については、堺と尼崎の事例、大坂地域については摂津国豊島郡、河内国讃良郡、そして大坂三郷に接して「村」ではあるものの都市化の進行していた近接四か村の汲取を掲げる。

1　堺と周辺地域

貿易都市として発達した中世以来、堺は人口増減を繰り返しながらも江戸時代前期の元禄八年（一六九五）には約六万三千人の町人たちが生活をしていた。その後、徐々に減少傾向がみられるが、文化一三年（一八一六）にも約四万五千人という数字が確認されている。[34] 堺奉行所の支配下にあった堺でも、大坂と同じく下屎の流通が展開されていたと思われるが、具体的な状況を把握できるのは江戸時代後期になってからである。ここでは、周辺農村と奉行所とのやりとりを中心にその様相を概観しておきたい。

文政二年（一八一九）一一月二〇日に、堺周辺の和泉国大鳥郡一三か村の庄屋から堺奉行宛に上申された願書の内容をもとに詳述したい。[35] その後の経過から、彼らは自村のみならず、堺市中の下屎を利用する九〇か村余りの百姓たちの惣代として提出した。この願書によれば、堺市中（南組・北組）の下屎は摂津・河内・和泉にまたがる周辺村々の百姓たちへ売却されていた。この下屎の買い取りについての代価は町家の居住者数によって米で支払うとしていたが、次第に銀でおこなうことになった。とくに南郷（南組）にはたくさんの代銀を支払っているのだが、最近では「市中口次」と呼ばれる町方の汲取仲買人が登場し、この口次を介して取引を実施するようになったとある。つまり、百姓と町人による直接の相対取引から、町方の汲取人を挟んだ間接取引に変わったというのである。世話高（排泄物の量）に応じて口次に口銭を支払うが、この代銭が高騰し、また一部に残っていた百姓たちの汲取箇所についても「屎料」をせり上げ、口次たちが買い取っていき、百姓たちは下屎を入手するのに大変難渋していた。とくにこの年（文政二年）は農作物の価格が下落し、年貢の納入にも支障をきたすので、下屎の代銭を下げてほしいとの訴えであった。奉行所に対する願書という性格から、村々側の過大な文章表現があることも差し引くべきだが、ここで理解できるのは、市中口次の出現により、間接取引の割合が高まっていることであろう。

この市中口次と位置付けられる町人たちの名前と居所も明らかになっている。いずれも堺市中の借家人で、和泉屋清七（南片原上之町）、溝ノ上三郎兵衛（新在家町浜）、小間物屋半兵衛（少林寺町寺町）、和泉屋善兵衛（同）、河内屋利兵衛（戎之町浜）、塩屋利兵衛（南大工三丁目）、の合計六名であった。この六名はいわば経営者で、彼らのもとに実際の汲取作業者が組織されていたのだろう。

下屎代価の引き下げに続き、庄屋たちは続けて市中口次の取引を差し止めるよう要請した。背景には、町家の排泄物を滞りなく汲取をする市中口次に対し、周辺農村の百姓たちは頻繁に市中へ足を運べないということ、また百姓たちよりも口次の方が高い値段で下屎を買い取ってくれること、といった理由が推測できる。その状況を打開するため一三か村からの提案は、堺の南・北両組にそれぞれ出張所を設置し、村役人たちから二名ずつ詰めさせ、円滑な作業をおこなうというものだった。また、家別人数（町家の居住者）の増減によって代銀の支払いができない場合や、百姓たちが勝手に取引をするようなことがあれば、その百姓を取り調べて、すぐに代わりの百姓たちに汲取をさせて、町家に迷惑をかけないようにすると述べている。つまり、町家の要求（速やかに排泄物を処理する）を考慮し、市中口次がいなくても十分自分たち周辺農村で汲取が履行できると約束し、村落内で規則を破る者が出た場合にもしっかり対応することを主張しているのである。

下屎値段の引き下げと、市中口次の廃止についてはは堺奉行所の地方掛に願書が提出され、追って「沙汰」が下るとして受理された。この願い出について、同月晦日に奉行所は堺市中を統括する南北当番町年寄を呼びだした。これは町方ではどのように考えているのかを確認する意味があったが、町年寄側は惣年寄名義で翌月六日までに町人側の意見を取りまとめて奉行所に返答することを伝えている。

南・北両組の当番町年寄および借家支配人と呼ばれる町方のグループは合議によって一二月七日付けで堺の町方代表者である月番惣年寄衆中宛に返答書を提出した。その内容は、

①なぜ代価を米から銀に変えたのかといえば、百姓側が出してくる米は品質が良くない（下米をもって交

易する）ので迷惑していたからだ。

②市中口次との代銀の取り決めは、町家それぞれの居住者数や商売によって算出しており、「せり上げ」といわれるようなことはない。

③これまでの直応対（周辺農村の百姓との直接取引）や口次の汲取は便利が良く、特段変更する理由がない。

④一三か村が出張所を設置するというが、村役人たちと交渉する必要がない。仮に村役人たちと交渉することがあったならば、彼らは農業をする暇がなく本業に支障が出るだろう。

右のような理由を述べて、町人側は一三か村が奉行所に出した願書について事実上反対の意見を上申した。ただし、市中口次の取引に問題がある場合は直相対（百姓との直接取引）にすべきであるとも付け加えている。町人側の意向としては、現状維持で差し支えはないとの判断で、下屎代価の設定も妥当という認識を示しているのである。

在方および町方の言い分が出揃ったことになるが、堺奉行所は一二月一〇日に願人である周辺農村側の惣代たちを呼び出し、願書に対する「理解」の旨を伝えた。そこで翌々日に願人たちはさきに出した願書をいったん取り下げ、同月一三日に再度願書を上申した。この再願の内容は一一月二〇日付けとほぼ同じだが、付け加えた部分としては、市中口次と取引をせず、百姓たちと直応対するよう市中一同へ触書を出してほしい、さらに市中で直接取引をする村名を提出し、これらの村々の統括は年番惣代を決める、といった文言である。触書は町々に流される奉行所からの命令であり、奉行所の意向を明確に町方へ伝えてほしいとの思惑だろう。また村々の年番惣代は、領主ごとに惣代（「一領限惣代」）とあり、幕府領を含むおよそ八名の惣代がその役職を務めることにするので、堺奉行所に認可を得たいということだった。

奉行所はその願書を受理し、村々の要望に応じ、一二月一九日付けで次の口達を堺市中に触れ出し、在方との直接取引と市中口次との取引を禁ずる命令を出した。

【史料15】文政二年一二月一九日

口達

一市中下屎之儀、前々ゟ摂河泉在々百姓共米穀を以交易仕来候所、追々銀極ニ相成、別而南郷者多分代銀ニ而差遣、其上近来市中ニ口次之もの出来、右之者へ為取次致交易世話高ニ応口銭遣候ゆへ、世話人共口銭高を貪、百姓共直応対取来候分も奪取候ニ付、自然与屎料せり上困窮之百姓共指支難渋ニ付、以来右口次之ものへ応対不致、百姓へ直応対有之候様致度旨、泉州最寄在々七十ヶ村村役人共願出候、右者先達而屎料引下ケ、口入差止、市中へ引合之出張所拵、村役人共相詰応対可致旨願出候節、郷中存寄相糺候処、口入有之差支候事ニ候ハヽ、以来直応対可致旨申立候義も有之間、村々願之通聞届候条、以来口次之ものへ応対不致、百姓共へ直応対可致候

右之趣両郷町中江不洩様可申聞置事

卯十二月

右之通御口達ニ而被仰出候間、於町々不洩様入念相触可申事

卯十二月十九日　　惣年寄

これで在方が主体的に堺市中の下屎汲取権を手中に収めたことになる。文面では泉州最寄在々七〇か村となっているが、実際には和泉国大鳥郡七二か村、摂津国住吉郡一三か村、河内国丹北郡四か村、同国八上郡一か村の合計九〇か村の汲み取りが認められたようである。

その後の経過を確認できる史料はないが、公的には堺周辺の村々が市中の下屎に関する権利を持つことになった。しかしながら、さきにみたように町方の意向として市中口次は必要との見解もあり、実際に完全な在方による独占が実現したのかは微妙だろう。

2　尼崎と摂津国川辺郡・武庫郡

現在の兵庫県尼崎市域に該当する農村地帯では隣接する尼崎城下のほか、大坂、伊丹などの都市に屎尿の汲取に出掛けた。とくに巨大都市大坂との取引関係は緊密だったといえよう。

天明二年（一七八二）、摂津国川辺郡額田村・善法寺村・高田村の三か村は大坂の両国町などに下屎を汲取に行き、その見返りに大根を町人に渡していた。(36) 当時の記述で「先祖より」「往古より」「数十年来」とあり、かなり長い間にかけて取引関係があったものと考えられる。

天明六年（一七八六）に善法寺村の三右衛門は、大坂の海部町・海部堀川町・二本松町に合わせて九軒の請入箇所を持ち、その代銀は年間一貫二四七匁だった。請人が町人に支払う代銀は下屎の搬出量ではなく、町家の居住者（七歳以上）に対して年間一人二匁五分（たとえば一〇人であれば二五匁、幕末期には一人二匁）という申し合わせがあり、この基準価格から三右衛門が所有していた請入箇所の人数を算出すると、約五〇〇名となる。ただし実際には町人側との個別交渉によって代銀の単価は一定ではなかった。申し合わせに反して、下屎の搬出量（単位は「荷」、一荷＝六〇リットル）によって契約が結ばれる場合もある。

右のように、下屎を町家から購入する場合、多額の出費がともなってくる。汲取の権利を持っているのは十分な資金を持つ富裕層や地域有力者が想定される。しかし、なかには借金をしてでも屎手銀《こえてぎん》（下屎を買い取る資金）を調達する者たちがいた。文化一二年（一八一五）正月、武庫郡守部村の「かわた・四郎三郎」など一三名は、村役人中に宛てた借金証文（屎手銀御拝借之事）を作成している。(37) これによれば、四郎三郎たちは「守部村御役人中様」から銀一貫九七匁余りを無利息で借り受け、同年九月二五日までに返済する約束をして、所有する家屋敷や田畑などを担保に入れた。この貸借関係について詳細は明らかではないが、非常に興味深い事例である。ひとつには、かわた身分の者たちが下屎取引のために資金を村方から融通してもらっている点、また村役人たちは無利息で彼らに銀子を貸し付けていることも重要であろう。

糶取と並んで盗屎も多くあり、たとえば天明九年（一七八九）、西成郡大和田村市平から善法寺村三右衛門に出された一札によると、三右衛門の所有する二本松町の請入箇所で市平の使用人である安兵衛が勝手に下屎の汲取をおこない、たまたまその現場で取り押さえられ、すぐに大和田村の村役人にその様子が通報された。(38) 時代は下り、嘉永五年（一八五二）六月、武庫郡鳴尾村下屎方（庄屋）が記した回章でも「盗ミ屎《ぬすみごえ》」の言葉がみえる。(39) 村方の屎舟に積んでいる下屎を盗み、市中にて分売している者があった。盗んだ下屎を売るという行為は下屎取引のなかで「不正屎」となるのはもちろん、御役所からも「御紀し」があると伝え、村々において盗屎をおこなわないよう取締を強化すべきとの内容だった。実際、この六月一四日には不正下屎の売買をおこなった者が役所に召し出され、「御厳重之御察当」が言い渡されたとある。ただし、この厳重の中身は判然としないので、重罰に処せられているのかは不明である。このような盗屎の事例が明らかになることは少ないが、需要の高い下屎の窃盗行為は、かなりの数に及んだと思われる。

尼崎城下でも周辺農村による下屎の汲取がおこなわれ、もちろん町人居住地だけでなく城内の排泄物処理も周辺の百姓たちが担っていた。文化一三年（一八一六）の史料によれば、城内の屎尿汲取は武庫郡東新田村が請け負っていて、同村のうち「御城内肥取札」を持つ百姓たちが定期的に城内へ出掛けていた。(40) 一方、城下町の町家についても近隣村落から汲取に訪れている。

宝暦五年（一七五五）一一月一一日に武庫郡道意新田村庄屋新太郎が「御奉行様」宛に提出した願書には次のようなことが書かれている。(41) この上願の主旨は、新太郎たち百姓が尼崎・市庭町に下屎を汲み取る際に一〇石積の川船で往復するが、「渡海共（尼崎渡海船仲間）」がいろいろと干渉してくるので仕方なく彼らの渡海場に船を繋留せざるを得なかった。その「つなぎ預ケ置」に渡海共は金銭を支払わなければ船を返さないと言ってきたので、その問題を奉行に解決してほしいとのことであった。この下屎船と渡海船仲間の関係も興味深いところだが、ここでは尼崎城下と周辺農村の下屎取引に関する情報を引き出してみたい。願人である新太郎は、市庭町塩津屋利兵衛が所有する借家の下屎を「作方肥《さくかたこやし》（自家農作の肥料）」として汲み取っていた。願書提出の前日には塩津屋に渡す下屎代として米を運んでいた。この下屎代価となる米のことを尼崎では「堀代米」と呼んでいる。また、今回の堀代米輸送は「近所五ヶ村之者共舟」とあるので、道意新田に隣接する村々からの川船を利用したことも推測できる。ちなみに道意新田は鳴尾村を中心とする在方仲間の汲取組に加入しているので、この五か村もその組に該当するかもしれない。堀代米の納入が一二月であることから、翌年（宝暦六年）の下屎代を支払うための輸送だったと考えられる。

このように尼崎近隣の村々は、下屎の入手先を城下町と大坂に求め、なかでも比較的近い尼崎町を中心に汲取を実施したのではないかと思われる。天明八年（一七八八）、城下町の町方人口はおよそ一万二〇〇〇人で、兵庫津よりはやや小さいものの、当時の都市としては十分な規模を有していた。これに城内や武家屋敷の屎尿を加えれば、かなりの肥料供給源になっていたことだろうと察する。

多くの農民たちが下屎の争奪戦を繰り広げるなか、関心を示さない村々もあった。武庫郡友行村では大坂の下屎汲み取りに参加せず、仲間にも加盟していなかった。寛保四年（一七四四）二月、友行村百姓・七郎兵衛など一四名は大坂の下屎をめぐる摂河村々と大坂下屎中買の訴訟に絡んで同村庄屋・年寄に次のような文書を提出した[42]。摂河村々のうち二四〇から二五〇か村の百姓と大坂市中の下屎中買の間で起こった出入は、百姓方へ直請を許可するとともに、この直請を認められた者たちには腰札が公儀より渡されることになった。ただ、中買側からの主張もあり、大坂町奉行所による吟味の過程でそもそも摂河両国には千数百もの村々があり、今回下屎直請を願い出たのは約二五〇か村だった。つまり、大坂の下屎を直接取引したいと希望する村落は少数に過ぎず、一〇〇〇か村にも及ぶ多数の村々について意向を確認するよう公儀から願の村々（約二五〇か村）に命令が下された。そこで友行村にも大庄屋・佐藤源次郎から庄屋・年寄に、そこから百姓たちに問い合わせがあった。これについて七郎兵衛たちは「当村は古来より大坂下屎の直請をおこなっておらず、今回の腰札下付願いには参加しない」旨を上申している。友行村など現在の尼崎市域の村々が大坂の下屎直請に関心を持たない理由はいくつか挙げられる。最も大きいのは尼崎という城下町の存在だろう。わざわざ大坂まで出向くまでもなく、近隣の城下町尼崎で事足りるという地理的環境は百姓たちの判断に少なからぬ影響を与えた。

加盟している村々でも積極的な活動をしていたかどうかは不明である。寛政二年（一七九〇）に、大坂の急掃除人仲間が完全に廃止される（摂河在方下屎仲間が大坂市中の町家の下屎を独占的に汲取）段階になると、摂津国川辺郡善法寺村の村役人たちから、幕府代官所に対して急掃除人差し止めへ反対する願書が提出された。[43] 急掃除人が汲取を禁止されると仲間に加盟する村々は汲み取り範囲を拡大することができ、農民たちにとっては有利なことのようにみえるが、善法寺村ではその反対する理由として以下の二点を挙げている。

①大坂三郷の下屎の汲取は周辺農村の百姓だけでは十分行き届かない。

②村内の百姓には毎年町家に支払う代銀を調達するのに苦労している者もおり、さらに請入箇所が増えることになれば代銀を払えない可能性がある。

そのため善法寺村は仲間村々一同で提出する急掃除人差し止め願書に署名・押印をしないという対応をした。しかし、結果的に大坂町奉行所は急掃除人仲間の廃止を命じ、善法寺村はその後も仲間に加盟していたようである。

以上のように尼崎の周辺農村では、大坂で下屎を入手する、あるいは城下町や近隣の町場でも同様の汲取をおこない、田畑肥料として活用していたことになる。盗屎のような不法行為をする者がいる反面、市中急掃除人がいなければ自分たちに負担がのしかかるという意識を持つ村々があったことも確認できる。

3　摂津国豊島郡

大坂三郷の北方に位置する摂津国豊島郡は、かつて小林茂の分析によって大坂との取引関係が明らかにされた地域である(44)。この地域における下屎取引は大坂のほか、伊丹や池田といった町ともおこなわれている。そのなかで長興寺村文書に残された文政二年（一八一九）一一月の「下屎一件扣写」という史料を紹介しておきたい(45)。これは同年一〇月に長興寺村など七か村（摂河在方下屎仲間「小曽根組」）の庄屋たちが作成した文書である。

この文書では、近年米価が下落したため百姓たちが難儀し、本年はさらに下値を付けている。上質の米（「上米」）は米納分の年貢として納入し、それ以外（「下米」）は銀納の年貢のために一石あたり銀四〇匁程度で売却した。このとき約三〇石を売った代銀は銀一貫目ぐらいにしかならず、上納銀すら満足に揃えられないとしている。年貢銀すらこの状況なので、年末に支払わなければならない下屎代銀を調達できず、村役人や地域の有力者で相談をして、七か村の惣借り（村による借金）にしたいと述べている。もちろん村方による文書という性格から、すべてが事実かどうか疑わしい面もあるが、少なくとも低米価であることと、下屎代銀の支払いに農民たちが窮しているのは間違いないであろう。加えて、これまで滞納している分も半減用捨（半分棒引き）してくれるならば年末までに必ず支払いをするということも提案した。米価が持ち直したならばこの滞納分も元の価格で支払うので、その旨を町内の請入箇所（町家）に伝えて、この願いを聞いてほしいとしている。さらに、百姓たちが実際の取引において理不尽なことを申すならば、下屎方通路所に年番惣代が詰めているので、彼らを呼び寄せて取り締まりをおこなうと付記した。

次いで七か村の連判状として、以下のような申し入れを大坂の町々へ出している。米価の下落に際し、干鰯・油粕などすべての肥し類は米価に応じて値段が決定していくが、大坂三郷の下屎代銀は町々との公定価格を基準に決められる。低米価のため下屎代銀の値下げを大坂町奉行所に願い上げたところ、下屎は「商物とは違うので家主と百姓で直接掛け合って決めるべきである」と述べられた。ただし、近年は取引の公定価格を守らない百姓もおり（「心得違之百姓」）、値段を引き下げてしまうと下屎は糶取をされて町割通りに汲取をすることができない、と説明している。つまり、町割によって各村、そして具体的には各農家の請入箇所は確定しているものの、ある程度の価格を維持していないと、糶取をされて自分たちの下屎が確保できないことを指摘しているのである。

そこで七か村は自分たちの「自己規制」として、町々には本年末から下屎代銀の三割引き下げを要請し、村同士の約束をする。それは具体的に次のような項目を掲げた。

①七か村が引き受けている町のほかで、糶取は決しておこなわない。

②今回の町家との交渉は、一つの村から二名ずつ「請惣代」を出す。

③これまで町家との交渉で「摂河村々の申し合わせ」や「町割御仕法」と申して、家主たちを説き伏せようとしたが、ほとんど聞き入れられなかった。そのためこのような理由を前面に出して交渉しない。

④低米価のため三割引き下げとしているが、米価が好転すれば元の値段に戻す。

⑤汲取の時間帯が町家の食事のときと重なった場合、見合わせて帰ることはしない。これはほかの汲取人へ下屎を持っていかれることにもつながる。

⑥実際に汲取をおこなう下人などに対し、下屎は「不浄の品」であることを説明し、屎舟を繋留する場所では往来する人々の差し障りにならないよう持ち運ぶことを徹底する。

このような約束事を七か村の間で取り交わしている。内容は多岐にわたるが、自分たちで自らの首を絞めず、町方との交渉をうまく運ぶための方策を出している。また、町人たちの心証を損なわない配慮として、⑥のように汚物を運ぶことに慎重な態度を示すという明治時代に入ってからの「衛生」にも直結する項目もあった。

表30　嘉永７年(1854)６月　摂津国豊島郡長興寺村(小曽根組)の下屎請入箇所・代銀一覧

汲取町名	家　主	建物種別	代　銀	備　考
南堀江４丁目	播磨屋忠兵衛	居宅 掛屋敷	(代金)３両	丁内持
	伊勢屋治兵衛	居宅 掛屋敷	112匁２分９リ	
	柏屋忠七	居宅 掛屋鋪	31匁６分５リ	
	天王寺屋伊兵衛	掛屋鋪	６匁	
	八木屋勝蔵	居宅 掛屋鋪	20匁	
	銭屋源兵衛	掛屋鋪 支配屋敷	41匁６分	
	成尾屋伊兵衛	居宅	５匁４分	
	播磨屋久兵衛	居宅 掛屋鋪	28匁	
	今津屋太郎兵衛	居宅 掛屋鋪	30匁	
	植田屋弥兵衛	居宅 掛屋鋪	57匁	
曽根崎新地３丁目	大和屋藤兵衛	掛屋鋪	21匁９分５リ	安政二卯年正月廿四日双方立会対談之上、平野屋嘉助之居宅続借屋ト譲替仕、河州北拾番村へ相渡し申候
	桜井屋彦三郎	掛屋鋪 掛屋鋪	119匁	他町持、家守薬屋和七郎
	薬屋和七郎	支配屋鋪		居町持、桜井屋分と一緒に代銀計算か？
	丸屋藤四郎	掛屋鋪 居宅	(代金)２歩	
	平野屋嘉助	続借家	55匁	河州北拾番村ニ汲取居候処、此度対談之上、前書ニ有之候大和屋藤兵衛借屋と譲り替ニ致し、長興寺村へ一手ニ仕候、已上、安政二卯年正月廿四日
	平野屋清助	居宅 掛屋鋪	(代金)１両２朱	
	平野屋庄吉	居宅		代金は清助居宅と一括

南堀江新戎町	田中屋重兵衛	居宅	33匁	
	和泉屋勘六	居宅	（代金）２歩	
	油屋長兵衛	居宅	79匁９分	
	泉屋源兵衛	居宅 続借屋	50匁	
	銭屋佐兵衛	掛屋鋪	77匁	他町持
	播磨屋久兵衛	居宅 続かしや	56匁	家守
	福嶋屋作兵衛	居宅	０	去子年（嘉永５）より返宅仕候故、弐ヶ年銀子相掛不申候
	嶋屋安兵衛	居宅 続かしや	（代金）３歩２朱	
	大根屋儀兵衛	掛屋鋪	220目	
	亀屋吉兵衛	掛屋鋪 続かしや	（代金）１両２分２朱	
	山田屋治郎兵衛	掛屋敷	240匁	
	亀屋吉兵衛	居宅	（代金）１両１歩	
	出雲屋幸作	居宅	（代金）１歩	

出典：豊中市立岡町図書館所蔵長興寺村文書耕作６「下屎請箇所并代銀取調帳」より作成。

長興寺村は小曽根組と呼ばれる七か村に属していたが、同村における嘉永七年（一八五四）の請入箇所と代銀は**表30**の通りである。代価には金・銀換算が混在しているが、これも町家との交渉によって決められていたものと思われる。

豊島郡の下屎輸送に際しては、猪名川筋における屎舟と猪名川通船の関係が重要であろう。現在の兵庫県伊丹市・尼崎市を西岸に、大阪府豊中市を東岸とする猪名川中流から下流域では、物流促進の観点から高瀬船の通航出願が近世前期からおこなわれていた(46)。実際に通船の許可は天明四年（一七八四）で、猪名川西岸の下河原村（現伊丹市）から戸之内村（現尼崎市）間を米・薪炭・酒などの諸物資輸送に利用された(47)。この猪名川通船の営業区間とほぼ重複する一五か村（川辺郡一一、豊島郡四か村）は、「百姓屎手船」の運航を京都船方役所（代官・角倉与一、木村宗右衛門役所）へ願い出て了承を得ている(48)。大坂町奉行所などへの願書では、「摂河三百拾四ヶ村之内、摂州川辺郡・豊島郡ニ而拾四ヶ村」と名乗り、村々の庄屋や頭百姓、下屎仲間の最寄惣代が一四か村惣代を務めた。一五か村のところが「一四ヶ村」と改称されているのは、寛政一二年（一八〇〇）六月に依拠すると、加入していた豊島郡菰江村が「少々心得違い」をしたため除外されたからである。菰江村の心得違いとは、直請の下屎しか運送しない屎手船で、下屎ないし諸荷物の賃積みをおこなったからだという。つまり、自家用船だからこそ認可を受けている川船で運送業をやっていたことになる。菰江村の場合、この賃積みが発覚したことで村連合体から除かれたのである。一四か村が直請の下屎輸送のみ許可されている背景には、猪名川通船の存在があった。京都船方役所から村々に言い渡された書付には、①百姓屎手船は直請下屎のみで、他者から依頼をされて賃積みの下屎、猪名川筋を上下する諸荷物、そして居村から出す荷物を積み合わせることはしない、②猪名川通船の営業に支障の出る行為をしない、③村々の株札は合計一五枚とする、などの条文が並ぶ。①と②は内容が重複するが、屎手船はあくまでも村々の下屎を運ぶことに特化し、営業用の川船ではないことをはっきり伝える。また、株札は一五枚とあるので、各村に一枚ずつの割合になっていた。

4　河内国讃良郡深野南新田

河内国は、北部の北河内では下屎・小便のどちらの仲間にも所属し、中河内では小便仲間に加入する地理的状況がある。ここではその境界線に位置する讃良郡深野《ふこの》南新田（現大阪府大東市）を取り上げてみたい。河内を含む大坂周辺地域では草肥を獲得するのが非常に難しいという地理的な制約があった。そこで魚肥と並んで屎尿肥料の利用も活発におこなわれていた。深野南新田でも下屎取引をおこなっていたことがわかる。それをまとめたのが、表31と表32である。

まず表31について解説していきたい。これは年代が確定できないが、残存状況や内容から表32よりも以前のものだと推測できる。表の見方として、まず「請主」には深野南新田の百姓の名前がある。次いで「大坂町名」「町家」の項目が並んでおり、これは百姓たちが下屎を汲取に出掛ける大坂市中の町家を指している。最

表31　午年・深野南新田の下屎直請

請　　主	大坂町名	町　　家	代銀(単位：匁)
儀右衛門	唐物町	河内屋次兵衛居宅	60
		樽屋久五郎居宅	31.2
久兵衛・作兵衛	安堂寺町	今宮屋小兵衛居宅	95
		会所居宅	7
		年寄居宅	14
	伏見両替町	布屋七郎兵衛居宅	135
源左衛門	安堂寺町	布屋七郎兵衛居宅	92
重 兵 衛	博労町	今■屋■兵衛居宅	100
		今宮屋弥五兵衛居宅	30
		河内屋宇兵衛居宅	29
		辰巳屋嘉吉掛屋敷	58
		吉野屋徳兵衛掛屋敷	45
		若狭屋孫兵衛居宅	90
甚右衛門	安堂寺町	境屋伝兵衛居宅	55
		吹田屋与兵衛居宅	50
太右衛門	博労町	■屋久兵衛居宅	35
		阿波路屋半兵衛居宅	64
		伊丹屋太兵衛居宅	12.5
		大坂屋庄兵衛居宅	60
		金屋弥兵衛居宅	12.2
		樽屋忠兵衛居宅	42
		野村屋半兵衛居宅	14
		山城屋三右衛門居宅	115
平右衛門	安堂寺町	河内屋弥兵衛居宅	60
		京屋七兵衛居宅	17
合計			1322.9

出典：平野屋会所文書「午年下屎直請所付帳」より作成。
■は原史料の虫損で判読不明。

表32　天明7年11月・深野南新田の下屎直請

請　　主	大坂町名	町　　家	代銀(単位：匁)
伊兵衛・与次兵衛	今橋1丁目	平野屋又右衛門掛屋敷 平野屋又右衛門居宅	50 30
与次兵衛	網嶋	大帳寺（大長寺）	10
勘兵衛	天満天神筋町	播磨屋仁三郎掛屋敷	67
源左衛門	天満11丁目	鉄屋新右衛門掛屋敷	44.5
五兵衛	内平野町1丁目 北革屋町2丁目	尾張屋吉兵衛居宅 嶋屋仁右衛門居宅	100 25
作兵衛	北革屋町2丁目 船越町	井筒屋治兵衛居宅 塩屋久右衛門居宅	20 90
十兵衛	内安堂寺町2丁目	明石屋平兵衛居宅	45
甚右衛門	天満11丁目	桑名屋七之助居宅	160
太右衛門	本京橋町	平野屋半兵衛掛屋敷	320
忠兵衛	天満11丁目 天満11丁目	ぬり屋与兵衛居宅 舛屋五郎八居宅	70 100
平右衛門	北革屋町2丁目 谷町1丁目	近江屋喜平次居宅 塩屋久右衛門掛屋敷	10 40
合計			1181.5

出典：平野屋会所文書「天明七年十一月　来申年下屎直請所附帳」より作成。

後の「代銀」は農民から町家（家主）に支払われる下屎の代銀となっている。一番上を例にとって説明すると、深野南新田の儀右衛門という農民が、大坂唐物町（現大阪市中央区）にある河内屋次兵衛の所有する居宅（自宅、または自宅兼店舗）から下屎を得ている。またその代銀六〇匁を儀右衛門から河内屋次兵衛へ支払った。以下、表32についても同様である。

請主の性格を考えてみると、村のなかでも富裕といえる上層農民であろうと思われる。請主になる条件は、①下屎の代銀を支払う能力があること、②手舟を所有すること、③汲取をおこなう人足を雇えること、などが挙げられる。これらの条件を満たすのは、多くの田畑を所有するなど、大規模で安定した農家経営をしている人物に限られた。また上から二番目にある「久兵衛・作兵衛」のように、共同で汲取の権利を持つ形式もあった。

そして彼らが下屎汲取の権利を持っていた

町家の所在地は四か町になることもわかる。なかでも重兵衛と太右衛門の博労町が最も多い。ほとんどが個人の所有する居宅と掛屋敷で、久兵衛・作兵衛の会所や年寄居宅のように、大坂の町が管理するものも含まれている。また、布屋七郎兵衛居宅とあるのが二軒あり（伏見両替町と安堂寺町）、詳細は不明だが、布屋が同一人物とすると、請主と町家の関係というよりは、村（深野南新田）と町人（布屋）の関係によって下屎汲取の契約が成り立っているとも考えられよう。

代銀は、その町家に住む町人一人（七歳以上の者）に対して年間二匁ないし三匁が公定価格として決められている。ただし、所在地や当事者同士（農民と町人）の事情によって、その価格にはばらつきがある。さきほどの儀右衛門と河内屋次兵衛の場合、代銀六〇匁となっているので、一人に対して銀三匁を支払ったと仮定すると、河内屋宅には二〇人が暮らしていたと考えることもできよう。このような見方をすれば、大坂の人口を確認する作業としても有効な史料分析と評することも可能である。

表31は、天明七年（一七八七）一一月に深野南新田の農民たちが大坂の町人に支払った下屎代銀の一覧表である。表32と同じような読み取りでいくと、この代銀は翌年分（天明八年）に対してのもので、基本的に下屎取引は農民からの前払いが原則だったことがわかる。つまり、前年一一月、もしくは一二月に納められることになっており、時期に注目すると、これは農民たちが年貢を領主に上納するのと同じであり、田畑の収穫を見極めた段階で年貢を納め、来年の作付けや肥料の手配を考える時期にもあたる。ここで掲げた請主の伊兵衛・与次兵衛が取引しているのは、大坂今橋一丁目の平野屋又右衛門であった。この平野屋又右衛門は、かつて深野南新田を所有していた大坂の「豪商」である。天明七年から四〇年以上前の延享二年（一七四五）に新田を手放しているが、下屎の汲取を通してその後も新田の農民と関係があったことになり、人的諸関係という意味でも大変興味深い。

5　大坂近接四か村と播磨国明石郡三三か村

大坂三郷の下屎ならびに小便は、周辺の在方仲間が独占的な取引を実施し、仲間による汲取が一般化され肥料としての価値を高めた。三郷内については以上の見解が持たれるが、一方で市中と近接し都市化が進行している「町続き在領」はどのような状態にあったのだろうか。また、摂河在方仲間が町続き在領についても独占的取引を展開していたのだろうか。

まずは次の史料を確認しておきたい。

【史料16】明和八年（一七七一）八月(49)

一札

一播州明石郡之内三拾三ヶ村百姓往古ゟ大坂下屎ニ而耕作仕来候処、摂河三百十四ヶ村ゟ大坂三郷町中下屎直請之儀、御番所様江御願被申上候処、去々丑四月願之通被為　仰付候ニ付、私共村々よりも去々丑六月以来度々奉願候処、於西御番所様段々御糺被成下候上、大坂三郷町続在町之分相対直請仕候様去ル寅七月被為　仰付候、然ル処御村方之名前無御座、殊ニ摂河村々并急掃除人共立入被致、我々相対出来兼候、以之又々当七月廿八日御願奉申上候ニ付御糺取極候処、格別下直ニ請候而ハ難相成候ニ付、掛合仕度段へ各方ゟ御申上被成候ニ付私共掛合仕候処、御番所様ゟ被仰付、則掛合左之通

一下屎請方之儀毎年十一月切可致御相対候

一直段之儀ハ年々高下も可有之儀ニ御座候へハ、三郷町並并隣村並ニ直段可致御相対候

右之通御相対仕候儀願相違無御座候、然ル上ハ懸分羅請方候ハ、如何様共御取計可被成候、為後日一札仍而如件

明和八辛卯年八月

播州明石郡之内三拾三ヶ村惣代
藤江村庄屋
徳兵衛

西嶋村庄屋
太良兵衛

摂州西成郡下福嶋村
庄屋中
年寄

播磨国明石郡内三三か村（現兵庫県明石市・神戸市西区）は、以前から大坂市中の下屎を肥料として田畑の耕作に利用していた。しかし、摂河三一四か村から大坂町奉行所への訴願によって、明和六年（一七六九）に大坂三郷の下屎は摂河村々主導によって直請されることになったため、従来摂河農村同様に三郷から下屎を得ていた明石郡三三か村は事実上、三郷内から締め出された。下屎汲取箇所を失った三三か村は、大坂町奉行所に対して、三郷での下屎汲取を願い出たが、既に摂河村々へ直請許可を与えた以上、町奉行所側も混乱を招くような請願を聞き入れることはできなかった。そこで着目したのが下福島村（現大阪市福島区）のような「町続き在領（在町）」であった。大坂市中に近接する町続き在領は、都市大坂の膨張・拡大によって次第に町場化が促進され、一部村々においては農村の形態を失い、市中同様の生活空間を形成しつつあった。実質的には三郷と同じような体をなしていても、行政的枠組みのなかでは「村」であり、前述の三郷下屎直請の範囲に該当しなかった。

明和七年七月、大坂町奉行所は明石郡村々の願い出に対し、町続き在領における相対直請を許可した。だが、三郷内のように法的に取り決めがなされていない町続き在領では自由競争の状態にあり、明石郡村々への許可が下される前から、摂河村々や市中急掃除人が、個々の家持との折衝による相対取引をおこなっていた。取引関係が構築された後に、新規参入する形となった明石郡村々にとって、汲取場所を確保することは容易ではなかった。そこで再び明和八年七月に町奉行所へ願い出て、町続き在領のうちで明石郡三三か村のみが下屎汲取をできる地域の選定を上申した。それとともに、下屎取引価格についても「摂河村々―三郷町々」と同様の設定とすることが決められた。

そして、明石郡三三か村が独占的に下屎汲取を行う地域は、上記の下福島村の他、上福島村、北野村、九条村の合計四か村となった。

【史料17】明和八年八月二四日[50]

乍恐口上

辻六郎左衛門殿御代官所

摂州西成郡村々庄屋

一播州明石郡之内三拾三ヶ村惣代藤江村庄屋徳兵衛、同西嶋村庄屋太郎兵衛、右両人ゟ私共村々下屎直請之儀御願奉申上候ニ付、私共ゟ願人江引合対談仕候様被為　仰付奉畏、則願人両人江引合対談之上、私共存寄之証文受取相済候ニ付、乍恐御断奉申上候、已上

明和八年

卯八月廿四日

北野村庄屋弥次兵衛
病気ニ付代年寄
四郎左衛門

上福島村庄屋
九　助

同
五右衛門

下福島村庄屋御庄屋
病気ニ付年寄
長兵衛

九條村庄屋幼少ニ付
代判孝助
年寄仁右衛門

西御奉行様

この口上書は【史料16】の一札を受けて西成郡四か村が西町奉行所へ提出したものである。明石郡三三か村から町奉行所に対して、四か村における下屎直請の願い出があり、町奉行所から当事者である四か村庄屋・年寄と三三か村惣代二名との直接交渉が命じられた。これによって両者間で約定がまとまり、町続き在領西成郡四か村より排出される下屎は明石郡三三か村の独占的な直請となることが決定された。翌月には、四か村を支配する辻六郎左衛門代官所（幕府領、大坂代官）と大坂東町奉行所へ両者が召し出され、それぞれの承認を受けている。また、四か村側からは家持（大家）と思われる一一〇名の連署が提出されている。

明和期における大坂下屎は請入地・汲取農村の広がりによって、大坂周辺地域内（摂津・河内）の取引から拡大されていったことが明らかである。播州明石郡が請取農村として、大坂へ下屎を汲取に出てきていたのは、これより以前のことだったが、大坂町奉行所公認という形式を経て、正式合意に達したことは重要である。その背景としては、以下の三点を挙げることができる。

まず、一点目は摂河在方下屎仲間の結成と同仲間による大坂三郷下屎の独占化が挙げられる。この仲間の動きによって、明石郡村々の活動は著しく低下した。今まで確保していた汲取箇所は、一方的な摂河仲間の町割・村割によって強制的に喪失することになった。摂河仲間と明石郡村々は、同じ大坂下屎を必要とする立場であるが、後者は何故に在方仲間へ加盟しなかったのだろうか。それは、①摂河仲間による排他、②明石郡村々の情報不足、③明石藩領（私領）の村連合、以上が浮上する。

①については、従来の町方急掃除人仲間が独占的に三郷における汲取権を保持していたものを、徐々に在方が巻き返しを模索し、明和期の在方主導改革へと展開していったことからも、摂河仲間の強大な影響力を感じることができる。摂河仲間は町方急掃除人から権利を奪取し、新たな権利保持者として三郷下屎取引に大きな力を持つことになる。そういった観点から考えると、摂河仲間からすれば、町方も明石郡も同様の「競合者」

として意識され、「排除の論理」の対象となる。

②は極めて可能性の低い仮説である。明石郡村々の察知しない間に摂河仲間の独占化が決定されたということは考えにくいが、事前に情報を掌握していれば、元来大坂下屎を汲み取ってきた明石郡村々も村連合の内部に組み込まれたのではないだろうか。

最後に③の仮説であるが、これについては支配領主の関与が問題になってくる。畿内一円は周知の通り、幕領・大名領・旗本領・公家領などの入り組んだ状態において、農村支配が展開されている。摂河仲間加盟村々においても、その支配領主は様々であるが、大坂町奉行所の摂河支配という論理に依拠すれば、「摂河」と「播磨」の違いが表れるのではないだろうか。つまり、摂河における大坂と播磨における大坂の決定的相違、意識や位置関係は、明らかに区別される。

第二は、大坂三郷「町続在領」の都市化が進行したことである。大坂三郷は近世初期から継続的に膨張をしており、その拡大化は三郷に限定されず、新建家によって難波村などの近接農村が町場となっていく。北野村・九条村・上福島村・下福島村なども同様の近接地域として実際には「三郷同様之様子」を形成することになる。たとえば、下福島村には下野国壬生・鳥居家の蔵屋敷が存在し、村内住民の構成も行商人、小売商人、借家人などの比率が極めて高い。相対的に農民は少なく、屎尿処理に即した見方をしても、村内における下屎需要はほとんどなく、都市と同じように屎尿処理問題が発生する側として考えられる。いわゆる「三郷同様」の下屎が期待できる。

第三として西成郡四か村の立地条件が理由として挙げられる。四か村は、先述した大坂三郷に近接していること、堂島川・安治川の沿岸あるいはそれに接近していることが挙げられる。前者は重複を避けるため改めて述べないが、ここでは後者について重点的に検討する。近世大坂の河川交通が発達していることと関連して、大坂における西の玄関「川口」と中心部の中間点にあること、とくに川口船宿など海上船舶交通と河川交通を結ぶ点と非常に近いことなどが考えられる。明石郡村々が大坂へ下屎を汲取に来る際、屎船に何か別の物資（商品）を載せて運搬していると考えれば、なおさら船宿などの存在が四か村と近接することが重要な汲取地域決定への理由として挙げられる。

三郷内では表向きに町割が確定しており、百姓aが大坂町人屋敷bの下屎を汲み取ることが、三郷全体に割り付けられている。しかし西成郡四か村の場合は、「誰彼（汲取百姓）場所（屋敷）」は箇所割されていないことが明らかになっている。四か村全体は明石郡村々の請入箇所となっているが、戸別レベルではそれが履行されていたのか疑問が残る。

明和八年に開始された「明石郡―西成郡」の下屎取引は、それ以降も継続されていたが、天保改革期に入ると、新たな展開が起こる。それに関わって天保一三年（一八四二）五月二三日、北野村など四か村から大坂町奉行宛に口上が出されている。

【史料18】天保一三年五月二三日(51)

乍恐口上

築山茂左衛門御代官所
摂州西成郡
北野村
上福島村
下福島村
九条村

一今日私共御中上、下屎之儀、播州明石郡三拾三ヶ村江遣し来り取立名前ニ而前割ニ相成有之哉御尋ニ付、乍恐左ニ奉申上候此段私共村々下屎者明石郡三拾三ヶ村請場ニ御座候得共、右村ゟ私共村内江誰彼場所と申、ヶ所割等無御座候、右御尋ニ付乍恐書付を以奉申上候、以上

天保十三寅年
五月廿三日

北野村
庄屋源左衛門印

上福島村
庄屋長吉印

下福島村
庄屋伝介印

九条村
庄屋新吉印

西成郡四か村は、実に制度の弱点をついた指摘をしている。それはさきにも述べたように、四か村は明石郡村々の請場とされたが、具体的な個別の箇所割が決められたわけではなく、詳細な区割ができていなかった。これに次いで翌日の「別紙」で四か村のうち下福島村庄屋・伝介は以下のように語る。

【史料19】天保一三年五月(52)

乍恐別紙之通奉申上候

村内下屎之義者、播州明石郡三拾三ヶ村請場ニ御座候得共、右村ゟ私村内江誰彼場所と申ヶ所割等一切無御座候、安治川上弐丁目上田心得之趣被申者、右三拾三ヶ村惣代被汲取、則右同人ゟ近在江売渡し候様乍見得、右三拾三ヶ村江引取不申候様奉存候、右ニ付下屎代銀十二月廿日頃ゟ忽ニ余り年々直段引下ケ罷在候儀ニ御座候、何分村内下屎自由ニ相成候様仕分兼之相歎き罷在候ニ付、乍恐此段奉申上候、以上

天保十三寅年
五月廿四日

摂州西成郡
下福島村
庄屋伝介印

築山茂左衛門御代官所

御奉行様

右之通今日西御番所ゟ御召之上書付差上候ニ付、此段御届奉申上候、以上
天保十三寅年
五月廿七日
摂州西成郡
下福島村
庄屋伝助印
築山茂左衛門様
御役所
右之通西御役所様江書付差出候ニ付写置候ハ、、御掛り内山彦次郎様同様築山茂左衛門様御役所江書付可差出し候付前書

この伝介の言い分が正しいか判然としないが、彼が主張するには明石郡村々として四か村を下屎請場として汲取権を持っているものの、実際に作業をする者は播磨国からやってくるのではなく、四か村にほど近い大坂安治川上二丁目から惣代（代理人）が汲取にやってきて、大坂近在の村々へ売却がなされていた。つまり、明石郡三三か村に下屎が流通しているわけではないのだ、と述べている。下屎の売却値段が年々引き下げられており、四か村の住民は自由取引にしてほしいと要求しているのである。

四か村の願書は、彼らにとって実に時機が良かったというべきだろう。同年七月二一日付けの文書によれば、次のような内容が記されていた[53]。

①四か村の下屎は明和年中より明石郡三三か村が引き受けて汲取、年々冥加銀が大坂町奉行所に上納されてきた。

②今回株札・問屋に関する触書（天保の改革、株仲間の規制）があり、この明石郡の下屎汲取も三三か村に限ってやるのならば「自分仲間組合」ということで制度的に問題が生じる。

③そこで三三か村限定の下屎引き受けの制度は差し止め、村々による相対取引（直接交渉）とし、明石郡からの冥加銀も廃止にする。

この裁定は大坂町奉行所が出して、関係する両者（四か村・三三か村）に請書を提出させて実行された。全国的な政策である天保の改革の影響を受けて、三三か村は「株仲間」とみなされ、明和年間以来守ってきた大坂近在における汲取権を喪失することになった。以降の経緯は定かではないが、四か村においては自由取引が展開されただろう。

嘉永四年（一八五一）一一月一七日、上福島村、下福島村などを含む大坂近接幕府領一〇か村の庄屋が代官所に呼ばれて、下屎汲取につき村々の意見を尋ねられている。[54] これはいわゆる株仲間再興令に沿って、旧来の仲間組織や制度の復活をおこなうかどうかの判断について行政機構側が当事者を呼び、意見聴取をする一環と思われる。右の一〇か村からは次の意見が出されている。

①大坂三郷の下屎は摂河在方下屎仲間の引き受けという形で制度が復活し、市中続きの村々〔上福島村など〕の下屎も同じように元通りの制度になる可能性がある。

②しかし、私たち一〇か村にはたくさんの耕地があり、田畑のすみずみまで肥料が行き届いていない現状があり、他所へ下屎を融通する余裕はない。

③上福島村など四か村は、明石郡の請場所になっていたが、先年御改革（天保の改革）以降、村方の諸作物に自村の下屎を使用し、うまく機能している。

④建家（町家）もあるが、大坂市中とは違って場末の土地であり、最近は空き家も多く屋敷地は荒れている。家持（大家）たちは年貢の上納にも苦労しているが、借家の下屎代銀によって何とか経営を維持している。

といった主張を述べ、相対の自由取引を希望している旨を代官所に上申した。その後の経過は不明だが、後続の史料からすると一〇か村の意見が認められ、自村使用や近隣農村を売却先とする相対取引がおこなわれていたものと考えられる。

しかし、明石郡にとっては余程四か村の下屎が必要だったのか、慶応三年（一八六七）一一月に改めて取引を申し入れた文書が残っている。[55]

これは明石郡村々の庄屋が連署して、下福島村の村役人中へ宛てたものだが、これまでの経緯を含めて再度の汲み取りを願ったものといえるだろう。株仲間再興時に下福島村へ下屎引き受けを申し入れたが、自村の肥料で利用するとの理由で拒否された。また拒否の理由には、以前明石郡村々が行った不正取引も挙げられていた。これに対して明石郡村々は非礼を詫び、示談によって双方の和解の道を探ることになる。結果、下福島村では村内利用のほか、余った下屎（＝処理できない下屎）を明石郡村々の百姓と、下福島村の住人で直接相対取引することで合意した。この汲取に関する約定は以下の通りである。

①汲み取った下屎は残らず明石郡へ運び、自分たちの村々で使用する。下福島村で他所に売却するほか、天候によって国元へ船積みするのが困難などと理由を付けて他村に転売することは決してしない。

②下屎代銀は近隣の値段設定を見ながら相対取引で決定する。代銀は前年一一月一〇日までに支払うことにするが、値段交渉が期限までにまとまらないときは村役人の仲介をもって和談する。それでも決裂した場合は下福島村住人側の「勝手次第」とする。

③明石郡村々は遠方から来るので、洪水などで汲取を実施できない場合は下福島村で「御勝手」に取りはからうことができる。

明石郡村々がかなりの譲歩をした内容と読むことができよう。下福島村としては時間切れで交渉決裂まで持っていけば自由売買も可能になり、この場合は「売り手」が有利な取引条件が定められたことになる。以上が大坂に近接する西成郡四か村と播磨国明石郡三三か村の取引経過であった。

この近接村々の下屎取引はさまざまな社会環境を考えるうえで極めて重要である。一方で小便取引はどうだったのだろうか。下福島村の事例からその事実を繙いてみよう。まず寛政元年（一七八九）一二月五日に下福島村の庄屋・年寄・百姓代から鈴木町代官所に提出された口上書には、村内の小便取引について記されていた[56]。まず村内百姓の肥料として使用すること、残りは隣村野田村へ分けるというのが通来の「仕来り」だったとする。ただ最近では他村より縁類と称してどんどん汲取人が入り込み、百姓たちに肥料が分与されていない。家持の分は問題ないが、借家人の方は他村へ売却する傾向にあるので代官所からの差紙で規制をかけてほしいとまとめている。この背景には、下屎と小便の決定的な違いである権利所有が見え隠れする。下屎は借家であっても大家の所有、しかし小便では借家の場合には借家人自身の所有となるのであった。仮定ではあるが、近接村々において家主は田畑も所有する可能性も高く、借家人は逆に所有しないとみれば、自ずと上記の答えは確認できるだろう。

ここでは村内および隣村における使用が主たる用途先となっていたが、現実にはうまく機能しなかったようで、文政元年（一八一八）一二月には改めて下福島村庄屋以下の連印書を作成し、「仕来り」の遵守を呼びかける動きがあった[57]。それには自村利用を優先せず、高い価格で他村へ売り捌く人々の存在が大きかったと考えられよう。

明治時代になってからの屎尿の活用は公共性を帯びるようになる。これは明治一二年（一八七九）二月三日の下福島村惣代二名が作成した文書で明らかになる[58]。同村の小便は村内で協議した結果、すべて小学校へ受け入れることとし、小便売却代金は小学校費やその他雑費として使用することにしたようである。これは住民連署で作成されたもので、続く仕法書には、およそ二千人の村民から一年分（一〇か月分）の小便は合計一万五〇〇〇荷とし、この代金は七五〇〇円だと計算していた。このような屎尿を小学校など地域の公共的な予算として活用する側面は、すでに吉村智博の紹介があり、また広く一般的なことだったのではないかと推察する[59]。

おわりに

本章で考察すべき課題は、対象時期を近世後期とくに寛政期以降に定めて、下屎を消費する大坂周辺農村に焦点を当てて、「都市―農村間の流通」がどのようなものであったのかを明らかにすることであった。

ひとつには、大坂における下屎汲取の実態を中心に述べたことで、寛政二年に確立された仕法の特質を明らかにした。代銀受け渡しの内容から、規定とはあくまで目安であり、実際の取引には町と村、具体的には家主と請主の信用関係で取引が保たれていることが認められた。また、汲取の周期はおよそ半月に一回であり、村内の請主による当番制で作業効率が高められていた。そのような代銀受け渡しや汲取の当番制をみていくことによって、下屎の請入箇所を所有する主体は、狭義には個別の農民で、広義では村であると結論付けておきたい。請入箇所を持つ「農民＝請主」の条件とは、広大な田畑所有、資金的ゆとり、屎舟の所有の三点であり、彼らは肥料供給を通じて村内農業安定に大きな影響力を持っていたのである。

第二には、都市―周辺農村、農村内における流通の特質を解明するうえで、近世後期の価格形成に留意しながら、論述を進めた。そこには商品としての下屎をめぐる激しい鬩ぎ合いが展開された。それは単純に都市と周辺農村が対立しているのではなく、天保期に入ると、周辺農村内において「持つ者」と「持たざる者」が明確に区分され、上層農民の商取引における利潤追求、小前百姓の圧迫が起こった。そのような状況での価格形成は、当初の枠組み（「高値で売りたい家主」と「価格を抑えたい百姓」）ではなく、変質した諸関係（「高値で取引したい家主・上層百姓」と「二次的取引でしか下屎を入手できない小前」）へと移行することで、価格高騰が恒常化した。それと同時に、在方仲間の影響力が極めて脆弱になっていることが糶取の防止をめぐる諸問題でも明らかになった。商品経済のなかで当事者が変化を遂げている一方で、大坂町奉行所の立場は農業生産力安定のための在方擁護から、天保改革によって在方批判（上層農民・村役人層批判）へと政策転換が図られていった。

〔注〕

（1）小林茂『日本屎尿問題源流考』明石書店、一九八三年。
（2）摂河在方下屎仲間は、摂津・河内両国にまたがる仲間の呼称として「摂河在方三一四ヶ村并新田方七ヶ村下屎仲間」や「摂河三一四ヶ村并加入村々」等のさまざまであるが、ここでは「摂河在方下屎仲間」（以下、「在方仲間」）としておく。
（3）田中佐一家文書四〇五「文政十一年子十二月　下屎家所銀掛帳（柱本村）」。同史料から推察するところでは、柱本村は冨田町・津村町において町内のほぼ全域、木挽町においてはごく一部の町家から下屎汲み取りを行っている。
（4）田中佐一家文書四二八「茨木屋伊右衛門夘年分下屎代銀受取覚」。
（5）田中佐一家文書四八九「いばらき屋伊右衛門辰年分下屎代銀受取覚」。
（6）田中佐一家文書五四二「茨木屋伊衛門巳年分下屎代銀受取覚」。
（7）田中佐一家文書五三四「住吉屋町はりま屋伊右衛門巳年分下屎代銀受取覚」。
（8）田中佐一家文書五五九「茜屋利兵衛辰年分下屎代銀受取覚」。
（9）田中佐一家文書五六二「新屋嘉吉・新屋嘉兵衛天満冨田町分夘・巳年分下屎代　銀受取覚」。
（10）大阪府立大学経済学部所蔵越知家文書村政二四六「慶応二寅年四月　去丑年中小入用帳（稗島村）」。
（11）田中佐一家文書三九四「文化十一甲戌年正月　請屎荷数出人足留帳」。
（12）尼崎市立地域研究史料館所蔵橋本治左衛門氏文書（1）一三―二四「屎船乗取り出入りにつき引合書」。
（13）本書第三章、『門真市史』四（近世本文編）第二章第二節、一九九九年。
（14）関西大学図書館所蔵門真二番村文書。
（15）前掲小林著書および日野照正『畿内河川交通史研究』（吉川弘文館、一九八六年）に屎舟の実態について詳細な研究が行われている。

(16) 尼崎市立地域研究資料館所蔵橋本治左衛門氏文書（1）八―六九―三「下屎請箇所譲り渡し一札」。
(17) 本書巻末の付表「近世後期の三郷町割」参照。
(18) 『大阪市史』四（大阪市役所、一九一四年）、八〇～八二頁。
(19) 周辺農村（在方仲間）側から流通的特質を検討している視角から、本章では「下屎処理」ではなく、「下屎流通」という言葉を用いている。
(20) 『大阪市史』四、八二～八三頁。
(21) 『大阪市史』四、三四〇～三四二頁。
(22) 西坂靖「大坂の火消組合の機能と運営」（『三井文庫論叢』一八、一九八四年）。
(23) 『大阪市史』四、七四九～七五〇頁。
(24) 『大阪市史』四、一三二九頁。
(25) 史料中には「糶」と「糴」が混用されているが、本章では「糶」で統一する。
(26) 大阪商業大学比較地域研究所佐古慶三教授収集文書「天保九戊戌年十月廿三日下屎一件落着ニ付在方町方連印ニ而西様江差上候書付之控　火消年番聚楽町」。
(27) 『大阪市史』四、一五六六～一五六七頁。
(28) 『大阪市史』四、一七三九～一七四〇頁。
(29) 尼崎市立地域研究資料館所蔵橋本治左衛門氏文書（1）八九「約定一札」。
(30) 『大阪市史』四、一九七一～一九七二頁。
(31) 尼崎市立地域研究史料館所蔵橋本治左衛門氏文書（1）九〇―一「下屎掛り控」。
(32) 尼崎市立地域研究資料館所蔵橋本治左衛門氏文書（1）八―六六「縺箇所引戻し約定書」。
(33) 尼崎市立地域研究資料館所蔵橋本治左衛門氏文書（1）九〇―二「下屎懸り諸事扣」。
(34) 『堺市史』一、堺市役所、一九二九年。
(35) 高林誠一家文書「文政二年卯十一月願出候下屎一件始末之留」（堺市役所所蔵写真版）。
(36) 尼崎市立地域研究史料館所蔵寺田繁一氏文書一二〇―一「天明二年一二月二一日　乍恐口上」。
(37) 尼崎市立地域研究史料館所蔵福田佐一郎氏文書二一三「屎手銀御拝借之事」。

(38) 尼崎市立地域研究史料館所蔵寺田繁一氏文書一一六「一札」。
(39) 注(33)前掲史料。
(40) 尼崎市立地域研究史料館所蔵柳川啓一氏文書（2）八五〇―三「城内掃除の儀心得違い並びに肥取札預りにつき一札」。
(41) 尼崎市立地域研究史料館所蔵橋本治左衛門氏文書（1）一一七一「堀代米の運賃につき出入り口上書」。
(42) 尼崎市立地域研究史料館所蔵岡治茂夫氏文書二三一「覚」。
(43) 尼崎市立地域研究史料館所蔵寺田繁一氏文書一一七「乍恐御訴詔」。
(44) 注(1)前掲小林著書。
(45) 豊中市立岡町図書館所蔵長興寺文書一「文政二卯年十一月　申合連印帳」。
(46) 『新修豊中市史』第一巻（通史一）、二〇〇九年、七〇二～七〇六頁。
(47) 中川すがね「猪名川通船と船着場―下河原と雲正坂下―」（伊丹市博物館『地域研究いたみ』四〇、二〇一一年）。
(48) 尼崎市立地域研究史料館所蔵篠部正幸氏文書二四九「船方願書写」。
(49) 摂津国西成郡下福島村江川家文書農業三―二「一札」。
(50) 摂津国西成郡下福島村江川家文書農業三―一「乍恐口上」。
(51) 摂津国西成郡下福島村江川家文書農業三―五「一札」。
(52) 摂津国西成郡下福島村江川家文書農業三―五「乍恐別紙之通奉申上候」。
(53) 摂津国西成郡下福島村江川家文書農業三―六「被仰渡御請証文之事」。
(54) 摂津国西成郡上福島村北村九輔家文書九「乍恐口上」。
(55) 摂津国西成郡下福島村江川家文書農業三―九「約定申一札之事」。
(56) 摂津国西成郡下福島村江川家文書農業三―七「乍恐口上」。
(57) 摂津国西成郡下福島村江川家文書農業三―八「御役所江差上候控　村内小便之儀ニ付被仰渡請印形帳」。
(58) 摂津国西成郡下福島村江川家文書農業三―五「記」「仕法書」。
(59) 吉村智博『近代大阪の部落と寄せ場』明石書店、二〇一二年。

第五章　幕末維新期・明治前期における下屎取引の制度と実態

はじめに

為政者の交代、それは社会全体における秩序・法則を揺るがす。もっともそれは直線的に繰り広げられるわけではなく、試行錯誤を経て新たな展開が生まれていく。本章で取り上げる明治維新をめぐる大坂の下屎取引制度変革は、右のような過程を象徴するものといえるであろう。

幕末期から明治維新期については、小林茂が手掛けた明治三年（一八七〇）における下屎騒動の特質を論じる以外、制度的あるいは流通組織的な問題解明が全く手つかずであるといってよい[1]。

本章の具体的課題としては、幕末維新期大坂および周辺農村における下屎取引の制度的変遷を解明し、この問題から新政府による政策を考えることから始めたい。また、それに関わって実際の下屎取引が農村においてどのような状態にあったか。その二点に重点を置き理解を深めることにしよう。

第一節　取引制度の大きな画期

1　旧体制の維持

摂河在方下屎仲間は明和六年（一七六九）以降、大坂の下屎取引において中心的な役割を担っていた。その立場を確固たる地位に押し上げたのは、取引相手である大坂町方との交渉、そして大坂町奉行所との関係である。とくに在方、町方の交渉結果を認可する大坂町奉行所の裁定や判断によって、在方下屎仲間の権益が確保されてきたことは言うまでもない。天保の株仲間停止令によって仲間組織の活動が制約されたにせよ、近世後期を通じて大坂町奉行所との関係は友好的であったといえるが、明治維新という政治的変動によって組織そのものの存廃が問われ始めるのである。

体制崩壊後の大坂下屎流通はどのような制度的変遷をたどったのであろうか。明治政府から出された法令と、在方仲間側の対応を時系列的に追ってみよう。

まず新政府の大坂支配が開始された直後の慶応四年（一八六八）二月二四日付の達書がある。これが「御一新」以後、初めての下屎対策に関する通達と位置付けられる。

【史料1】(2)

今廿四日通達町丁代江申聞左ニ

一下屎ヶ所村々ゟ是迄之通場所置すへし儀願出御聞届ケニ相成、依之下屎代銀掛ケ合之義　不実意無之様可被致候

右之通書方中ゟ演舌ニ御座候、

辰（慶応四年）二月廿四日

当番

橘通壱丁目

この史料は新政府から大坂市中（町家）に対して出されたものであるが、旧幕時代の在方仲間による請入箇所制度が今後も維持される意味が含まれている。「是迄通り」、すなわち旧来通りの「場所置（請入箇所）」の願い出が在方仲間がおこなわれ承認されている。また町方（家主）が受け取る下屎代銀は「掛け合い」ではなく、公定取引価格によることも付け加えられている。

この通達が出された背景には、「御一新」による下屎取引の混乱と、それを正常化しようとする在方仲間からの強い要望がある。明治二年（一八六九）二月、河内国茨田郡・讃良郡・交野郡・若江郡の下屎請入村々から大阪府に提出された「下屎請入歎願書」に、「去ル辰（慶応四年）年正月中之大変ニ而下屎請入相乱、糶売糶買之者出来、（宜敷脱カ）身元之者者多分請入、身薄小前百姓者下屎離シ田畑相続仕兼、御収納ニ響キ候様相成候ニ付、去ル辰二月中大坂御裁判所江歎願仕候処、下屎之義者前々之通リ摂河三百拾八ヶ村幷ニ加入村々・大阪市中之申合約定書之通リ聞届候間、是迄之通リ不取締無之様被仰付」とある。[3] 政治的混乱は下屎取引にも波及し、在方下屎仲間村々と大坂市中の間で取り決められている下屎請入箇所が守られず、他人の所有する請入箇所に赴き高値で下屎を買い取る者が現れていたようである（糶売糶買）。肥料供給の安定、在町申合書（在方仲間と大坂市中の約定書）遵守を求めて大坂裁判所（大阪府の前身）に歎願を行い、その結末が【史料1】の通達になるわけである。つまり、この通達は新政府の自発的なものではなく、当事者の歎願や意向を重視する大坂町奉行所の判断と変化がなかったことを示している。また、大坂町奉行所の裁定による天保九年（一八三八）の在町申合書を認めたことは、この段階で新政府がそれに代わる施策を持ち合わせていなかったと断定できよう。

その半年後には、新政府の下屎取引に関する新たな規制を示唆している次のような文書がある。

【史料2】(4)

一此度下屎方御取締として諸株同様鑑札御印御下ケニ付、下屎組合村々一村限、村役人名前書印形可差出様可申渡之組、数村ニ付其最寄組合惣代ゟ一村限庄屋・年寄・百性代印形取揃合帳ニ而可差出旨相渡奉畏、依之村役人名前書奉差上候、以上

慶応四辰年八月

稗島村
庄屋
越知保之助
年寄
甚右衛門
百性代
吉兵衛
外村々
三役人印

これは在方仲間に加入している摂津国西成郡稗島村（現大阪市西淀川区）の庄屋越知保之助が手元に残した控書であるが、大坂および周辺地域の諸商工業と同様に下屎組合（在方仲間）へ鑑札の下付が行われたことを記している。この下付につき、仲間加入村々の村役人が印形帳を作成し、仲間内の数か村単位で形成している組合でまとめて提出することとある。

下屎と同じく大坂地域における屎尿流通の取引組織である摂河小便仲間もこの時期に同様の鑑札下付を受けている。参考までに紹介しておこう。

【史料3】(5)

大坂三郷町々出肥小便申合議定印形帳

稗島村

申合議定一札

一大坂三郷町々出肥し小便之儀者、往古ゟ奉蒙御趣意田畑相続罷在候処、今般御新政ニ付請入場取村々江御鑑札御下ケニ相成、右ニ付而者弥以御趣意厳重可相守、依之為取締場　取村々請入人毎申合之木札御渡被成慥ニ請取、然ル上者向後申合左之通

一箇所羅取之儀者勿論往来汲取之外、縁者・親類抔与名目唱携候義、又者箇所先之もの若変宅いたし候共、其先江汲取参り候儀、決而いたし間敷事

一年々小便価替物之儀、物体取極之通急度相守可申事

一焼失家鋪追々建家出来候ハ、従前之汲取候者之外、他ゟ汲取之義決而いたし間敷事

一印木札当人之外、他江決而貸借致間敷、尤右木札ヲ以箇所先差支之儀申立間敷事

右之外、先年ゟ議定之通急度可相守、勿論惣体取締向等聊違背申間敷候、若違変仕候ハヽ、其箇所摂河御惣体江御引上ケニ相成候而も可無之申分無之候、右之趣一同申聞急度為相守可申候、依而調印如件

明治元辰年十一月

村々
庄屋　印

稗島村
庄屋
越知保之助

下屎から三か月遅れで印形帳が提出されている。江戸時代からの申合議定がほぼ踏襲されている内容であるが、箇所の羅（糶）取（仲間申合に違反する箇所所有者以外の汲取）、親類と称して不正売買をおこなうほか、箇所所有者が引っ越した先の屋敷へ汲取に赴くことなどを禁じている。その他、小便価替物（小便と取引する代

銭、野菜など）の遵守など、詳細な取り決めについて明記されている。(6)これらはいずれも幕末期から継続的に定められている「在・町申合」であり、この明治元年段階までは旧幕時代の制度がそのまま残存していたといえよう。

2　慶応四年の水害と下屎取引

新政府の制度維持が表明された下屎流通であったが、実際の取引では新たな難問を抱えることになった。その端緒は、慶応四年閏四月から五月にかけて大坂周辺を襲った大雨である。(7)淀川、大和川をはじめとする諸河川で水位が上昇し、大坂市中だけでなく、中津川・神崎川流域各地の堤防決壊により、ほぼ全域が水害に見舞われた摂津国西成郡など在方下屎仲間加盟村々においても大きな損害を受けていた。

下屎請入村々が受けた被害について、先に挙げた「下屎請入歎願書」で確認することにしよう。この被害状況については「(下屎）請入之村々御田地ハ不及申、人家迄も水入ニ相成」とあり、摂津・河内の村々が甚大なる被害を受けたことを述べている。続けて、「(慶応四年）五月より十月迄下屎汲取帰リ候而茂、御田地水下ニ相成有之候ニ付、遣リ申事も相成不申、町家之汲取不申時者不浄之下屎溜リ迷惑ニ相成、汲取帰リ候而も御田地ハ水下ニ付、無拠川々江相捨候者も有之」とした。水害によって田地が被害を受けただけでなく、水に浸かった田地に利用することができず、下屎を河川へ投棄している様子を示している。以前にも水害による下屎の需給関係が乱れることは多々あったが、河川への投棄に至る状況はこの問題の深刻ぶりを露呈しているものといえよう。(8)結果、本来的な取引関係は崩れていき、「(町方の家主が）三百弐拾八ヶ村請入之者請入人（在方下屎仲間加盟の農民）外江高価ニ売渡、夫故糶取之者町家江入込故障筋不相止」と述べた。前項の「糶売糶買」と異なるのは、請入箇所を所有する者が円滑な汲取作業ができず、またそれができたとしても田畑で利用できなかったということである。

このような水害による下屎取引の混乱も、以下のような取引仕法の改革につながっているもうひとつの側面に位置づけられよう。

3　新政府による制度改定

明治二年一月二五日になると、状況が一変する。『大阪府布令集』によれば、「屎尿汲取旧法ノ廃止」として、「肥小便汲取之儀、是迄ノ仕来被廃止、以来町人共勝手次第、百姓共へ為汲取候様可致候」という達書が市中及び周辺農村に伝達される。(9) 続いて、下屎についても同年一一月二五日の大阪府御布令で次のように述べられている。

【史料4】(10)

下屎之儀、摂河川添村三百廿八ヶ村受入村々相定置候得共今般解放候間、以来市・在之もの相対を以取遣可致もの也

下屎之儀ハ、寛政度摂河両国川添村三百廿八ヶ村を惣代村与相定、壹人銀三匁之定を以て汲取来り候処、近頃屎直段高価相成候ヨリ市中之者直上り申談候得共、百性共ハ捨テ物故、兎角定直に引付、相当之直上ケ不致、剰受入外之村々へハ高直に売渡候故、請入外之百性共は市中へ掛り羅買いたし候ニ付、故障筋不絶、屢々願筋有之候ニ付而ハ、右體惣代相定一手に括り候ヨリハ解放、市・在之ものト相対を以て取遣為致候方、肥しも行渡り可然哉に存候間、此度右次第府下市・在へ布令いたし置候間、為御心得此段申進置候也

つまり、小便仲間同様に旧来制度（在方仲間による独占的取引）の廃止が通達されたのである。この通達で強調されているのは、「解放」という文言である。町人一人あたりの代銀三匁と決められていたが、町人側は値上げを要求し、農民側は定値段に近い形での取引を主張していたが、周辺農村内における羅買が行われている

ため、いろいろとトラブルが絶えなかったようである。そして後段の「惣代相定一手に括り候」となり、在方仲間が一括して大坂の下屎取引を掌握するよりも、「解放」して市（町人）と在（農民）が相対取引を行った方が、満遍なく下屎が行き渡るというのである。この取引方法の変更は、旧来制度が確立していく過程のなかでも同じような主張（相対取引）が町人側などから幾度となく提示されており、取引方法のなかでは旧幕時代からの継続的な争点であった。

しかし、次の史料をみると、完全なる自由取引ということではないようである。

【史料5[11]】

此度市中御改革之折柄ニ付、左之仕法通市街一般取極仕度奉存候、則、

仕法

壱ヶ年ニ

一　壱人別ニ大便代

白糯七升

内

壱升　川床入用手当与して用捨致遣し候事

残り六升之品

内五合ハ　川浚御手伝

五合ハ　取扱ひ諸入用手当

弐升ハ　家持共へ取納申候

三升ハ　借屋共江取納申候

一　同小便代白糯三升

内五合ハ　川浚御手伝
五合ハ　取扱ひ諸入用手当
弐升ハ　借屋共へ取納
此外茎菜・茄子者従前之通
（後略）

これは【史料4】と同時期（明治二年一一月）に大阪府が通達した大便（下屎）・小便取引の新仕法である。まず下屎代について農民側は、町人一人につき白糯（餅米）七升を支払うとなっている。続けてその内訳が記載されているが、旧来ならばそのまますべて家主に支払われる下屎代の内容が大幅に変わっている。これまで下屎取引において全く収入を得なかった借家人が三升と最も割合が高く、次いで代銀を独占してきた家主が二升、残りの二升については川床入用、川浚御手伝費、取扱諸入用手当ということになっている。ここで大きな改正は、借家人が下屎代価を受け取ることが可能になり、割合も家主より高くなっていることである。旧制度では、借家から排出される下屎の代価はすべて建物所有者である家主が受け取ることになっていた。大坂地域において下屎＝家主、小便＝居住者というように支払い方法が異なり、それが両者の特質とも位置付けられてきた。小便代についても町人一人につき糯米三升で、うち二升は借家人（居住者）たちへ、一升は川浚御手伝費、取扱諸入用手当となっている(12)。町家と農民の直接取引決済から、町家ならびに行政機構と農民の取引決済へと大きく様変わりことは揺るぎない事実である。行政機構へ納められる川浚・川床入用については、大坂と周辺農村を往来する屎船・小便船の利用というものも関わっており、全く無関係ではないが、社会資本の整備に直接上納する形式へと移行したことは新政府の思惑・意向が大きく働いていると考えられる。

もうひとつの注目点は、下屎・小便と引き替える代償が「糯米（餅米）」に統一されていることである。これまでの下屎代は銀子がほとんどであり、小便代については餅米のほか、銭、繰綿、実綿、茄子、くき大根、干し大根と品目が定められていた[13]。政情不安のなかで貨幣制度の流動性、信用貨幣の不在、といった理由が推測でき、そのうえで糯米が最適な代価として選択されたのであろう。これは大阪のみならず全国的な動向であり、後段の【史料8】の記述にあるが、東京や伏見でも「玄餅」による取引規定があり、当該期の通貨不安定の状況が著しい広がりをみせていたと推測できる。それと同時に、下屎・小便の新仕法は区分されている一方、ひとつの代価に統一するということの意味は、全国的な統一基準を策定しようとする姿勢が認められよう。しかもこの決定主体は大阪府であり、旧幕時代のような市中と在方の合意、もしくは双方の主張に基づく大坂町奉行所の裁定とは異なっている。つまり、屎尿取引の制度、仕法は行政側がすべての決定権を持つことを意味しており、運営の主導権が「民」から「公」へと移行する段階に入ったことが示唆される。

前年末と一転してこのような政策転換が行われた背景には小刻みな行政機構の改編がある。小便仲間廃止命令が出る直前の明治二年一月二〇日、農村部を取り仕切る北司農局が摂津県、南司農局が河内県となり、大阪府は市街地のみ管轄することになる。その後、この編成も試行錯誤を繰り返しながら幾度かの変化を遂げるが、このような行政機構の統合・再編、それに伴う担当吏僚の異動など、政策遂行に関する不安定さを物語るものといえよう。

以上、新政府が大坂を掌握した直後の慶応四年から明治二年に至る下屎取引の制度改革について取り上げた。いくつかの留意点をまとめておこう。

第一に、下屎制度に関して新政府が最初に出した通達は、在方仲間からの強い要請によって布達されたものであった。これは当時、新政府が旧来的制度に未熟であったこと、長期的政策を立案していなかったこと、行政機構としての体裁が十分でなかったことなどが要因として挙げられる。その結果、大坂町奉行所の判断基準を採用し、「当事者の意向」を優先した施策を打ち出した形になった。

第二として、新政府が下屎取引の統制・管理に関心を示したのは「諸株同様鑑札下付」であろう。ここには株仲間統制と同様に下屎取引にも規制をかけようとし始めた行政側の意向が漸く垣間見える。これ以後、新政府の方針として次々と施策を打ち出すのであるが、この一件がまさに起点となる。

第三は、新政府による市中改革の一環として打ち出された下屎・小便新仕法である。ここでは代価の決済や配分、取引に無縁であった「公」への上納など、旧制度のすべてを塗り替えたような新仕法の登場である。そして、代価として登場する米穀が物語るように変革期なりの工夫、社会情勢の反映が目立ったものといえよう。

ここまでの一連の流れを簡潔にまとめたが、新政府が少しずつではありながら、大坂支配に積極的な政策立案をおこないながら、政府としての統一見解も交え、幕府体制とは異なる新たな政治手法を提案していったと評価できる。

第二節　明治三年申し合わせとその実態

1　明治三年の下屎騒動

在方下屎仲間にとって、大阪府から通達された新仕法はどのようなものだったか。その新仕法への対応について、まず取り上げられるのは明治三年の西成郡下屎騒動である。数千人にも及ぶ農民たちの闘争、そして終結後の新たな展開が新政府の施策に大きな歯止めをかけることになった。また、そのような取引制度の改革についての動向が活発化するなか、実際の取引はどのような状況にあったのであろうか。そのような疑問点を明らかにしていこう。

明治初年における大阪の屎尿問題で最も注目を集める事件は明治三年二月に起こった西成郡下屎騒動である。かつて小林茂氏はこの騒動を維新変革期の農民騒擾として詳細に検討をおこなった(14)。ただ、この騒動の民衆運動的側面に焦点を絞るのではなく、維新期における屎尿問題・制度的変遷の流れのなかで考察しておきたい。

前項で述べたように、明治二年一一月に下屎取引の仕法改正が行われたが、それに対する在方下屎仲間加盟村々の反発は大きなものであった。それが西成郡下屎騒動へと拡大していくのであるが、同年一二月の河内国茨田郡・讃良郡・交野郡・若江郡の下屎請入村々が提出したような「下屎請入歎願書」が多数の村々から大阪府へ寄せられたと思われる。旧幕時代ならば、歎願書を受け取った大坂町奉行所が「当事者の利益」を考慮しながら、その後の展開（政策の是非など）を模索するという状況が生まれたかもしれない。しかし、大阪府の対応ぶりを窺うと、そのような動向は認められず、ここでも取引の主導権が「民」から「公」へ移行した様相が見受けられる。

以上のような過程を経て、明治三年二月の西成郡下屎騒動が発生するわけである。騒動の具体的な経過については、すでに小林茂が詳細な検討を加えているので、ここでは概要だけに止めておきたい。

【史料6[15]】

河州・摂州辺下屎之事ニ付三百余ヶ村ゟ一揆起ル。内百五十ヶ村程ヲモ立、鉦・太鼓・鋤・鍬・竹槍抔ニて加島いなり社江集ル、凡三千人（中略）右中島辺之一揆わ、加島之稲荷社へ十一（二月）日早朝ゟ上辺ゟ追々集り、昼後ゟ佃江押寄、右佃重右衛門わ質屋・綿や商売ニ御座候処、数千人之事なれわ代呂物・綿道具抔不残散乱致、土蔵・家抔も瓦一枚も無之様打たおし、誠ニ見苦し次第也。

ここに示されているように、下屎騒動は明治三年二月一一日早朝、摂津国西成郡加島村（現大阪市西淀川区）の稲荷社へ中島大水道に関係する村々を中心に三千人（『大阪府史料』では二千人）の農民たちが集結し、下屎取引で利益を得ていた佃重右衛門宅を襲ったことから始まる。

近世からの「豪商」であり、大阪西大組大年寄であった井上市兵衛は日記のなかに、この騒動の様子を次のように書き留めている。

【史料7】(16)

（明治三年二月一三日）

去十日夜北在人気立、三津屋村・鹿嶋村ゟ発起ニ而十一日夜ニ掛、佃村十兵衛・大和田村万右衛門宅壊、夫ゟ下辻村与次兵衛、馬場村源兵衛・藤兵衛方壊候ニ付、十一日夜ゟ坂府五隊兵御出張、十二日朝三隊御引取、少々人気相静り候処、十三日朝未不静、上津嶋村三軒壊、守口東五十町（空白）村御堂江屯、所々三、五人宛潜居由、今月中先達而歎願之御沙汰不被下候ハヽ、夜中鐘ヲ相図ニ益騒立、大阪市中江入込由申ニ付、所々寺々或者町内太鼓・鐘類悉御取置ニ而兵隊御守衛之由、左海（堺）兵隊数多御出張有之、昨今中年寄之中両三人、夫ゟ大年寄江出掛参由、或者寄合所壊、裁判所江歎願抔様々噂有之、橘平兵衛聞繕、再々注進ス。下辻村之節ハ箇屋弥助下人参見届帰候節ハ百人計ト申居、十三日三津屋村八ヶ村御呼出ニ而旅籠屋平野屋万ニ罷越、十四日阪府惣代部屋江御寄ニ而、追々模様御紀之由也、

【史料6】が伝えた内容の後になるが、下屎騒動の展開を書き記している。佃村十兵衛（先の佃重右衛門と同一人物か）など、周辺農村居住者が打ちこわしにあっている。おそらく、「身元宜敷《よろしき》百姓」と呼ばれ、高値となった下屎を取り扱った人々ではないかと推測される。農民達が決起した一一日夜には大阪府の五隊が出向き、そのほか堺からも兵隊が多数出動している様子が窺え、かなり大規模かつ緊迫した騒動であったことがわかる。結果、小林茂によれば、二月二五日に騒擾の始末は終わったと思われる(17)。

大阪府は、この事件の収束によって三月二日に布達を出している(18)。その内容は条件付きで旧来制度を容認することで、①下屎仲間の惣代であった者を除き、改めて「実直ノ者」を人選の上、組合惣代とすること、②組合惣代に対して町人一人につき一か年銭二貫七〇〇文とすることを大阪府の大会議で取り決めた、などである。

それに関連して、以下の史料がさらに詳細な情報を提供してくれる。

【史料8】(19)

一左之通被仰出候付、翌々四日組々ニおゐて中年寄江申聞候事、但村々江御達相成候御書付也

下屎之儀市・在（市中・在方）故障不絶候付、従来之取極相廃シ、市・在相対を以取遣　可致旨及布令候後、村々之内会議所江罷出、価法中右之もの共高価ニ取極候様、外村々江伝聞候ゟ人気立、既ニ及乱妨候付、重立候もの当時吟味中ニ候得共、下屎汲取ヶ所等治定不致候而者差支候趣ニ付、村々ニ而以前惣代与唱候もの相除き、実直之もの壱両人之撰致し、組合村惣代与して会議所江罷出価等熟談いたし、其趣当庁江可申出候、尤東京并城州伏見表下屎代価者、壱人ニ付壱ヶ年玄餅六、七升之由相聞候得共、土地之模様ニ寄候義ニ付、右を目的にいたし候事ニ者無之候得共、心得迄ニ申聞候間至当之及談判、価等早々取極候様可被致もの也

午（明治三年）三月二日

これは『南大組大年寄日記』に書き留められた文書である。前半部分は先の三月二日布達と同じ内容であり、以前から勤めている惣代を排除して、組合（仲間）の代表を新たに選任することを大阪府へ申し出るよう命じている。注目すべきは、後段の東京および伏見での下屎代価について記述している部分である。東京・伏見における下屎代は、町人一人につき一ヵ年玄餅（餅米）を六、七升であることを指摘した。土地によって様子が異なるので、あくまでも目安であることを断っているが、前年一一月に出された新仕法と同額（下屎代七升）である。その目安を心得ながら、市中と在方の価格決定を促しているのであり、大阪府は明らかに新仕法の内容を堅持したいという方向で話しを進めようとしている。

2　明治三年申合約定書の分析

明治三年三月から大阪府、在方、町方の三者による協議が断続的に行われ、明治三年六月、在・町双方によ

る次のような合意が成立している。

【史料9】[20]

申合約定之事

一下屎代米之義、以来六歳以上ゟ人別壱人ニ付壱ヶ年分其米弐升七合五勺宛、当午年分者代銭弐貫四百七拾五文相掛ケ可申事

一下屎請入箇所之義、是迄之通羅取羅買無之様取締、他之ヶ所汲取居候分有之者、来ル晦日限、素請入村へ差戻し可申事

一是迄請入ヶ所、当時被羅取居候分請入主ゟ右ヶ所家主江早々頼談、尚又丁内江罷出人別書等取之、并羅取人何村誰与申事聞調之上、早速右羅取人江掛合之上、不行届在之候ハヽ、其村方庄屋江申出候上、埒明不申分者惣分江可申出事

但、羅取人多分掛ケ込居候もの、其米弐合五勺余ニ可致事

一下屎汲取之義、是迄不掃除之廉間々在之候間、已来成丈念入十五日目ゟ遅候不相成様屹度取計可致事

一下屎方惣分諸入用割符日限無遅滞出金可致事

右之通申合候上者、相互ニ無違失急度取計可申候、為其約定調印書仍而如件

摂州西成郡中村年寄与次右衛門

（ほか一〇か村庄屋・年寄連署）

これは西成郡のうち一一か村庄屋・年寄の連署であるが、文面は在（在方仲間惣代）・町（大阪四大組大年寄・中年寄）双方の合意に達した内容と同じものである。まず、下屎代については町人一人につき一か年米二升七合五勺として、当年に限り代銭二貫四七五文としている。大阪府による新仕法で定められた米七升と比較すると、かなりの減額といえるだろう。そして、懸案となっている羅取についても、請入村への差し戻し、羅

取箇所での家主・糶取人との交渉を唱えている。実際の取引関係では、「是迄不掃除之廉」、つまり水害、または下屎騒動による汲取の不履行を是正するため、半月ごとに市中での作業をおこなうことを明言している。最後の箇条では、下屎方（在方仲間）惣分の諸入用について遅滞なく出金することとあり、従来通り在方仲間が機能することを表明しているものといえよう。

同年九月、再び在・町によって申合約定書が取り交わされている。[21] この約定書は【史料9】の内容をほぼ踏襲しているが、糶取されている請入箇所があまりにも多数であったため、改めて再締結したものである。これと比較して、補足されている点だけまとめておこう。

ア、下屎代価の決定は四組（大阪四大組）大会議所で、在・町双方の代表者によって行う。

イ、下屎代価（米）は、毎年一〇月の相場値段を参考にし、毎年一一月二〇日までに町方へ支払う。

この明治三年（六月および九月）申合は、明治二年の大阪府仕法を反故にしたうえで、新たに在・町で締結されたものであるが、基本的には旧幕時代の取引制度がほぼ復活されたものと考えられる。

結果、大阪府は明治七年三月、在方下屎仲間に対して解散命令を出した。これによって大阪府屎尿取締所が大阪における屎尿（下屎・小便）流通の全体的な管理をするようになり、大阪府が企図した「公」への権限移行が成就したといえる。

3　明治維新期における実像――河内国茨田郡藤田村を事例に

慶応四年から明治三年に至る下屎取引仕法の変遷、大阪府の政策および在町の約定など制度的変遷は前項までに述べたが、この時期の具体的な取引はどのような状況だったのであろうか。また、制度のなかでいくつかの改変がみられたが、それは実態と照合するものなのだろうか。その疑問を解くため、河内国茨田郡藤田《とうだ》村（現守口市）における下屎請入箇所の趨勢を手がかりに検討しておきたい。

表33　嘉永５年（1852）４月　河内国茨田郡藤田村の下屎請入箇所

請入人（農民）	箇所所在	箇所家主	建物形態	居住人別	代銀（単位：匁）	備考
伝太郎・勘兵衛	平野町三丁目	唐紙屋安次郎	居宅	15	37.5	1人あたり代銀＝2.50
		江戸屋九兵衛	居宅、借家		45	
		多田屋猪太郎	居宅、掛屋敷		32	
	平野町三丁目	藤木屋小兵衛	掛屋敷	8	24	1人あたり代銀＝3.00
		炭屋万兵衛	居宅		42.5	
		三橋や新左衛門	掛屋敷		32.5	
		定専坊	居宅、掛屋敷		95	下村源右衛門汲取
徳兵衛	平野町三丁目	丹波屋六兵衛	借家		180	
		堺屋利兵衛	〃	45	105	1人あたり代銀＝2.33
		田中屋重右衛門	掛屋敷		10.5	
		炭屋清助	〃		8	
平右衛門	錦町一丁目	か茂屋直七	居宅	6	17.5	1人あたり代銀＝2.92
		西村仁右衛門	掛屋敷			汲取申さず
	島町一丁目	河内屋永太郎	掛屋敷	17	40	1人あたり代銀＝2.35
		銭屋武兵衛	〃		72	
善兵衛	島町一丁目	山西利兵衛	借家		95.2	
甚兵衛・庄兵衛・嘉兵衛	京橋二丁目	平野屋弥右衛門	居宅			濱村嘉兵衛汲取
	天満高島町	土佐屋武右衛門	〃		40	
		河内屋徳兵衛	〃		40	
		藤屋栄介	〃		16	
		播磨徳兵衛	〃		48	
	天満十丁目表門筋	若狭屋源右衛門	掛屋敷		22	小松村忠右衛門汲取
	鈴木町	北嶋屋次兵衛	借家		189	
	谷町久宝寺橋筋	松屋与兵衛	居宅		120	

出典：大阪商業大学商業史博物館所蔵河内国茨田郡藤田村文書869「下屎請入ヶ所帳下書」より作成。

維新期の実態を考察する前提として、**表33**を参照いただきたい。表33は嘉永五年（一八五二）四月段階で藤田村農民が所有していた下屎請入箇所の一覧である。当時、伝太郎・勘兵衛、徳兵衛、平右衛門、善兵衛、甚兵衛・庄兵衛・嘉兵衛の五つの村内汲取組が存在し、平野町三丁目、錦町一丁目、嶋町一丁目などの大坂町家に請入箇所を所有していることがわかる。その請入箇所となっている町家（居宅、借家、掛屋敷）の居住人別、代銀は史料中に記されたものをすべて掲載した。これによって一部ではあるが、個別取引の規模が把握できる。備考に示した「一人当たり代銀」は居住人別・代銀がともに判明するものから町人一人分の代銀を算出したものである。これについては以前検討しているが、一人分銀二匁の公定価格（天保九年在・町約定による）よりも高い代銀が設定されており、在・町合意が遵守されていないことを示している。それに加え「他村汲取」は、本来藤田村の請入箇所でありながら、他村農民の糶取で実際は藤田村と取引がなされていない町家である。「汲取申さず」も糶取、もしくは転居などで空き屋敷となったのか、いずれにしろ藤田村から汲取に出向いていない箇所である。

所有している請入箇所は、村全体で八か町・二四か所であり、うち四か所は糶取などによって実質的に汲取をしていない町家であることが分かる。

続いて、**表34**の内容を考察することにしよう。これは明治三年（一八七〇）四月の下屎請入箇所で、形式は先の表33と同様のものである（ただし居住人別・代銀の表記なし）。合計一〇か町・三八か所（糶取分六か所を差し引くと三二か所）で、嘉永五年と比較すると大きく請入箇所を増加させている。村内汲取組も、儀兵衛、与兵衛、長兵衛、市兵衛、嘉兵衛、久兵衛、平兵衛、利右衛門の八組となっている。表33と照合すると、三八か所のうち、二一か所が新規に請入箇所となったもので、これらは「外村《他村》ヶ所之処、当正月ゟ請入居候分」とあり、同年一月から他村所有から藤田村の箇所へ移行したものと考えられる。その新規請入箇所は本町橋上三丁目が一六か所に上っており、請入人である平兵衛、利右衛門、長兵衛が同町一帯と一括して契約を結んだようである。また、嘉永五年から引き続いて藤田村の箇所であるのは、わずか五か所であり、維新期という流動的な時期を含めているとはいえ、二〇年余りでかなりの請入箇所の移動があったことを示している。

明治三年一月から四月の時期は、先述のように、制度面では大阪府の新仕法から西成郡下屎騒動へ至る過程である。つまり、非常に混乱をきたしている状況のなかで藤田村請入人たちは取引規模を拡大している。むしろ、この混乱期に乗じて拡大を狙ったのかもしれない。

最後の**表35**は、明治四年（一八七一）五月の請入箇所一覧であり、合計八か町・二四か所で、前年四月よりも箇所が減少している。村内汲取組は九組と増えているが、個々の汲取組の規模が縮小されており、儀平（表

表34　明治３年(1870)４月　河内国茨田郡藤田村の下屎請入箇所

請入人(百姓)	箇所所在	箇所家主	建物形態	備　　考
儀兵衛	錦町一丁目	加茂屋直七	居宅	
	島町一丁目	河内屋宗三郎	掛屋敷	河州岸和田村より糶取
與兵衛	平野町三丁目	炭屋万兵衛	居宅	
		唐紙屋安治郎	〃	
		多田屋猪三枩	居宅、掛屋敷	
		和泉屋庄兵衛	居宅	
		三番定専坊	居宅、借家	摂州より糶取
		三橋屋新左衛門	居宅、掛屋敷	河州稗島村より糶取
	北新地	三丸屋弥兵衛	掛屋敷	新規（摂州箇所）
市兵衛	天満六丁目	大和屋平吉	居宅	
		志方屋利兵衛	〃	
		若狭屋源兵衛	居宅、借家	摂州より糶取
		□佐屋万兵衛	〃	〃
	天満高島町	和泉屋清兵衛	居宅、借家	新規（河州箇所）
嘉兵衛	高麗橋一丁目	紙屋藤兵衛	居宅	
	島町一丁目	山嶋	居宅、掛屋敷	河州高柳村より糶取
久兵衛	平野町三丁目	小西茂兵衛	居宅、掛屋敷	
		新屋喜七	掛屋敷	
平兵衛	谷町筋内平野町	新宮庄助	居宅、借家	新規（摂州箇所）
	本町橋上三丁目	播磨屋夘兵衛	〃	〃
		毛綿屋徳兵衛	〃	〃
		茶屋市右衛門	居宅	〃
		舟屋定七	〃	〃
		若山伊助	〃	〃
		かゝや伊助	〃	〃
		西村屋惣助	〃	〃
		三田屋伊兵衛	居宅、借家	〃
		河内屋源兵衛	〃	〃
		中川屋七五郎	〃	〃
利右衛門	本町橋上三丁目	かゞや久七	居宅	新規（河州箇所）
		石川屋藤助	〃	新規（摂州箇所）
		播磨屋岡右衛門	〃	新規（河州箇所）
長兵衛	島町一丁目	銭屋忠兵衛	掛屋敷	
	本町橋上三丁目	紙屋惣七	居宅	新規（河州箇所）
		鍵屋又助	〃	〃
		和泉屋與兵衛	〃	〃
	本町橋御祓筋通り	榎並屋正兵衛	〃	〃
		山本屋山仁	〃	〃

出典：藤田村文書698「〔下屎明細帳〕」より作成。

表35　明治４年５月　河内国茨田郡藤田村の下屎請入箇所

請入人（百姓）	箇所所在	箇所家主	建物形態	箇所人別	代　価
儀　平	錦町一丁目	加茂屋直七	居宅	5	銭12貫400文
	島町一丁目	河内屋与兵衛	居宅、借家	16	金４両
		白銀屋	居宅	6	金１両１分・銭443文
	本町上三丁目	河内屋久七	〃	15	銭37貫200文
		播磨屋与兵衛	〃	4	銭９貫920文
		山口	〃	6	金１両１分・銭464文
		長久寺	〃	8	金１両１分・銭２貫850文
喜　平	天満六丁目高島町	廣田屋利兵衛	居宅、借家	20	金４両２分
		河内屋平右衛門	居宅	12	金２両３分
市次郎	天満六丁目高島町	佐古屋武右衛門	居宅	6	銭14貫
		岸部屋清兵衛	居宅、借家	16	金３両２分
壽三郎	天満高麗橋東詰	嶋屋藤兵衛	居宅、借家	13	金３両２朱
藤次郎	島町一丁目	銭屋忠兵衛	掛屋敷	34	銭85貫560文
久次郎	平野町三丁目	尾張や	居宅、借家	50	金10両
庄三郎	平野町三丁目	小西吉右衛門	借家	69	金14両３分１朱
猪市郎	北新地二丁目	高田屋	居宅、借家	29	金６両
		備前屋梅治	借家	29	金６両
	平野町三丁目	炭屋万兵衛	居宅	12	銭29貫760文
		泉正	居宅、借家	10	金２両・銭400文
		（名前脱）	（記載なし）	7	銭７貫379文
		尾張屋佐兵衛	居宅	6	銭14貫800文
平次郎	千場道頓町三丁目	池田屋力枩	居宅	7	銭17貫304文
		大忠	〃	5	金１両・銭360文
		立木屋森之介	〃	4	銭９貫900文

出典：藤田村文書697「〔下屎明細帳〕」より作成。

34の儀兵衛と同一人物と思われる）、猪市郎両組以外はそれぞれ一から三か所ずつしか箇所を所有していない。表34との比較では、前年四月から継続して契約していると確認できる箇所はわずか四か所で、一年あまりのうちに大きな取引関係の移動があったと思われる。

表35には表33と同様に、居住人別・代価の項目を設定している。とくに代価に注目すると、金・銭建てで支払われていることが明らかである。嘉永五年の事例でも示されているが、少なくとも明治二年までは銀子が下屎代価として使用されており、それ以後（少なくとも明治三年六月以後）は米穀（糯米）が制度的には運用されていたはずである。ここに記されているように米穀を用いた取引決済は一切認められず、すべて金・銭で運用されていた事実が突き止められたといえよう。この嘉永五年から明治四年にかけての藤田村下屎請入箇所を検討した結果、以下の内容が特徴として挙げられよう。

第一に、下屎請入箇所の契約関係は極めて流動的なことである。表33から表35にかけて約二〇年間の推移から、継続して取引をしていた箇所はわずか二か所である。また、糶取の事例も多くみられ、他村によって糶取をされた箇所はその後一切返還されていないことも重要な点である。つまり、糶取禁止を盛んに申合や歎願書などで強調されている文面が多々あるが、箇所権利の移動は日々行われていたと考えるべきである。藤田村の事例で考えると、自村の箇所が糶取されているのと同時に、他村の箇所を「新規箇所（実態は糶取）」として加えている部分を考えると、継続的な取引関係に固執せず、あくまで肥料確保および商品確保の数量的兼ね合いが重視されていると思われる。

第二は、明治四年段階における代価の金・銭運用である。前年九月の在町約定書に記載されている通り、下屎取引は米を代価としておこなわれるはずであるが、ここで米を代価として取り扱った事例は皆無である。ここで推論として考えられるのは、当事者間の合意による取引が優先されており、その意味では制度としての在・町申合約定書と実態が大きく乖離していたと言わざるを得ない。また、明治四年五月というのはちょうど新貨条例が制定（五月一〇日）された時期であり、未だ明治初年の貨幣状況というのは混乱期を脱しておらず、個々の取引で疎らな代価設定がなされているのも致し方ないところであろう。

第三は、実際の取引関係と、制度改変の動きが一致していないことである。糶取の禁止が表向きには声高に叫ばれているなか、在方仲間加盟村々ではお互いに糶取をしていた事実が浮上する。仲間の危機的状況である明治三年前半期においても個々の村および個々の請入人（農民）が箇所獲得の動きを示していることは、個人の利益が優先されている実態を明らかにしている。

以上、本章第二の課題として明治三年における西成郡下屎騒動と、申合約定書の成立、それと下屎取引の実態を述べてきた。それ以前の新仕法通達から一転、下屎騒動の発生以来、新政府の歩み寄る姿勢が見られるが、これは一時的なものであり、最終的には下屎取引の主導権を大阪府が掌握していくことになる。しかし、ここで取り上げた明治三年から四年という時期は、いわば「揺り戻し」とも呼べる時期で在方仲間の巻き返しが顕著である。ただし、その一方で在方仲間村々の対応は表向きに「糶取行為」の禁止など旧来制度の遵守を唱える反面、藤田村の事例で明らかなように「糶取合戦」が村々（農民同士）の間で繰り広げられるのである。そういう状況を考察したなかで、制度と実態の乖離、申し合わせと水面下で展開される利益争奪が最終的な旧来制度の崩壊を導いたのかもしれない。

第三節　明治前期の屎尿問題

1　明治五年の取引規定

ここからは、①明治初年から明治一〇年代にかけての制度的変遷および大阪府の対応策、②当該期における行政機関（大阪府および区役所）の取り組み、③屎尿と伝染病の関係、といった課題を据えて論じていくことにしよう。また、このような事例検討から政策と人々の認識が極めて鮮明になるのではないかという期待を持ちながら、考察を進めることにする。

近世後期から明治維新期にかけての屎尿（下屎、小便）流通および制度的変遷については改めて詳細な事実に触れないが、維新による政権交代で制度が大幅に変化を遂げたことは間違いない[22]。ひとつには、当事者間（市中＝町人、農村＝農民）の合意に依拠した大坂町奉行所の政策決定から、大阪府主体による運営へと移行していくことが挙げられる。実際の取引については、近世期から継続して、汲取を行う周辺農村の農民が大阪市内の町家へ出向き、屎尿の汲取をおこない、町人に対して代価（金銭、米、農産物など）を支払うという基本パターンが遵守されていた。その一方で、制度の運営、方向性などを模索する意味での大枠の諸問題は、すべて「公（大阪府）」主体になったのである。そのような傾向は、明治初年から一〇年代にかけて一層強まるようである。

まず、明治五年（一八七二）四月下旬の動向を考察することにしよう。

【史料10】[23]

一昨廿二日、大阪府御庁ゟ今般達有之候付、請書可差上旨被仰付、則請書左之

乍恐御請書

摂河両国之内
三百廿八ヶ村
下屎方
惣代

一今般市中下屎之儀、右村々ゟ受入共汲出し候而、市中道路ニ据置有之候向キ、右様致置候而者追々暑ク向候往来之請人其惣事ヲ受候而者及迷惑候間、決而道路ニ据置候義者不相成、已来担桶ニ蓋ヲいたし持

扱候様御沙汰被為　成下奉畏候、向後右御達被為成下候趣一々承知仕、尤下屎汲出シ候ハヽ、早々手船へ積入暫ク茂道路ニ据置候義ハ決而仕間敷候、依之御請書奉差上、右御聞済被成下候ハヽ、難有奉存候、以上

（明治五年）
壬申四月廿二日

右物代
二人印

大阪府
御庁

右之通奉差上候処、御聞済被為成下、依之向後心得違無之様村々小前末々ニ至迄無洩通達致置候様被　仰聞候ニ付、若不都合等有之候而者恐入候間、一々承知之上連印可被成候、以上

尚又其御組村々荘屋承知印形之義者、最寄惣代手元江至急之御取置可被成候、以上

組々惣代
名印

一今廿三日御庁ゟ御達有之候義者、今般市中下屎汲取方之義者毎日朝八字（時）迄ニ汲出候様御沙汰ニ候得共、十二字（時）迄延汲出シ願上候処、先第十字（時）迄ニ汲出候様被仰付候間、右割銀通持汲候義者難出来候間、此段御心得を以明廿四日ゟ人足御差出し可被成候

一猶又摂河村々ゟ市中下屎従前請入候分、今ニ治定不相成向者実意を以其町内江早々頼談ニおよび都合可致、向後世利買羅取等致間敷、依而正路之義を以示談可致様御沙汰茂有之候間、其村々役人衆付副、ヶ所夫々江早々御掛合可被成候、自然等閑ニ相成候而者不都合之義ニ有之候間、此旨御心得迄通達致置候

一大坂市中町々之塵芥等不残掃除等之義総而被仰付候間、右引受度思召之方者早々御申出可被成候

右之通御達披見之上、其御組村々へ無洩通達被下度、何れも至急之儀ニ候間、早々御通達可被成候、已上

（明治五年）
壬申四月廿三日

摂河下屎方
詰合惣代

摂河村々
御役人中

この史料は、大阪府からの布達を受けて、「摂河三百廿八ヶ村下屎方物代」が大阪府に対して提出した御請書と、それに関連して下屎方詰合惣代が各村々へ提示した達書の二点を含んでいる。「摂河三百廿八ヶ村下屎方」、「摂河下屎方」というのは、近世後期から大坂三郷家々の下屎を汲み取っている大坂周辺農村の在方仲間で、明治七年（一八七四）三月の解散命令に至るまで市中汲取の中核を占める組織であった。

前半部分（四月二二日付、下屎方惣代二人→大阪府）では、汲み出した下屎を市中道路に放置しないことを取り決めている。ここで理由として挙げられているのは、①「追々暑ク向」、すなわち夏が近付いてくると、臭気が周囲に拡散するため道路を往来する人々に迷惑をかけること、②道路に据え置くことは禁止し、これから担桶（たご、下屎運搬のための容器）に臭気が漏れないよう蓋をすること、③手船（下屎を運搬する屎船）に手早く積み入れること、の三点である。いずれも「ニオイ」、防臭の意図について厳重な注意が払われていることが明らかである。旧幕時代にはこのような「臭気」に関する取り決めや通達は一切ない。臭気についての一連の記述は明治初年に新たな取引規則として加わったもので、すぐさま規則の中心に位置付けられるものとなった。防臭問題についてはコレラ予防対策との密接な関わりがあるため、後段でも随時に触れていきたい。

後半部分（四月二三日付、下屎方詰合惣代→摂河村々御役人中）は、詰合惣代（仲間の首脳）による布達に対する村々の意志確認を促す文書である。一条目には、市中における下屎汲取は毎日朝八時までとした布達に対し、一二時までの延長を求めたが、結果ひとまず一〇時までという折衷案で妥協されたようである。二条目は、周辺農民側が寛政二年（一七九〇）に取り決められた市中の請入箇所を遵守し、規定外の取引（世利買＝せりがい、糶取＝せりとり）を禁止し、「正路」の取引をするため、請入農民にその村役人が付き添って町家と代価の交渉をするなどして市中の下屎「溜置」が発生しないよう努力する旨が村々へ伝えられている。

この史料のなかで三条目が最も重要であろう。ここでは大阪府が在方仲間に対して下屎のほかに塵芥などの掃除もおこなうよう命じたとあり、それを引き受けたいと考える者は早く申し出るべきとの内容である。本来、塵芥と下屎は都市における「不用物」、農村においては「肥料」としての共通点を持ちながら、その「終末」への過程では全く扱いの異なるものであった。両者を一括して在方下屎仲間に実際の取扱業務を任せることにどのような意味があるのだろうか。

この詰合物代から村役人への通達は、大阪府と詰合物代の交渉を経ておこなわれているものである。明治初年における一連の大阪府布達によれば夜中のうちに汲取作業を完了すべしとの内容が必ず登場している[24]。汲取時間の設定について大阪府と在方仲間の間で意見が対立していることからもわかるように、時間厳守が強調されているのがこの時期における布達の特徴である。これには先述の防臭問題が大きく作用していると思われ、できる限り日光の照射、ニオイの拡散を予防する意向が反映されているのであろう。また、町中の道路・河川が混雑している時間帯に下屎の運搬を認めたくない大阪府側の論理が働いているのである。旧幕時代には普通の日常生活に溶け込んでいた下屎の運搬作業が不潔な行為として認識され始めたのは、庶民からの要請ではなく、法令による厳命が背景にあったと考えられる。

そのような前提で、三条目に記される塵芥掃除引受人の申し出について考えてみよう。下屎と塵芥、この両者を旧幕時代には同質レベルで取り扱った事例は一件もなく、田畑肥料として用途の類似性はあるものの全く別次元で対処されていたものと判断できる。実際の塵芥処理を下屎汲取の関係者に委ねるということは、両者に共通性が備わったということになる。その第一には両者を都市衛生のなかで「不用物」として取り扱うこと、第二に臭気に関する意識のなかで「不潔」として位置付けられたこと、の二点が挙げられる。旧幕時代にはなかった都市衛生観念の誕生と清潔意識の向上は、屎尿問題を新たな方向に導いたのではないだろうか。一方、大阪府側が「不浄」「掃除」という区分において塵芥・下屎を一括りにしてしまう、そして「衛生」の名の下に塵芥・下屎（屎尿）を包括的にコントロールするという意向が反映された結果とも考えられる。

行政機構による屎尿汲取の管理が時を追うごとに増していくが、どのような形態で管理・運営がなされていたのであろうか。次に示す史料群は、そのような行政機構内の役割分担を断片的にではあるが窺い知ることができる。

2　大阪市中の諸問題と行政的対応

【史料11[25]】

屎尿汲取之義ハ兼テ屎尿取締所ニ於テ取締罷在候得共、若シ掃除向等相滞リ候節ハ漸次温熱之気候ニ際シ、将夕目今虎列刺病流行ノ折柄ニ付、過日来ゟ取締ニ於テモ一層掃除方注意致居候得共、屎尿停滞シ不潔ノ節ハ取締所へ速ニ報知可致様戸長ニ諭達有之度、此段申達候也

（明治）十二年六月十二日

東区役所

各通

各戸長

右の史料は、東区役所から区内の各戸長宛に出された文書である。ここで述べられている屎尿汲取は町家便所を対象としたものと考えられる。当時、町家の屎尿汲取に関する管理・行政指導は明治七年（一八七四）三月の在方仲間解散時に設立された大阪府屎尿取締所が担当していた。屎尿取締所から各戸長に直接通達が出されていないので、取締所と区役所がどのような役割分担を行っていたのか定かではない。ただ少なくとも東区役所が取締所を補助する形で関わっていたのではないかと思われる。

通達の内容としてはコレラ流行が関連付けられており、屎尿掃除が停滞しないように注意すべき旨が記され

ている。また「不潔ノ節」は速やかに取締所へ知らせるよう命じている。

続いての史料は、東区長から大阪府知事に宛てられた上申書で、路傍便所（公衆便所）を対象とした屎尿取締の対処について述べられたものである。

【史料12[26]】

第三号

客年地第八拾壱号即達ニ付、路傍屎尿取締之義、当役所ニ於テ速ニ着手可致候処、旧臘第四百六拾三号ヲ以上申候通、従来人民中ニテ取扱、随テ客年中之該代価申請仕払済之趣申立候ニ付、本年一月ヨリ着手之筈ニ付、従前之契約取消候様予メ申達置候、然ルニ従来之便所囲ヒ溜桶等甚不潔ヲ極、且囲等ハ多分所有主モ判然不致而已ナラス、其構造ニ於テモ粗造ニシテ、只三方ヲ囲ヒ覆蓋無之ヨリ平常日光ヲ射、炎暑ニ至リテハ一層悪気ヲ散却シ、甚衛生上之患害ヲ醸シ候ニ付、今度取締着手之際囲ヒ溜桶等モ新ニ設置候ニ付テハ、戸長役場且前述人民中之惣代ヲ以テ契約致居候、勘定元締メ申候者并旧受負人等へ従来之分客年限取払方相達置候処、右勘定元締メ受負人トノ契約中ニ関シ、今度当役所ニ於テ取締着手之方法、右受負人於テ不服ヲ喝シ出訴候、然ニ付テハ右訴訟中ハ従前ノ通汲取候様抔不法申立溜桶汲取人之所有取払不致ヨリ戸長役場ニ於テ外囲取払難相成旨申立候向ニ有之、尤該掛印各戸長役場へ出張懇々理由説諭候得共、取払着手躊躇仕、甚取締上ニ於テ障碍ヲ生シ、第一不潔汚穢之場所路傍ニ差置候儀ハ摂生ニ関シ不相済次第ニ付テハ、右取払所分方警察署ニ於テ取計相成候様致度、此段相伺候迅速何分之即指揮相仰候也

東区長　森田稔（印）

明治十四年一月十二日

大阪府知事　建野郷三殿

（大阪府衛生課割印）

書面伺之趣ハ其役所ニ而取払方取扱可致事、

明治十四年一月十四日

大阪府知事　建野郷三（印）

この史料に依拠して、当時の路傍便所についての屎尿汲取の様子をまとめておこう。

ア、路傍便所の取締・汲取は区役所にておこなうこと

イ、客年（昨年・明治一三年）分の屎尿代価は人民中（大阪周辺の農民）が既に支払っているため、本年（明治一四年）一月から区役所が屎尿汲取に着手すること

ウ、従来の契約関係はすべて取り消すこと

エ、従来の便所囲い・溜樽などは不潔を極め、衛生的に不都合であり、区役所が着手するに際してこれらを新たに設置（交換）すること

オ、区役所が溜樽などを交換することについて、従来汲取に関わっていた「勘定元締メ」・「受負人」が異議を唱え、訴訟問題に発展していること

カ、取締強化を進めていくうえで、訴訟問題が障碍となっており、囲いなどの取り払いを警察署に任せたいこと

以上、六点がこの経緯を示す要点である。ここで述べられている「取締」とは内容から考えて、取締と実際の汲取作業を含むものと思われる。つまり、今まで民間レベルでおこなわれていた屎尿汲取が、区役所管轄となったことを意味している。この段階に至る過程でも屎尿汲取に関する方法や規制については大阪府など行政機関が指示してきた。しかし、路傍便所に限定されているものの、実際の汲取を民間レベルから区役所へと移行することはこの問題において大きな転換点と位置付けられよう。

また、この上申書の趣旨である取り払いを警察署に委託する件は、大阪府知事（実際には大阪府衛生課）か

ら区役所で行うよう改めて指示がなされている。その結果から考えると、路傍便所に関するすべての諸問題を区役所に委任するという姿勢がみえてくる。

続いて同じく東区役所における路傍便所取締の運用について示す史料を挙げておく。

【史料13[27]】

第八十二号

路傍便所取締向キ所轄区役所ニ於テ担当候ニ付テハ、囲ヒ溜樽其外該所之用物ヲ新旧交換ノ際、運搬ノ用ニ供スル為、右便所ノ尿代金ヲ以テ購求之該区役所ニ備置キ候、船車ノ義ハ地方税規則第三十六条土木工業用ノ官有船車塵芥運搬用ノ区町共有船車ニ準シ、該税ハ免除シ国税ノミ徴収候義ト相心得可然候哉、此旨相伺候也

東区長心得
書記　熊谷新（印）

明治十四年
第十二月九日

大阪府知事　建野郷三殿代理
大阪府少書記官　遠藤達殿

書面伺之通

（明治）十四年十二月廿三日

大坂府知事　建野郷三代理
大坂府少書記官　遠藤達（印）

ここでの前提は、路傍便所（公衆便所）の取締は所轄区役所が担当することで、このケースでは東区役所がその任を果たすことになる。そして東区役所側の希望として路傍便所にかかる備品設置（便所の囲い・屎尿の溜樽など）についての諸費用を尿代金から捻出する旨を述べている。後段には屎尿運搬用の船・車は区・町共有のものに準じ、地方税は免除されるべきとの意見書である。結果、大阪府側はこの要望をすべて受け入れて

いる。

重要な論点を挙げるならば、先の【史料12】で述べたように大阪府が路傍便所についてはすべて区役所に委任していること、また地方税免除などの優遇措置を認めていることであろう。それほどまでに路傍便所の問題は拡大化の傾向にあり、かつ重要な懸案事項であったと考えられる。

路傍便所についての汲取の問題は東区役所の事例のように、各区役所が全面的にその責務を担うという方向で展開した。しかし、汲取に至る過程での衛生対策についてはどのような方策がとられていたのだろうか。その問題に関しては、次の史料が参考になる。

【史料14(28)】

甲第七拾五号

諸市場・演劇場・遊技場・寄席・路傍等ニ設置スル便所及ヒ長家合雪隠、其他公衆ノ用ニ供スル便所ノ悪臭ヲ防カナレハ、虎列拉病毒醸発ノ媒介ヲ為スモ難計ニ付、自今其持主ニ於テ左ノ割合ニ従ヒ防臭薬ヲ撒布スル可シ、此旨布達候事、

明治十五年七月廿日　　大坂府知事　建野郷三

諸市場・演劇場・遊技場・寄席　一日四回以上

路傍便所及長家合雪隠　一日一回以上

この布達では、悪臭の防止が唱えられ、公衆・共同便所における防臭薬の撒布が命じられている。諸市場や演劇場など多くの人々が集まる場所、それと長家（長屋）など多人数が共同で利用する便所が対象である。これは文中にも明らかなようにコレラ対策の一環で考案されたものであり、いずれも不特定多数が使用するという特徴が見出せるのも流行病の抑制を企図したものといえる。一日一回以上、もしくは四回以上の防臭薬撒布は、便所の所有者（持主）によって行うべしとの判断がなされており、これら所有者にはコレラ対策に向けた

行為が義務付けられたことになる。それは民間においてもある一定の責任を持たざるを得ない状況であったと考えられる。これは同時に大阪府および行政機構が直接関与できないほど、コレラ予防に対する諸活動が広範囲になっていたことを裏付ける動向と捉えられるのである。

3　伝染病の流行と屎尿処理

明治一〇年におけるコレラ流行では、大阪府管内の患者総数一六一九人（全国一万三八一六人）、死者一一二八人（同八〇二七人）という甚大な被害を受けた[29]。この伝染病対策に関しては、大阪府下に出された法令を収載した『大阪府布令集』のなかでも数多くの規制・通達が掲げられているが、そのなかで屎尿汲取と関わるものに限り紹介しておこう。まず明治一〇年一〇月、コレラが猛威をふるっていた時期の布達である。

【史料15[30]】　明治十年十月十七日

市中並接近郡中
区戸長

虎列刺病追々伝播ノ勢ニ付、此際屎尿汲取方清潔ニ可致ハ勿論ノ事ニ候処、中ニハ溜滞ノ侭差置キ、或ハ掃除向等不行届ノ者モ有之趣ニ相聞、右ハ兼テ相達候通病毒ヲ醸シ不宜事ニ付、自今右汲取方其筋へ厳重相達置候条、自然溜滞致スカ又ハ不都合ノ汲取方等致候節ハ、銘々ヨリ端書郵便ヲ以テ、江戸堀三丁目屎尿取締所へ通知スベシ、若シ又遠隔ノ地或ハ不弁理ノ場所ハ、該区会議所へ申出ベシ、会議所ニ於テハ一日分取纏メ、番地・姓名ヲ記シ、郵便先払ヲ以テ屎尿取締所へ通知可致、此旨各区無洩諭達可致候事

これは屎尿汲取方について、不履行を許さず速やかな汲取をするよう求めた通達である。当時の認識では、「病毒ヲ醸ス」ものとして屎尿に対する不浄感を意識したものと受け止められる。右に挙げたように泄物による感染が医学的な正当性を持っており、その見地から臭気への規制や屎尿処理の徹底が声高に強調さ

れたものといえる。また、一方で汲取作業が不十分であるがゆえに、この通達が出されたと思われる。屎尿が市中町家の便所に放置されている状況が生まれた背景には、汲取を担う大阪周辺農民たちが田畑肥料としての重要性を知りながらも、屎尿に対する不浄感・忌避感を抱いていたと考えられるのではないだろうか。そのように類推すれば、当時の行政機構、都市民、農民、すべての人々が屎尿に対する不浄感を共有していたといえよう。

次の史料も【史料15】と同日に達せられたコレラ病患者の屎尿処理に関する通達である。

【史料16】[31]　明治十年十月十七日

市中並市中接近
区戸長

虎列刺病排泄物取捨場ノ儀、左ノ場所ニ取定候条、銘々自宅ニ除地無之者ハ、瓶或ハ壺等相備へ、其中ニ取捨、厚板ヲ以蓋ヒ、毎度ニ消毒法ヲ施シ、漸次入物ニ相満候節ハ、松脂或ハ厚紙ヲ以密封シ、該気ノ洩泄不致様能々致注意、取捨場へ可令運搬、尤場所へ持越ノ上ハ、該所掛ノ者へ相尋埋没ノ処分可致、此旨各区内無洩可相達事、

天王寺村　埋葬場
長柄村　埋葬場
岩崎新田　埋葬場
難波村　避病院

コレラ患者の排泄物処理に関して、周辺農村へ売却せず、自宅敷地にて処分するか、それが不可能な場合は

最後に挙げられた三か所の埋葬場、一か所の避病院、の合計四か所に運搬することを命じたものである。

この文面の特徴は、第一に排泄物の容器となる瓶・壺などに十分な消毒をおこない、それを密閉して運搬することである。【史料10】で普段の下屎取引において、運搬時には担桶に必ず蓋をすることなどを明記しているが、コレラ患者の屎尿についてはさらに厳重な密封を求めている。これは先述した臭気・排泄物による感染というものが意識されていたことの表れであろう。

第二に、コレラ患者が収容される避病院のみならず、死体処理の行われる埋葬場を取捨場に指定していることである。これも【史料15】で述べられた屎尿が不浄であること、また第一章において紹介した塵芥と下屎の一括と関連付けられるものである。すなわち、屎尿、塵芥、死体処理が同類のものとして扱われ、「不浄」という一語のもとに収斂されていく様相が窺える。

最後に旧幕時代との比較から、屎尿汲取に関わる言葉の変遷について触れておきたい。本章で紹介した史料群で強調されていた言葉は、「屎尿」、「臭気（防臭）」、「不潔」、「不浄」、「掃除」、「排泄物」などである。これらはいずれも旧幕時代には用いられなかったもので、明治五年以降の布達類を中心として新たに登場した言葉である。例えば「下屎」と「小便」に区別されていた表記が、「屎尿」として一括されたことは最大の変化である。また「不潔」「不浄」というような忌避感を表現する文言は、屎尿問題に関わる人々（行政機関、都市民、周辺農民）の意識変化を惹起させたものとして位置付けられよう。

おわりに

幕末維新期大坂における下屎問題の詳細な検討はこれまで「西成郡下屎騒動」の状況把握に終始しており、明治前期に至るまでの取引方法および実態の解明は捨象されてきた。それら諸課題に関して初歩的ではありながら、新たな道筋を模索したのが本章である。

第一節では、とくに維新期における制度的変遷、試行錯誤の状況に力点を置いて述べた。旧来制度の改革については、慶応四年から明治二年に至る過程のなかで、新政府側の政策が徐々に独自のものへと変貌し、幕府時代との相違点が明白になっていった。その一方で、急進的かつ直線的な新政府の政策遂行は、当事者重視傾向にあった大坂町奉行所の政治手法を無視する形へと変化していく。

一方、在方仲間側の行動は、明治二年一二月「下屎請入歎願書」などの合法的抵抗と、翌三年二月に発生する西成郡下屎騒動という形で明らかとなった。そして、大阪府の一時的な妥協を導き出し、旧来制度に近い仕法を明治三年の在町中合約定書で成立させることになる。そのような制度的変革が繰り広げられる間の下屎取引については、在町中合および在方仲間内における約定が守られることなく、糶取行為が村々および農民間でおこなわれていた。また、下屎代価についても約定通りではなく、取引の当事者間で金・銭の価格が独自に設定され、それぞれの利害を摺り合わせながら、有効な取引関係が構築されていたものといえよう。

大阪における屎尿問題は時勢によってさまざまな動向が認められるが、本章で取り上げた明治前期の検討では、当該期におけるいくつかの特徴が浮き彫りとなった。

第一には、これまで旧幕時代に皆無であった規則が、明治初年以降、新たに登場したことである。大きな変化としては、明記されていなかった臭気が重要視されることになり、「ニオイ」についての問題が注目を浴び、また規則の中心となっていく様相が明らかとなった。そして、下屎と塵芥が一括して取り扱われるようになること、またコレラ病患者の排泄物処理を埋葬場で行うことなど、大阪府の推進する衛生政策が新たな段階に入り、屎尿、塵芥、死体処理が同一レベルで論じられるようになった動向が注目されよう。

第二には、コレラ病大流行によって、屎尿制度の形成＝大阪府、実際の屎尿汲取＝民間（周辺農村、勘定元締メ、受負人など）、という区分のバランスが維持できない状況に追い込まれたことが認められた。とくに路傍便所については、区役所による取締や汲取がおこなわれるようになり、この問題に関する権限は大阪府から各区役所へ委譲されたものと考えられる。またその一方で、人々が集まる市場・演劇場などの便所管理には行政機関が直接関与するのではなく、ある程度所有者がその責務を担うという状況が生まれた。それにはコレラ病大流行が社会にとっていかに大きな衝撃であったかという事実、それとともに社会全体における対処が必要であったことを裏付けている。

第三として、行政文書に表れる用語が、旧幕時代と比較して大きく変化した点である。その言葉の変化は、行政機関のみならず、一般庶民の意識変化についても影響を与えたと考えられる。法令を中心に取り上げたこともあるが、一般の人々においても明治前期における「屎尿」へのイメージは「不潔」や「不浄」といった言葉に集約されていくのではないだろうか。

これまで研究が進んでいなかった明治前期における屎尿問題を取り上げて、以上のような考察を行った。ここで挙げられた事例が旧幕時代、維新前後、または明治中期から後期へと続くなかでどのような位置付けができるのか、さらに分析を深める必要があろう。

〔注〕

（1）明治前期大阪の屎尿問題研究では、服部敬「同業組合準則と屎尿汲取組合の設置」（『花園史学』四、一九八三年）などがある。

（2）大阪市立中央図書館所蔵小林家文書「布告及布達」。

（3）『門真市史』第五巻、二〇〇一年、二二一〜二二四頁。

（4）大阪府立大学経済学部図書室所蔵越知家文書「下屎方へ鑑札交付ニ付請書」。

（5）越知家文書「大坂三郷町々出肥小便申合議定印形帳」。

（6）本書第三章参照。

（7）『新修大阪市史』第五巻、一九九一年、三八五～三八七頁。
（8）本書第二章参照。
（9）『大阪府布令集』一、一九七一年、一二三頁。なお、本章で引用する『大阪府布令集』掲載の布達類については可能な限り、小林家文書「布告及布達」にて原本確認をしている。
（10）『大阪府布令集』一、一九七一年、一二二～一二三頁。
（11）小林家文書「布告及布達」。
（12）【史料5】の末尾に「茎菜・茄子者従前之通」とあるように、蔬菜類での交換も可能であったと思われるが、基本とされたのは間違いなく白糯である。
（13）本論文第二章参照。
（14）小林茂『日本屎尿問題源流考』明石書店、一九八三年。小林氏の成果から、騒動の主体は中農以下が圧倒的に多いこと、中島大水道沿いの共同体的結合により運動が展開されたこと、下屎流通の一大拠点である加島村が中心地になった意味など多くの事実関係が紹介されている。
（15）大阪市史編纂所所蔵「大阪編年史稿本」。
（16）大阪市史史料第二十二輯『明治初年大阪西大組大年寄日記』一九八八年、一三九頁。
（17）注（14）小林前掲著書。
（18）『大阪府布令集』一、一九七一年、二四八～二四九頁。
（19）大阪市史史料第三十五輯『南大組大年寄日記（上）』一九九二年、三〇～三一頁。
（20）越知家文書「下屎方申合約定書」。
（21）越知家文書「午年九月申合」。
（22）明治維新期については、本章で詳細に述べている。
（23）大阪府立大学経済学部図書室所蔵越知家文書「乍恐御請書」。
（24）たとえば『門真市史』第五巻、二〇〇一年、二二四～二二六頁に掲載されている屎尿取締所から村々へ通知された「明治九年一月屎尿臭気規定書」など。この問題は改めて検討する必要がある。
（25）大阪市公文書館所蔵大阪市行政文書八〇三九「明治十二年中　東号部門戸長達編冊（東区役所）」より引用。

(26) 大阪市行政文書八〇四七「明治十四年　本府伺」より引用。
(27) 注(26)前掲史料より引用。
(28) 大阪市行政文書八〇五〇「明治十五年　戸長号外達諸掲示」より引用。
(29) 『新修大阪市史』第五巻、一九九一年、五〇九～五一三頁。
(30) 『大阪府布令集』二、一九七一年、五七八頁。
(31) 注(30)前掲書、同頁。

第六章　社会環境史としての屎尿問題

はじめに

環境史研究は、歴史学のみならず学問全般のなかで大きな注目を集め、今日までに多数の研究蓄積を得ている。その関心の高さは出版物、学会・研究会の取り組みに反映され、さまざまな形での「環境史の成果」が溢れている状況にある。[1] この盛況の裏側で研究者は「環境史とは何か」という疑問を常に背負っていることも事実であり、著者も及ばずながらその克服に努めたいと考えているが、ひとまず現段階では日本列島を素材とした研究動向を整理し、著者なりの環境史を描いてみたい。

日本列島を対象とした環境史研究は、考古学や中世史研究者の手によって一九九〇年代から大きな進展が見られた。[2] その後は開発、気候変動、災害などの具体的事象からさまざまな論点へと飛躍しており、すでに環境史をめぐる論争も展開されている。また近世史研究においても、ヒトと自然、災害、飢饉、公害、環境思想、そして江戸システム論と、まさに多様な環境史的研究[3]が世に送り出され、最近では高橋美貴によって漁業・森林の資源保全政策に関して重要な問題提起がなされている。[4] このように並べるだけでも環境史は実に広範な領域を有しているが、筆者はこれらの諸研究を単純に、自然そのものと人間社会の関係を中心に分析する「自然環境史」、人間社会の環境を分析する「社会環境史」に大別し、本章は後者に属する研究と位置づけたい。

社会環境史と限定してもなお明確ではないが、本章ではとりわけ「都市環境」という言葉にこだわりたい。かつて鬼頭宏は日本近世を事例として、文明と人口変動の波動を分析し、「環境経済史の試み」をおこなっているが、その大部分は人間社会のなかで「都市環境」をどのように位置づけるかという課題に迫るものである。(5)本章はその「都市環境」を検討するにふさわしい屎尿問題を一八・一九世紀の大坂に素材を求め、都市環境の維持機能について論じたい。

当該期における環境衛生を考える素材としては、屎尿、ゴミ問題、そして医療あるいは薬品の発展・普及などが挙げられよう。これらを分析することは社会全体のあり方を捉えるうえでも有効な作業であり、また都市環境の維持機能を具体的に明らかにすることにもつながるが、本章ではとくに都市で発生する商品（肥料）が農村へ供給されるという特質を持つ屎尿に注目する。

第一節　近世都市における行政的対応

1　都市史研究における位置づけ

近世都市における屎尿問題の研究は、三都（江戸・京・大坂）の検討を中心に戦前からおこなわれていた。京都では橋本元による近代の屎尿・衛生問題を考える前提での農業史的考察、(6)江戸では渡辺善次郎・伊藤好一をはじめとする肥料問題や都市問題を解明しようとする研究、(7)そして大坂では野村豊の地域産業分析、(8)小林茂による農民闘争に重点を置く民衆史的考察(9)と、さまざまな問題意識のもと検討が進められてきた。

それに対して著者は近世における屎尿を消費者である農村の立場から商品流通・地域市場構造の分析として進めているが、屎尿問題という途轍もなく大きな課題、また人間社会に密着する重要案件を解き明かすためには、流通というひとつの切り口だけでは心許ない[10]。視点の多様性とともに数々の事例を集約し、体系化の道筋を付ける作業が必要であろう。その前提として今まで各地域で得られた成果から共通項となる事実を抽出し、近世都市における屎尿流通の特質をまとめておきたい。

2　江戸時代はリサイクル社会だったのか?

まず、屎尿が事実上の商品であり、都市から周辺農村へ売却されること、その売却には河川を中心とした舟運が不可欠だった。都市が成立するうえで河川・運河の拡充は優先課題のひとつであり、それを利用して周辺地域からの物資流入が活発となる。屎尿流通も周辺農村から屎舟《こえぶね》が都市に蔬菜類などを運び、帰り荷物に屎尿（大坂では下屎・小便に分別）を載せて村々へ供給する。また流通の担い手は各地域によってさまざまであるが、大まかにまとめれば「町人—（中間業者）—農民」である。近世前期の大坂では下屎中買（急掃除人）と呼ばれる中間業者が介在していたが、明和六年（一七六九）以降、町人と農民の直接取引が行われていた。江戸では町人と農民の直接取引（元禄・宝永期までは無銭、正徳・享保期から代銭の発生）、京都では屎問屋と称する中間業者が存在したが、いずれも屎尿の最終消費者は田畑肥料を必要とする農民であり、町人は見返りに貨幣もしくは蔬菜類を入手した。このような都市と周辺農村の取引関係は、三都のみならず、城下町・寺内町などの各都市において展開され、屎尿が「無用」のものではなく、農家にとって必要な肥料であった。これを近年の研究では「清潔空間を確保するリサイクル」として高い評価を与えているが、安易なリサイクル論を手放しで都市環境史と位置づける前に、商品流通の実態や人々の意識に迫るべきだと筆者は考えている[11]。

3　屎尿問題から「支配」を考える

庶民の生活においては、町人・農民の間で屎尿の権益をめぐる対立、または農民側内部の対立が明らかになっていることから、高い商品価値を有していたのは確かであるが、一方で領主的・行政的対応とはいかなるものであったか。(12)

都市行政において屎尿は「衛生」観念を抜きにしても不用物であり、その排泄物処理は支配者の管理責任となる。近世中期までの大坂では都市的存在である下屎中買（急掃除人）と、周辺農民による町家との直接汲取が共存していたが、明和六年を境として大坂市中の下屎は摂津・河内両国三一四か村の農民が汲取の主導権を握ることになる。(13) 大坂の都市行政を担う大坂町奉行所がこの決定を下す前段階には諸肥料の価格高騰、とりわけ中買による下屎の値段引き上げに悩む周辺農村からの歎願があったとされる。当時の町奉行所の記録には、「急掃除人と唱え候屎商売之もの増長致し、専ら中買致し、屎高直に相成、百姓共引請相減じ」とあり、急掃除人が下屎の中間業者として手広く商売を行っており、価格高騰の原因は急掃除人にあることを記している。(14) この状況から町奉行所は周辺農村と急掃除人に対して、百姓が「存分」に大坂市中での直接汲取をおこなうこと、そして農民が汲み取れない分は急掃除人が引き受けるよう申し渡している。そのため急掃除人に対しては商売を続けるよう命じ、下屎は「不浄之品」であることから商売仲間としての冥加銀は賦課しないことを伝えている。

ここで注目すべきは、農村への田畑肥料の供給という一面だけでなく、屎尿に対する町奉行所の行政的対応である。第一に急掃除人の規模縮小を命じたのは過剰な「商品意識」の高まりであろう。本来屎尿は処理の対象であり、商品として取り扱うことは好ましくない。この認識は、急掃除人を廃止して周辺農村が大坂市中の下屎取引を独占することになる寛政二年（一七九〇）一〇月の大坂町奉行からの触書でも明らかになった。(15) この触書には急掃除人が「売徳」を求めるあまり、百姓の直接取引が減少する状況が再度記され、よって急掃除人の商売を差し止めるとしている。その末尾には「下屎ハ商《あきないもの》物とハ訳違い」とあり、下屎を商品として認めず、あくまで排泄物処理の対象であるという位置づけがなされている。これは急掃除人が「不浄之品」を扱うので冥加銀を賦課しないという措置からも裏付けられよう。

第二には急掃除人を廃止とせず、周辺農村の補完機能として存続させたことが挙げられる。これは「屎尿＝肥料」という農民の目的とは異なり、排泄物処理をいかに円滑におこなうかという町奉行所の論理があったからである。この判断は都市内に拠点を置く急掃除人という組織を残そうというものではなく、複合的なシステムによって排泄物処理を徹底する意図があった。右に挙げた寛政二年の触書では急掃除人が廃止されることに伴い、周辺農村は従来の直接取引のほかに市中の川岸にそれぞれ舟二艘ずつを常置させるよう義務付けられている。これは通常の汲取ではない「急掃除」に対応させるためで、肥料利用を念頭に置いた法令ではなく、市中に排泄物を滞留させない体系をすべて周辺農村に委託したと受け取ることができよう。

以上、近世大坂の事例をもとに都市行政のなかの屎尿問題を取り上げたが、排泄物処理をいかにおこなうかという課題に対しての行政的対応はすでに一八世紀後半に確立されていたとみるべきであろう。そして、行政が商品と認めない屎尿は農村における需要が拡大した一八世紀後半以降、実態においては糶取《せりとり》と呼ばれる汲取人同士の競争が加熱し、商品価値を上昇させることになった[16]。大坂町奉行所としては表面的には「商品とは異なる」として法外な価格・自由競争を規制しているが、実際には民間社会における需要増大・商品流通の促進によって本来目的とする都市環境の維持が保たれることになる。

第二節　災害と屎尿流通

1　災害時の都市社会

環境史研究のなかで災害を取り扱ったものは時代・対象を問わず多くの蓄積があり、さまざまな視点から検討が加えられている[17]。とくに近年は東日本大震災に直面した影響が大きく、近世史や近代史でも地震・水害・大火などあらゆる分野での研究が進み、これらが環境史の主流を占めているが、本節では災害発生時における屎尿問題を考えたい。

文化元年（一八〇四）八月、大坂地域を取り囲む淀川筋・大和川筋で洪水が起こり、柴島堤が決壊するなど大坂市中のみならず近隣の農村でも甚大な被害を受けた。その直後の同年一〇月の史料によれば、市中の下屎を汲み取る村々のうち水害で被害を受けた村々の様子は以下の通りである[18]。

大坂近隣の摂津国村々では今回の水入りで当年の諸作物が水腐し、収穫が大幅に減少した。これは水害によって村々の田畑が大きな打撃を受けたことを意味し、同時に下屎汲取に関しては二つの障害が発生したことを示唆する。第一は、汲取をおこなう農民たちが村の復興のために大坂市中での作業を行う時間的余裕がない。農民たちは田畑のみならず、家屋敷にも被害を受けている可能性があり、また市中への出張に必要な屎舟の損害、もしくは淀川などの河川の航行が困難であることも推測される。つまり、作業に必要な人間と交通手段が確保できないということである。第二には、仮に下屎の汲取ができる状況であっても、その下屎は水損を受けた田畑に施肥することができない。そして肥料を保管する場所も十分に確保できず、下屎汲取に関わるだけの空間的余裕がない。農民側の論理からすれば、肥料利用のための汲取作業であり、利用する行為が途絶えるならば、不要となる。しかし、これら水難を受けた村々が所有する請入箇所（汲取をおこなう大坂の町家）では、日々排泄物が蓄積され、日常的な汲取作業がおこなわれなければ多くの下屎が滞留することになり、都市生活そのものに支障が生じる。それを担当する農民が作業を放棄することは、下屎の需要と供給のバランスが乱れ、都市環境が保たれない状況を生み出すのである。

この解決策として水難村々は、下屎仲間に一年間の期限付きで所有する請入箇所を預けた。仲間は水難を受けなかった村々にその請入箇所を分配し、混乱を乗り切ったようであるが、頻発する災害は一次的な被害のみならず、屎尿処理などの都市環境の維持機能に至る二次的な問題にも影響を与えたことが理解できよう。

慶応四年（一八六八）の水害は文化元年のものと比べ、さらに被害が拡大していた。同年閏四月から五月にかけて大阪周辺地域を襲った大雨は、淀川・大和川をはじめとする諸河川の水位上昇を招き、大阪市中や周辺農村では大きな被害を受けている。その様子を記した農村の史料によれば、「(下屎)請入之村々御田地ハ申すに及ばず、人家迄も水入ニ相成」とあり、水害によって下屎汲取をする周辺農村の田畑・人家に大きな被害が出たとしている。(19)その文面に続けて同年の五月から一〇月までの間は市中の下屎を村に持ち帰っても、田畑は水に浸かっているため施肥を行うことができず苦慮したとある。しかし、大坂の町家で汲取をしないと「不浄之下屎溜り迷惑」になるので否応なく市中に出向き下屎を持ち帰るが、保管することができないので仕方なく河川へ投棄したようである。

2　農村側の被害

文化元年と同じく都市環境の維持機能が一時的に停止したと認められるが、加えて慶応四年の際には処理できないために下屎の河川投棄が行われていた。平常ならば高い代価を支払い競ってでも獲得したい下屎が水害による地域的疲弊により「無用」な汚物と化してしまう。結果、都市内に下屎が滞留しないが、周辺河川の水質汚濁が起こり、大きな意味での「都市環境」は保持されなくなる。これら水害の事例は行政的対応からみた場合には都市環境の維持機能が崩れている一方で、民間社会においては町家の排泄物から農村の田畑肥料への還元体制が一時的に破綻したわけである。

農村を中心とした地域の水害に対して、都市における大火の発生時には全く逆の状況が起こり得る。都市に限ることではないが、近世日本の家屋は密集傾向にあること、また木材を主とする材質、狭隘な道幅などの諸条件からして耐火・消火能力は極めて低い。一旦火災が発生すれば強風などの気象条件によって、すぐさま大きな災害へとつながることも多々あった。火災に関する研究が重要であることは言うまでもないが、本章ではその中核の課題を丹念に分析することは差し控え、あくまで大火直後の屎尿問題という観点から推論を提示したい。

3　需給バランスと復興

近世大坂における火災は万治元年（一六五八）、寛文五年（一六六五）をはじめ、諸文献によって確認されているものだけでも相当な数に及ぶ[20]。規模の大小はともかく、毎年多くの火事が発生し、そのたびに多数の町家が焼失した。たとえば有名な享保九年（一七二四）の「妙知焼け」では、約六二〇か町あったとされる町数のうち四〇八か町、町家にして約一万二〇〇〇軒が焼失した。大坂全体の三分の二が被害にあったことになる。このような大火が発生した場合、多くの死者は勿論、家屋を失ったため仮小屋を建てて再建にあたる者、あるいは親戚縁者を頼り一時的に都市外へ避難する者が想定される。屎尿問題から大火直後の現実を考えれば、都市人口の減少は同時に町家の排泄物が減少し、周辺農村への供給が十分行き届かないことになる。また大坂では周辺農村の下屎仲間による「町割」があり、町家一軒ずつに対してどの百姓が汲取をする権利を有しているのか、細部（居住人数に対する代価など）にわたるまで設定されていた。そのため仮小屋を建てて仮住まいをしている場合でも、供給不足のなかで可能な限り高い代価を得たい都市民、肥料を多く確保したい農民同士の競争などによって下屎汲取の混乱が予想される。水害の事例とは対照的に屎尿そのものが不足した結果招かれた「還元体制」の破綻である。そして行政側からすれば「商品ではない」屎尿の価格高騰が問題となる。

以上のように、水害・大火の発生による人的被害は、その事後においても都市環境の維持機能や還元方法のあり方に大きな打撃を与えることになった。

第三節　流通から処理への転換

1　衛生対策の登場

近世大坂の屎尿処理構造は、大坂町奉行所の都市環境の維持という視点から周辺農村に委託されていたが、明治政府へ政権が移行する段階では試行錯誤を繰り返しながら、新たな制度が確立した。その制度的変遷や汲み取りの実態については既に本書でも明らかにしているが、ここでは制度の変革とともに屎尿に対する政策変化が同時に起こることを検証したい(21)。

明治七年（一八七四）三月、大阪府は周辺農村で構成する下屎仲間に対して解散を命令し、大阪における下屎取引は同じく農民によっておこなわれていた小便取引とともに大阪府屎尿取締所が全体的な管理・運営を行う形態に移行する。この明治初年の時期から近世には分別されていた「下屎」・「小便」の呼称は徐々に姿を消し、「屎尿」という用語が登場した。当時の法令などに依拠すれば、屎尿のほかにも近世にはみられなかった言葉が多く使用され、そして新たな規制が含まれている。

明治九年（一八七六）一月に大阪府屎尿取締所と屎尿取締担当区長によって作成された屎尿取締規則には以下のような内容が明記されている(22)。

①汲取人一人ごとに取締所より鑑札を発行し、鑑札の携帯を義務づける。

②大阪市中における汲取時間は午前四時から八時に限定する（のちに修正、五月一日から八月三一日は午前五時から九時、九月一日から四月三〇日は午前五時から一一時）。また時間外で汲取作業を行った者には違約金五銭を科す。

③運搬に際して屎尿を入れる担桶・船のすべてに蓋をする。

④運搬する船・車には「取締所之印」が入った小旗を立てる（小旗一本定価一八銭）。

ここでとくに注目すべきは、②と③である。汲取をする時間を限定し、かつ臭気漏れ防止のための蓋閉めは、大坂町奉行所支配下にあった近世期には全くなかった。この規制は明治政府の政策によるもので、右の規則の前文にその意図が示されている。屎尿の臭気や屎尿そのものが人身に触れることは、人々の健康を害し、病根を引き出す。また不潔の品（屎尿）の取締をしっかりやらなければ日本に滞在する外国人に対し「御国恥」である。このような理由から明治政府は徹底した屎尿対策強化を打ち出すことになる。

取締規則で大きく方向転換した屎尿処理方法の背景には、伝染病の流行が屎尿などの汚物に起因するとの発想があった。明治初年にたびたび起こったコレラの流行が屎尿問題に大きな影響を及ぼしたことは言うまでもない。しかし、大坂町奉行所支配下にあった近世後期から末期でもコレラはたびたび流行していたが、下屎関係の法令には一切コレラとの関係は記されていなかった。このような認識は政府の通達から次第に一般民衆に浸透し、肥料として商品価値の高かった屎尿は「不浄」「不潔」のイメージが拡大することになる。その変化の要因は、明治初年の伝染病流行と衛生観念の広がりであろう。

屎尿問題と密接に関わることになる伝染病流行について触れておこう。明治一〇年（一八七七）のコレラ流行は、大阪府管内だけで患者総数一六一九人（全国では一万三八一六人）、死者一一二八人（同八〇二七人）という大きな被害をもたらした[23]。これを受けた伝染病対策は『大阪府布令集』に収載されている数多くの規制・通達により明らかであるが、たとえば明治一〇年一〇月一七日付けの布達によれば、コレラ流行のため「病毒を醸す」屎尿汲取は清潔を心がけ、大阪市中に屎尿を溜め置くことを避ける旨が明確に示されている[24]。また同日付けの大阪市中コレラ患者の排泄物処理に関する通達では、屎尿を周辺農村に売却することを禁止し、患者の自宅敷地内で処分するか、三か所の埋葬場と一か所の避病院に運搬することを命じた[25]。

伝染病の流行に伴い、大阪府衛生課はその対策に追われることになるが、一番重視されたのは感染の早期発見、治療のほかに、屎尿汲取、飲料水、死体処理に関する規制であった。明治一六年当時、大阪府衛生課長の職にあった深瀬和直の記録には、府衛生課は課長以下、医務掛（一〇名）、衛生掛（一二名）の専門職員を配置し、府立大阪病院（明治一三年三月、大阪公立病院を改称）・府立大阪医学校（明治一三年三月、大阪公立病院教授局が分離・独立、大阪大学医学部の前身）・伝染病院など病院施設の新規設立および拡充、水道・飲水試験場・協同井戸などへの対策が至上課題として挙げられている(26)。

以上のような状勢から、明治初年において屎尿処理システムが農村への還元体制よりも都市衛生対策に力点が注がれ、行政機構側の認識として「不浄物処理」が最優先されることになった。この流れは大阪のみならず、ゴミ問題とともに全国的に展開する衛生行政の一環であり、屎尿問題は農業政策から切り離されたことになる。

小林茂の指摘によれば、明治一六年ごろになると、松方財政下の不況のなかで肥料としての屎尿利用にかげりがみえるとあり、個別農家経営における屎尿の位置が低下傾向にあったとも評価できる(27)。しかし大阪周辺地域の史料を散見する限り、明治後期に至っても近世期と同様の汲取がおこなわれており、肥料利用に関する動きが低下したとは言いがたい。ただし行政機構による屎尿取締は厳しいものであった。明治二一年（一八八八）三月一〇日、摂津・河内一二郡の屎尿汲取人は同業組合準則に基づく組合設立を目的として、七八条にわたる「屎尿汲取人申合規約」を作成し大阪府知事に提出、同年八月一日に知事の認可を得ているとされるが、その過程は以下のようになる(28)。

当時の新聞記事によれば、この組合設立の計画は明治二〇年末ごろから始まったようである。明治二一年一月二二日、大阪市北区で摂津・河内の農業家数十名が集まり、従来の屎尿取締所の廃止を要求し、ひとつの会社を設立しようと相談をしている(29)。二月に入ると、この会社名を「勧農義社」と称して、摂河五二〇か村の農民に呼びかけて会社設立運動を拡大する方向で議論がなされた。この動きの背景には、次のような屎尿汲取を取り巻く環境があった。まず屎尿汲取が大阪府および警察機構の管理下にあるものの、近年はコレラ病流行によって混乱が頻繁に起こっていた。単に大阪市中で屎尿を汲み取り、村へ持ち帰るという従来の図式から衛生対策による規制強化で、農民側にとっては窮屈な状態が続いていたのであろう。そして農民以外に「急掃除」と称する者が出現し、摂河農家の所有する請入箇所からの屎尿の横取り、盗み取りが横行しているなどが主たる原因であった。[30] 勧農義社設立グループのねらいは会社法のもとで摂河農家の権利を守り、肥料の恒常的な確保をすることにあった。この会社設立に賛同する者は摂河五二〇か村の屎尿汲取人約一万五〇〇〇人にのぼり、創立願書の手続きは二月中に完了し、三月一〇日の出願に至る。[31]

しかし、出願後には勧農義社とは別に屎尿汲取を目的とした会社設立の動きが表面化することなどが、監督する大阪府にも大きな影響を与えた。大阪府知事は府下各郡長に会社設立の是非を考えるうえで詳細な調査を指示し、各郡長とも具体的な協議を重ねた。その動きに対して勧農義社設立グループは「大阪府において会社を組織し、その社号を付する必要なし」との見解を表明し、目的はそのままとするものの会社設立という部分では路線を変更する決定をした。当初の創立願書を一旦取り下げ、五月に「屎尿取扱組合」の形態で新たに認可を求めた。結果、右に記した八月一日の知事認可を取り付けることになる。[32] この過程で注目したいのは大阪府が会社設立に難色を示し、組合形式を採用したことである。大坂町奉行所の意図とは異なるものの、屎尿は商品ではなく、その汲み取りは都市環境の維持を目的とする方針が揺るぎないものであったことを改めて確認したと考えられよう。

屎尿汲取人中合規約によると、組合の名称は「大阪屎尿汲取組合」とし、摂河一二郡の農民が大阪四区（東西南北各区）・接近郡村の屎尿を汲み、自家で肥料として利用する者たちによって組織されるとしている。組合には組長、副組長各一名、理事（一〇名）、書記（二名）、監査人（一二名）の役員などが設置され、各村には汲取人惣代を置いた。従来までの仲間組織と同様、汲取代価の町家への先払い、取引の規則を組合が管理・運営することが明記されているほか、「衛生対策」に関する条文がいくつか含まれている。これは当該期における伝染病問題、都市衛生問題を重視したもので、屎尿汲取をおこなう農民側にも「屎尿」が衛生問題のなかで大きな懸案事項となっていたことを示唆するものといえよう。衛生関連の項目は、「市中接近郡村便宜ノ地（屎尿運搬の重要な地点）」の数か所に屎尿大溜所を設置して、洪水などで屎尿運搬が満足にできない場合に備える手立て、伝染病患者が発生した際に大阪府より報告を受け次第、迅速にその患者の屎尿を運搬・焼却することを述べている。

以上が明治初年から明治二〇年代にかけての屎尿に関わる変遷である。政権が移行するなかで、制度変革もさることながら、伝染病の流行という社会的背景のなかで、行政的対応としての都市環境の維持機能は「衛生」のなかに包摂され、民間社会における肥料利用を圧迫する結果となった。

2　都市と農村の具体相——門真市域の事例から

具体的な地域を限定し、明治初年から明治二〇年代における「都市と農村」の関係を述べてみたい。ここで取り上げるのは大坂近郊で現在の門真市域（近世には河内国茨田郡内）である。

当時の門真市域では、大阪市中屎尿汲み取りは衰退を見せながらも継続的に行われていた。常称寺村の明治二年（一八六九）三月「明細帳」[33]によると、「下屎取并野方肥シ持運ひ小舩《屎舟》」を五艘所有している。江戸時代における大阪市中への汲取や運搬は屎舟で村との間を往復していたが、明治に入ってからも同様に河川交通を利用していたと考えられる。また明治二七年（一八九四）一二月の「屎尿舟繋留ニ付御願」[34]では、常称寺村の喜多甚蔵が大坂南久太郎町一丁目浜先（東横堀川筋）に長さ三間の「屎尿船」を繋留したい旨を警察署（京橋分署）に届け出ていることがわかる。おそらくこの付近に喜多甚蔵が請入箇所を持っており、そのために浜先に船を繋留したのであろう。

門真地域における汲取の範囲・規模はどれくらいであったのか。地域全体の詳細な数値を把握することはできないが、いくつかの史料によって断片的ではあるが確認できる。まず、表36には明治九年（一八七六）三月の下馬伏村の下屎請入人と、その請入人が出向く大阪市中の請入箇所と軒数・その居住者数を示した。たとえば最上段の下馬伏村西嶋龍蔵は堂島裏一丁目・道修町一丁目・伏見町一丁目の居宅・貸家合わせて一四軒を請入箇所とし、その居住者は九一名、つまり九一名分の下屎を確保し、村へ持ち帰っていた。当時の下馬伏村の下屎汲取の傾向としては、堂島裏、備後町、道修町、高津町などが多く、西玉造村などの三郷隣接地域（行政的には「村」の形態だが事実上は大阪と同様に都市化している地域）とも取引関係があった。請入人は江戸時代と同じく、屎舟を有する経済的にも富裕な上層農民であったと考えられる。

表37には門真一番上村中口才次郎の所有している下屎請入箇所を掲げているが、その内訳をみると、堂島、瓦町、北平野町と三つの地域に分散することが明らかであろう。この事例では居住者数が不明なため詳細がはっきりしないが、中口家の屎舟が一回（門真一番上村—大阪との往復）に摂取する箇所数を十軒と仮定すると、一軒に対して月二回（一五日に一回）を目安とすれば、一ヵ月に一〇往復していたことになる。(35)

常称寺村においては明治一七年で請入人五名、汲取箇所居住者数は四一七人であったが、二〇年九月段階では請入人三名、汲み取り箇所居住者数三一一人と減少傾向になることが明らかである（表38）。

その理由としては、さきに述べたコレラの流行、そして中口才次郎の事例のように直接汲取をする煩雑な作業をともなうことにより、下屎の汲取に力点を置いていると農業経営の効率化が進まない事情もある。明治一六年ごろになると、松方財政下の不況（世界恐慌と重なって激しいデフレを引き起こし、多数の農民が困窮したといわれる）のなかで肥料としての屎尿利用にかげりがみえるとあり、個別農家経営における屎尿の位置が低下傾向にあったとも評価できるだろう。(36)

明治二二年（一八八九）の常称寺村喜多孝次郎の記した経営帳簿「万覚帳」によると、当時の喜多家は屎尿

表36　明治9年3月下馬伏村の下屎請入人・請入箇所一覧

請入人	所在	軒数	人数
西嶋龍蔵	堂島裏1丁目	居宅2	16
		貸家9	29
	道修町1丁目	居宅2	41
	伏見町1丁目	貸家1	5
岡村幸次郎	堂島裏1丁目	居宅2	7
		貸家13	66
小林勝次郎	堂島裏1丁目	居宅2	8
		貸家5	22
福井平七	道修町1丁目	貸家5	25
	道修町2丁目	居宅1	14
		貸家6	20
植村治平	備後町2丁目	居宅2	19
		貸家5	21
福本伊十郎	備後町2丁目	居宅4	67
		貸家8	28
		寺院1	5
西嶋林三郎	備後町2丁目	居宅3	20
		貸家4	17
福井佐平	道修町1丁目	居宅2	20
		貸家8	29
西田平三郎	道修町2丁目	居宅1	12
	備後町2丁目	居宅4	32
		貸家8	34
福田市平	淡路町2丁目	居宅1	16
	道修町2丁目	貸家8	28
堀口弥平	北堀江上通2丁目	居宅1	6
		貸家5	10
	北堀江上通3丁目	居宅1	8
		貸家16	59
	北堀江下通2丁目	居宅1	7
		貸家1	4
田口三蔵	順慶町3丁目	居宅1	5
	順慶町4丁目	居宅1	8
	長堀南通2丁目	居宅1	15
		貸家2	7
土井九平	西玉造村左官町	居宅1	4
		貸家8	35
岡田弥平	高津町1番丁	居宅1	9
		貸家3	9
	谷町筋7丁目	貸家8	22
橋本三十郎	瓦町1丁目	居宅1	6
		貸家1	3
	備後町2丁目	居宅2	8
		貸家16	91
辻井佐太郎	船大工町	貸家10	29
	堂島裏1丁目	貸家1	4
中谷吉五郎	西玉造村左官町	居宅1	2
		貸家12	37
植田伊八	瓦屋町5番丁	居宅1	6
		貸家3	19
北田惣七	高津町1番丁	貸家5	20
	瓦屋町4番丁	貸家12	44
中谷郡七	日本橋4丁目	居宅1	2
		貸家29	88
	高津町2番丁	貸家3	20
西村重作	西玉造村岡山町	居宅1	1
		貸家5	16
	内久宝寺町1丁目	居宅3	11
		貸家19	63
奥村とき	備後町2丁目	居宅1	3
小林卯八	備後町2丁目	居宅1	7
		貸家4	27
植村忠三郎	高津町10番丁	居宅3	13
		貸家34	100
北川藤五郎	京橋通1丁目	居宅2	13
南東伊平	笠屋町	居宅1	6
		貸家19	64
大西惣次郎	鎗屋町1丁目	居宅2	7
		貸家10	40

出典：下馬伏村自治会文書77-1「明治9年3月　屎請入箇所取調帳」より作成。

表37　門真一番上村・中口才次郎の汲み取り状況

箇所所在	箇所数
堂島表２丁目	居宅３
堂島浜通２丁目	居宅１、貸家６
瓦町２番町	貸家10
北平野町５丁目	居宅４、貸家29

出典：平橋家文書「明治11年11月屎請入鑑札願」より作成。

表38　明治20年（1887）常称寺村の汲み取り状況

請入人	所　在	軒数	人数
喜多与一郎	南久太郎町１丁目	23	70
西田嘉七	西高津村	9	28
	平野町１丁目	1	2
	淡路町１丁目	1	8
	淡路町２丁目	1	6
川田安平	瓦町１丁目	3	18
	順慶町１丁目	34	115
	順慶町２丁目	2	45
	南久宝寺町２丁目	1	8
	博労町１丁目	3	11
		78	311

出典：喜多渉家文書「明治20年９月　下屎箇所帳」より作成。

の請入箇所を持たず、市中町家から直接購入しないため、下屎については米田儀八、小便については礒右衛門という人物から購入していた[37]。米田儀八との契約では一年間に下屎一二〇箇を代金一〇円八〇銭で買い取っており、月ごとに一〇から一三箇を仕入れていたようである。また小便については三月に一五箇（代金一円五銭）、六月に五箇（同四〇銭）を受け取っている。このような農家における農作物栽培と屎尿汲取の分業化は明治時代後期にかけて進行したと考えられる。

おわりに

本章では屎尿処理政策からみた社会環境史と題し、一八世紀から一九世紀にかけての大坂を素材として、都市における屎尿問題を取り上げた。その成果をまとめておこう。

第一に、都市屎尿問題は周辺農村への田畑肥料の供給という還元体制であると同時に、都市環境の維持機能を有していた。民間社会においては売り手である町人と最終消費者である農民との取引関係が成立したが、大坂町奉行所の行政的対応としてはあくまで商品ではなく都市環境の維持を目的とする屎尿処理であった。いわば屎尿問題への視点は、民間において商品流通と農家経営、行政においては処理の対象とそれぞれの意識は異なっていたが、両者の目的が合致したことによって「リサイクル」が成立・展開したのである。

第二に、都市環境の維持機能、肥料利用の還元システムは日常的には需要と供給のバランスが保たれ、功を奏していたが、水害や大火などの突発的な災害が起こった場合には、そのバランスが一時的に崩壊し、都市環境に大きな影響を及ぼした。これは災害直後の間接的な被害としても注視するべきであり、今後の社会環境史・災害史研究においても詳しく分析を深めるべき課題であろう。

第三には、近代社会へ移行する過程において屎尿処理政策は、伝染病の流行などによって農業政策としての比重は低くなり、衛生政策のなかに包摂される。本章での指摘する都市環境の維持を優先する行政的対応が一層鮮明となり、還元体制を圧迫した。政権の担い手は交代したが、行政機構はあくまで「都市環境の維持機能」にこだわり、商品的取り扱いや会社設立を認めない姿勢という部分も注目されるべき事実である。

都市環境についての考察はさまざまな素材によって明らかになるであろうが、本章では屎尿問題を事例として検討を深めた。今後は近代公衆衛生史研究などを参考にしながら、改めて「近世リサイクル論」を再考すべきである。

〔注〕

（1）たとえば民衆史研究会による一連の成果や、『歴史評論』六五〇号（二〇〇四年）の特集「環境史の可能性」や、水野祥子『イギリス帝国からみる環境史―インド支配と森林保護―』岩波書店、二〇〇六年、菊池勇夫『アイヌと松前の政治文化論―境界と民族―』校倉書房、二〇一三年などがある。

（2）たとえば矢田俊文「明応地震と港湾都市」（『日本史研究』四一二号、一九九六年）。同「中世の自然と人間」（歴史学研究会・日本史研究会編『日本史講座四　中世社会の構造』東京大学出版会、二〇〇四年）。水野章二『中世村落の景観と環境』思文閣出版、二〇〇四年など。

（3）たとえば水本邦彦『絵図と景観の近世』校倉書房、二〇〇二年。同『草山の語る近世』山川出版社、二〇〇三年。菊池勇夫『飢饉から読む近世社会』校倉書房、二〇〇三年。同『東北から考える近世史―環境・災害・食料、そして東北史像―』清文堂出版、二〇一二年など。
（4）高橋美貴『近世・近代の水産資源と生業―保全と繁殖の時代―』吉川弘文館、二〇一三年。
（5）鬼頭宏『文明としての江戸システム』講談社、二〇〇二年。同『環境先進国江戸』ＰＨＰ新書、二〇〇二年。
（6）橋本元「京都市に於ける屎尿の処理と近郊農業」（『京大農業経済論集』第壹輯、一九一五年）。
（7）渡辺善次郎『都市と農村の間―都市近郊農業史論―』論叢社、一九八三年。伊藤好一『江戸の町かど』平凡社、一九八七年。岩淵令治「近世都市のトイレと屎尿処理の限界」（『歴史と地理』四八四号、一九九五年）。安藤優一郎「尾張藩邸と出入百姓戸塚村名主中村甚右衛門家」（『社会経済史学』六五―二号、一九九九年）。高橋敏『江戸村方騒動顛末記』ちくま新書、二〇〇一年。村井文彦「中村家文書にみる江戸近郊農村の紛争―下肥盗取を中心に―」（都市文化研究会編『東京新宿学研究』二〇〇四年）など。
（8）野村豊『大阪平野に於ける屎尿利用の変遷』大阪府経済部農務課、一九四九年。
（9）小林茂『日本屎尿問題源流考』明石書店、一九八三年。
（10）本書第三章および第五章。
（11）スーザン・Ｂ・ハンレー著・指昭博訳『江戸時代の遺産―庶民の生活文化―』中央公論社、一九九〇年。農山漁村文化協会編『江戸時代にみる日本型環境保全の源流』二〇〇二年など。
（12）本書第三章および第五章。
（13）注（9）前掲小林著書。
（14）「雑件」（『大阪編年史』第十巻、三九九～四〇〇頁）。
（15）「寛政二年十月十七日付け触書」（『大阪市史』第四巻、八〇～八一頁）。
（16）本書第二章。
（17）安国良一「京都天明大火研究序説」（『日本史研究』四一二号、一九九六年）。渡辺尚志『浅間山大噴火』吉川弘文館、二〇〇三年。同『日本人は災害からどう復興したか―江戸時代の災害記録に見る「村の力」―』草思社、二〇一三年など。

(18) 藻井家文書「文化元子年十月　為申合一札」。
(19) 「明治二年十二月　下屎請入歎願書」(『門真市史』第五巻近現代史料編、二〇〇一年、二二二〜二二四頁)。
(20) 『新修大阪市史』第四巻、一九九〇年、一〇三〜一一六頁。村田路人「近世大阪災害年表」(『大阪の歴史』二七号、一九八九年)。
(21) 本書第五章。
(22) 注(19)『門真市史』二二四〜二二六頁。
(23) 『新修大阪市史』第五巻、一九九一年、五〇九〜五一三頁。
(24) 『大阪府布令集』二、一九七一年、五七八頁。
(25) 注(24)前掲書、同頁。
(26) 八尾市立歴史民俗資料館所蔵深瀬和直文書。
(27) 注(9)前掲書。
(28) 服部敬「同業組合準則と屎尿汲取組合の設置」(『花園史学』四号、一九八三年)。
(29) 『大阪朝日新聞』明治二一年一月二四日付。
(30) 『大阪朝日新聞』明治二一年二月二日付。
(31) 『大阪朝日新聞』明治二一年二月一四日付。
(32) 『大阪朝日新聞』明治二一年八月三日付。
(33) 門真市喜多渉家文書。
(34) 門真市喜多治雄家文書。
(35) 本書第四章。
(36) 注(9)前掲小林著書。
(37) 門真市喜多渉家文書。

終章　本書の成果からの展望

本書の成果

青物流通を皮切りに屎尿取引の内実を明らかにした本書では、大坂とその周辺地域の事例をもとにさまざまな分析を進めてきた。具体的な考察による成果については、各章で小括しているので、ここでは全体的な論点と今後さらなる深化を目指すべき展望を述べることにしたい。

全編を通じて大坂地域における分析に終始したが、想定される批判は「大坂のみの事例であるから全国的な議論の俎上にあがるのか」とのことだろう。これに対しては、もちろん他地域の考察を手掛けるべきだと考えているが、かつて小林茂が注目したように大坂の屎尿取引が最も特徴的であり、また詳細な史料による復元が可能だったため、むしろ本書の事例が近世日本の屎尿問題に最適な事例だと言い切ることができる。研究史上における意義では、①近世大坂地域の研究、②現在の屎尿関係史研究、の二点において有益な論点と史実の情報を提示できたと考えている。①については、改めて言うまでもなく近世大坂の研究は多彩なテーマ、そして優秀な研究者によって検討が深められ、現在も高水準な議論が展開されている。本書でも触れたように、戦後には津田秀夫[1]や小林茂[2]をはじめとする大坂周辺村落の基礎的分析や国訴など近世史研究で焦点となった諸研究が積み重ねられた。それは次の世代の藪田貫[3]や平川新[4]などによって新しい展開へとつながり、近世地域社会論や畿内近国論といった大きな研究潮流を創出する原動力となった。本書は屎尿問題を深く掘り下げることで、近世における大坂地域の実情を明らかにしようとしたもので、形は違えど当地の研究に新しい事実を提示できたのではないかと思う。これは、村落や都市に限らず、当時の社会を明らかにしていこうとする研究者たちとの成果を共有することでもあるだろう。たとえば、大坂や畿内近国にこだわって葬送や埋火葬、そして墓地管理に携わる人々（三昧聖など）を考察した木下光生[5]の成果は、たぐり寄せた先行研究は異なるものの、大坂や畿内の社会構造を追究しようとする部分では、方向性が近いかもしれない。②に関しては、どこまでの範囲を研究史とするのかで叙述の仕方が変わってくる。論者が江戸時代の議論を自説で取りいれたとしても、それが「歴史学的」に重要なのかと言われれば、必ずしもそうではないからだ。ここでは、いわゆる江戸時代の屎尿研究を先駆的に進めてきた小林茂[6]や渡辺善次郎[7]、そして近年の研究動向をふまえたなかで本書を位置づけておきたい。本論でも取り上げたように、小林は大坂地域の村々について屎尿に関する史料調査や研究を進めた。これは、揺るぎないもので本書でも多くのことを継承している。しかしながら、小林はこの屎尿に関する史実をいかに農民運動や騒擾に結びつけるか、また明治維新の原動力を読み解く上で理論的な立場から、当時の屎尿問題に迫ったといえるだろう。この一文で小林の成果を片付けることは忍びないが、当時の研究動向や小林が屎尿以外で手掛けた長州の明治維新や被差別民研究でも同じことが確認できる[8]。一方、江戸・東京について研鑽を深めた渡辺は、都市近郊をいかに分析するのかを念頭に置きながら、海外との比較史を視野に入れながら叙述をおこなった。言葉・用語の理解にこだわる側面も重視すべきだが、最大の難点は関係史料の少なさであったと思う。江戸および周辺地域における近世史料の残存状況と比例して、屎尿に関する文書も大坂と比べれば稀少だったことは現在でも変わりないだろう。その点は、小林風[9]が手掛ける江戸東郊地域の村々でどこまで克服できるのか、今後大いに期待したいところである。本書は、かつての農民運動や都市と農村の対立などの固定観念の脱却を試み、売買のありようや肥料としての価値をみつめてきた。その点では、「売買の歴史」

や「肥料の歴史」という観点でもある一定の学術的貢献を尽くしたのではないかと考えている。

本書では屎尿からみた近世社会と題して、江戸時代後期から明治時代前期にかけての大坂地域における流通構造、とくに蔬菜と屎尿流通の構造と特質、都市と農村の関係、そして社会環境と衛生問題への転換を論じてきた。全体を通じて得た成果は以下の四点に集約できる。

第一として、近世後期における地域市場の実態を村落側からの視角で検討を深めた。まず「農村の生産、都市の消費」という性格を持つ蔬菜の流通において近世前期から特権を保持していたとされる天満青物市場問屋は、畑場八か村を中心とした町続き村々からの追い上げに苦戦しながらも、池田や堺の事例にみられるようにその外縁部の小市場を包摂しながら、その勢力維持に努めた。その一方で、稗島青物商人などのような周辺からの競争相手が出現し、かつ遠隔地・近似業種との競合も相次いで表面化した。これは従来、都市と農村の対立や、都市特権商人と新興勢力の抗争という点で注目を集めてきた。たしかに、販売場所や商圏や得意先の争奪戦や、公儀（大坂町奉行所）への上訴など、現在我々が閲覧する文書には双方が「喧嘩をする様子」を生々しく伝えている。ただし、留意しなければならないのは、それら現存史料の語る事実をどう普遍化するのか、ということである。文書に記されているから間違いないと考えるも良しだが、日常的な関係によって「平穏な農村および都市生活」が営まれているとすれば、文書の向こう側にある背景を見据える必要があるだろう。その点を示唆しながら、本書は大坂地域の蔬菜流通を語ろうとしたのである。

第一章で重要な課題として挙げたのは、周辺農村の連合体「万延組」が結成されたことだった。これは第二章へと続く村々の連携と密接にかかわるものだが、内実としては便宜的に徒党を組むという側面も窺いつつも、まとまって行動することの社会的意義を確認することができた。これは、国訴研究が縷々明らかにしてきた「訴願の複合」や広域的連合の持つ威力を示唆するものといえよう。たとえば「都市の生産、農村の消費」という特徴を持つ屎尿流通においても、実際の売買に変化がなくても個別の取引から組織的取引へと移行したことになっている。肥料としての価値が上昇したなかで、個々の力よりも組織体が重視される社会への移行がひとつの論点になるだろう。

第二として、地域市場を担う在方仲間組織の成立と展開があった。さきに述べた幕末期の万延組、下屎流通の摂河在方下屎仲間、小便流通を担った摂河小便仲間のような農村連合が存在したことは既述の通りだが、これらは農民たちによってすべてが完結したわけではなく、外部委託を含めた組織であったことが重要である。その代表的な事例は、本書で注目する通路人であった。かつて近世史研究で画期的な成果を挙げた「用聞・用達」[10]研究のあと、権力と民間社会の媒介を担う人々の存在は注目され続けているが、この通路人も商業的な組織の編成において確立されていた生業と考えることができるだろう。また、小便仲間の分析で明らかとなったように町人諸階層が組織に関与することで在方組織の維持・運営がおこなわれたことも見逃せない。先学が述べてきた「都市と農村の対立関係」が恒常的に存在していたならば、このような組織体は成立しなかった。そこにこだわるわけではないが、屎尿流通は協調や対立の以前に、百姓と町人の両方が「旨味のある仕事」だと認識していたことを裏付ける。さらに組織を主体的に運営するのはごく一部の上層農民であり、彼らの人的諸関係により浜屋卯蔵のような町人との連携が図られながら、組織の展開があったことも明らかとなった。

第三として、流通構造の研究を通してみた都市と農村の関係である。従来繰り返されてきた都市と農村の対立一辺倒の認識だけでなく、右に挙げた組織形成の状況や、青物・屎尿の取引実態からむしろ都市・農村の協調関係が、当該期の経済活動を支えてきた。この対立と協調という事実は、さまざまな階層・業界・地域性にも左右されるところであるが、少なくとも都市・農村という軸で区切るのではなく、農村内部の分裂・差異にみられるように諸集団を紐解いたうえで検討を深める必要性があることも同時に示唆している。誤解があるといけないが、これは「細かくやれば良い」という意味ではない。屎尿取引の研究は、本書が示したように断片的な文書からいかに当時の社会を復元するかを求めており、このような微細な実証が大きな論点に比較するための研究段階だと理解されたい。

そして最後には近世から近代へと移りゆく社会情勢のなかで、屎尿問題が肥料から衛生政策の概念に入っていく過程を取り上げ、環境史研究の角度から転換期の特質を分析した。農民たちの意識には、伝統的に継続する屎尿汲み取りの実像とともに、衛生という意識から次第に規制の質的変化を肌身で感じる世情との乖離が浮き彫りになったように思う。この点は、次の展望のなかでも触れることにしたい。

ひとまず本書の成果は以上であるが、たくさん残る課題は順次踏み込んで検討を深めていきたい。

これからの可能性

本書の成果に比して、課題は予想以上に大きいかもしれない。それというのは、史料を読み、多くの実証を重ねていくなかで新たなる疑問や不明な部分を発見できたからである。研究を続けていなければ気付かなかった、つまり分析が進んだことによってさらなる目標を見出すことができたのである。

完成原稿ができあがる直前、大変貴重な史料に巡り合うことができた。それは、明治一八年（一八八五）一一月に、名古屋市内の屋敷で屎尿の汲取をする近郊の農民が書きしたためた約定証[11]である。ここで、作成者の岡田園右衛門によれば、名古屋・花園町の個人宅の不浄（屎尿）を今回から岡田がおこなうことになり、その代価は「小便一荷につき八合」、そして「大便一荷につき一升二合」にて契約とある。精算（代価の支払い）については、毎年一一月二五日に納めることとなっていた。本書では、大便（下屎）・小便を区分して取引するのは大坂地域の特徴と述べてきたが、明治時代の名古屋でも同じ形態で汲取をしていた事実を確認したことになる。また、代価は大坂の事例と同じように毎年一一月にまとめて米で家主に渡されるのだが、これも共通する都市と農村の約束であった。急速に現金勘定へ進んだと思われる屎尿の代価について、名古屋では米勘定が

「生きていた」ことを考慮すると、明治時代の状況をもう一度検討する余地もあるだろう。

さて、本論に戻ってこれからなすべき課題について述べておきたい。本書は、近世から近代にかけての課題について、とりわけ村落地域に残された地方文書や、大坂町奉行所が発給した触書などの法令を素材に分析をおこなってきた。そのおかげで鮮明ではなかった歴史的事実、そして地域間および人々の諸関係も確かめることができた。ただし、江戸やその他の地域に比べて保存状況が良い大坂地域の文書群でも下屎や小便、青物に関する史料は極めて限定的にしか発見できていない。そのなかで、ひとつずつの事例を読み解きながら、可能な限り歴史像を豊かなにする作業は始まったばかりである。とくに明治時代については、公文書や新聞を利用することもできたが、地方文書と公文書、そして新聞を突き合わせることも具体化できる素地になってきたといえるだろう。

課題を挙げればきりがない。たとえば、村落における施肥状況、売買の具体相、そして仲間組織と個人の関係などがすぐに浮かんでくる。どれをとってもさらなる研究の深化に不可欠であるものの、まずは肥料の歴史というひとつのまとまりを作る必要を感じている。つまり、「肥料史研究」の可能性を探りたいのだが、近世および近代における肥料の利用を追究することに大きな意味があるだろう。戸別農家の施肥や農書における扱い、そして取引帳簿のなかの数量把握など、研究方法はたくさん見出すことができる。下屎や小便だけではなく、草肥や魚肥、粕類を含めた総合的な肥料のあり方を問いかける作業に着手したい。この点では先学による秀逸な分析が大きな参考となるだろう。たとえば、魚肥に関しては中西聡(12)の海運史研究のほか、最近では白川部達夫(13)の干鰯商分析が緻密な論証を示している。これらの成果を享受しながら、近世の百姓が大事にする肥料の重要性を語っていくべきだろう。

大坂地域の事例をもとに研究を深めたわけだが、議論は当地に止まらず、である。序章でも記したように、人間がいる限り、屎尿問題はどこでも発生するし、一番やっかいな案件でもある。右に挙げた名古屋の事例もそうだが、全国的に屎尿関係史料の収集をやることも無駄な作業ではない。簡単な比較史分析をおこなうつもりは毛頭ないが、この大坂地域で得られた史実はどこまで通用するものだろうか。先行研究でも江戸との対比、あるいは渡辺善次郎が意識していたヨーロッパとの違いは疑うべくもないが、アジアのなかでも議論を共有することは大いに重要である。また、全国的な事例発掘はもっと深化できるのではないだろうか。本書でも堺や大坂の近隣諸都市の事例をわずかながら紹介したが、人間たちが住み暮らす場所で、とくに自家で田畑を持たない都市部については当然「流通」があったはずである。ただし、大坂でみたような売買がなければ、あるいは文書に残そうとする意識を当時の人々が持たなければ難しい。農家の経営帳簿や地域間の争論など、目を凝らして史料を吟味することは必要だと思っている。

〔注〕

（1）津田秀夫『封建社会解体過程研究序説』塙書房、一九七〇年、同『封建経済政策の展開と市場構造』御茶の水書房、一九六一年（新版一九七七年）など。
（2）小林茂『封建社会解体期の研究』明石書店、一九九二年など。
（3）藪田貫『国訴と百姓一揆の研究』校倉書房、一九九二年、同『近世大坂地域の史的研究』清文堂出版、二〇〇五年など。
（4）平川新『紛争と世論―近世民衆の政治参加―』東京大学出版会、一九九六年。
（5）木下光生『近世三昧聖と葬送文化』塙書房、二〇一〇年。
（6）小林茂『日本屎尿問題源流考』明石書店、一九八三年。
（7）渡辺善次郎『都市近郊農業史論―都市と農村の間―』論創社、一九八三年。
（8）小林茂『長州藩明治維新史研究』未来社、一九六八年、同『部落差別の歴史的研究』明石書店、一九八五年など。
（9）小林風「近世後期、江戸東郊地域の肥料購入と江戸地廻り経済―下総国葛飾郡芝崎村吉野家を事例に―」

（『関東近世史研究』六七号、二〇〇九年）。

(10) 村田路人『近世広域支配の研究』大阪大学出版会、一九九五年、岩城卓二『近世畿内・近国支配の構造』柏書房、二〇〇六年。

(11) 三重県総合博物館所蔵神富殖産資料一六二七九「約定証」。閲覧に際しては、同館の藤谷彰、太田光俊両氏の御世話に預かった。

(12) 中西聡『近世・近代日本の市場構造―「松前鯡」肥料取引の研究―』東京大学出版会、一九九八年。

(13) 白川部達夫「阿波藍商と肥料市場（一）」（『東洋大学文学部紀要』（史学科篇）三六号、二〇一一年）、同「大坂干鰯屋仲間と近江屋長兵衛」（『東洋大学人間科学総合研究所紀要』一五号、二〇一三年）、同「大坂干鰯屋近江屋市兵衛の経営（一）」（『東洋大学文学部紀要』（史学科篇）三九号、二〇一四年）。

初出一覧

本書は、これまでの既発表論文を中心にまとめたものである。しかし、その後の新しい史料の発見や、論旨の大きな変更によって旧稿を大きく改めた点がたくさんある。それを前提に、初出一覧として本書の原型となった論考を紹介しておきたい。

序章　新稿

第一章　「幕末期大坂近郊農村と青物流通」（大阪市史編纂所『大阪の歴史』増刊号、一九九八年）

「近世大坂における青物流通の取引範囲」（大阪市史編纂所『大阪の歴史』五二号、一九九九年）

「食品流通構造と小売商・消費者の存在」（荒武賢一朗編『近世史研究と現代社会―歴史研究から現代社会を考える―』清文堂出版、二〇一一年）

第二章　「摂河在方下屎仲間についての一考察」（大阪市史編纂所『大阪の歴史』五四号、一九九九年）

第三章　「近世後期大坂と周辺農村―摂河小便仲間の分析から―」（大阪歴史学会『ヒストリア』第一七三号、二〇〇一年）

第四章　「近世後期における下屎の流通と価格形成」（近世史研究会『論集きんせい』二四号、二〇〇二年）

第五章　「明治維新期大坂における下屎取引―制度的変遷と実態―」（大阪市史編纂所『大阪の歴史』六一号、二〇〇三年）

第六章　「屎尿処理政策からみた社会環境史―都市環境の維持機能―」（大阪歴史科学協議会『歴史科学』一七九・一八〇号、二〇〇五年）

終章　新稿

あとがき

本書は、東北大学東北アジア研究センターの助成の下に、『東北アジア研究専書』の一冊として刊行されたものである。東北アジア研究センターは、東北アジア地域（日本・中国・朝鮮半島・モンゴル・ロシア極東地方）を対象とする文理合同の研究機関で、岡洋樹センター長をはじめとしてさまざまな分野の研究者に刺激を受けながら、良好な研究環境を提供していただいている。今回の出版に際しては、審査をしてくださったセンター編集出版委員会の先生方、とくに委員長の瀬川昌久教授にご高配を賜った。私の所属する上廣歴史資料学研究部門は、公益財団法人上廣倫理財団より多大なご支援を頂戴している。二〇一二年四月に設置されたこの部門では、平川新教授（現客員教授、宮城学院女子大学学長）の下、高橋陽一助教、友田昌宏助教とともに、多忙ながらも充実した日々を過ごしている。まずは、現在の研究基盤を支えてくださっている皆様方に感謝の意を表したい。また、出版社交渉の段階から、藪田貫（関西大学）、宇佐美英機（滋賀大学）、岩城卓二（京都大学）の各先生にご尽力をいただいた。日頃から私の研究へ助言をくださっていることも含めて厚く御礼を申し上げる。

研究を続けていくなかで、実に多くの方々にお世話になりました。すべての方々の御名前を挙げることは控えるものの、本書刊行を待ち望んでくださった皆さんにようやくご報告ができた。微力な私がたった一人で仕事を進めていくことなど不可能に近く、「人的諸関係」によって育てていただいたと思っている。お付き合いくださった皆さんに深謝を申し上げたい。

二〇年ほど前に歴史研究を志した時、まさか近世大坂の研究を仙台でまとめることになろうとは全く想像していなかった。誰も関心を持たないかもしれないが、一人の研究者の小さな歴史を紹介したい。

私は誕生からすぐに滋賀県近江八幡市に移り、人生の多くをこの町で過ごした。学校の成績は、「一強多弱」

で社会科、歴史・地理だけ高得点という、特異な結果が高校まで続いた。その理由は明瞭で歴史は勉強しなくても頭に入ったからだった（つまり全く勉強ができなかったに等しい）。花園大学文学部史学科に進学したものの、アルバイトや小学生のころから続けていたサッカー、冬にはスキーに明け暮れた。ただ、歴史はやはりおもしろい、という気持ちは持っていて、学問には不向きであるにもかかわらず、大学院に進学したいという意識があった。卒業間際になってもなかなか先生に相談することはできず、その話を入学以来の親友でゼミでも一緒だった可児謙作君にしてみたところ、可児君が気を利かして指導教員の故福島雅蔵先生に伝えてくれた。福島先生は、頑張って勉強する気があるなら大学院の入試を受けなさい、と優しく応じてくださった。ここから私の歴史研究がスタートしたと言ってもいいだろう。

花園大学の修士課程では、福島先生のほか、日本中世史の上島有先生、日本近代史の服部敬先生、日朝交渉史の姜在彦先生にご指導をいただいた。とりわけ、福島・上島・服部の各先生の授業では、徹底的に史料講読のトレーニングを受けることになる。私が生まれて初めて必死に勉強をしたのが、この時だった。歴史理論や研究史整理もさることながら、まず古文書が読めない。今でこそ、「古文書の先生」として大学の授業や市民講座で講義をしているが、当時の低レベルぶりを考えると赤面してしまう。あまりの不甲斐なさに、服部先生が「だいたい三か月もあればそこそこ読めるようになる」と励ましの言葉をかけてくださったが、「そこそこ」とはあくまでも「そこそこ」なのである。上島先生は、最初に「継続は力なり」と言われたが、今まで続けてきて本当に両先生がおっしゃる通りだと痛感する。歴史研究者は、コツコツと努力をすることが何よりも大切だと学んだ。そんな「実力ゼロ」の若者を救ってくださったのは先生方や先輩たちで、熱心に教えていただいたことが血となり、骨となった。とくに、上島先生は授業だけでなく、調査のメンバーに加えてくださり、古文書の扱い方から作法、そして閉じこもらずに外部との交流をすることなど、現在の研究姿勢につながる基本をたたき込んでくださった。研究テーマは近世後期彦根藩の経済政策（長浜縮緬の専売制度）に挑戦してみたいと思い、服部先生のご紹介で滋賀大学の宇佐美英機先生の研究室を訪ねた。それ以来、宇佐美先生には事あるごとにアドバイスをいただきつつ、ご自身が代表をされている市場史研究会にも誘ってくださり、そこで藤田貞一郎先生など経済史・経営史の皆さんからいろいろなご教示を得た。

修士課程二年目に入ったころ、花園大学に出講されていた家近良樹先生（大阪経済大学）、服部先生のご推薦で大阪市史編纂所に非常勤嘱託で勤務することになった（大阪市史料調査会調査員）。未熟者が歴史の仕事で飯が食えるとは露とも思わず、まさに青天の霹靂である。大阪の歴史研究には全くの素人でありながら、当時所長であった故藤本篤先生や現在の堀田暁生所長をはじめ先輩方にご指導をいただきつつ、牛歩ながらも大阪の歴史を知り、自分で古文書を読んで研究を深めることの大切さを学んだ。ここで一〇年間仕事をさせていただき、青物流通や屎尿研究の基礎をつかむことができた。また、経験として大きかったのは、史料所蔵者の皆さんと巡り会えたことと古文書を勉強する市民の方々がたくさんおられたこと、そして近世大坂に関する古文書は全国各地で保管されていて、この町のスケールの大きさを知ったことである。とりわけ本書の中核史料となった越知家文書は、初期に携わった調査で感慨深い。右往左往と何から研究しようかと模索していたとき、この越知家文書の存在を知り、その後『門真市史』や『図説尼崎の歴史』などで青物や屎尿の原稿を執筆させてもらったことで私の研究目標が決まった。市史で過ごした一〇年間は、私の研究の原点だと思う。

大阪市史に勤務しながら修士課程を修了後、関西大学大学院文学研究科博士後期課程に進学した。ここでは藪田貫先生を指導教員に、「未熟」を継続しながら大坂地域の研究を本格的に取り組んだ。当時、人文系で課程博士を取得する人は珍しかったが、心の中では「博士号を取るために関大へ来た」という思いを抱き、千里山のキャンパスに足を踏み入れた。すぐに出て行くはずだったが、修了後の日本学術振興会特別研究員（経済学部所属）・非常勤講師・COE助教時代を合わせて一五年間も長居をさせていただいた。入学時、藪田先生から「二人以上の先生を持ち、二つ以上の研究テーマを持ちなさい」と言われたことを今でも憶えている。つまり、指導教員や大学の枠にとらわれず、自由に研究を進めなさい、という意味だった。日本近代史の故小山仁示先生も同じころ「大学院生は大学のなかで勉強してたらあかん」と言われ、思い起こせば上島先生や宇佐美先生と同じく、「外で勉強する」「足で稼ぐ」（学会や研究会、史料調査先でいろいろな人に出会い、そして学ぶことの重要性をアドバイスしてくださったのである。一方、古文書を読むことばかり（それも未熟だった）に一所懸命だった私は、日本近世史研究の基礎知識に欠如しており、藪田先生や先輩たちから研究とは何か、という基本を教えてもらった。また、福島先生も関西大学大学院に出講しておられ、故有坂隆道先生や、藪田先生が在外研修でプリンストン大学に赴かれた一年間は大島真理夫先生（大阪市立大学）にご指導をいただいた。

このような流れで、本書のテーマへとつながり、そのなかで大学や市史と並んで重要だったのは、大阪歴史学会近世史部会で、私の学舎のひとつである。私が入った時は幡鎌一弘氏（天理大学）がリーダーで、花園大学の講義で私に初めて近世文書の手ほどきをしてくださった村田路人先生（大阪大学）や中川すがね氏（愛知学院大学）などの諸先輩、そして同世代の人たちがたくさんおられた。毎月の部会は多様な研究報告があり、報告者の研究のおもしろさ、そして自分の稚拙さを感じながら、研究への向き合い方を学んだ。部会か、部会終了後の懇親会か、どちらが私の目当てだったのかわからないが、第一線で活躍される先輩たちと御酒を飲みながらお話をすることは大変楽しく、また勉強にもなった。

いろいろな学会や研究会では本当にお世話になったが、現在最も重要になっているのは、木下光生氏（奈良大学）、太田光俊氏（三重県総合博物館）と一緒に運営をしている近世史フォーラム（毎月一回）、近世史サマーフォーラム（毎年一回、今年度より「歴史学フォーラム」に改称）である。前者は「近世史」とは名ばかりで、日本史全般はもちろん、最近では外国史の研究者にもご協力いただいて、大きな刺激を受けている。後者は三人でさまざまな研究論文を分析しながら、歴史学の現在を確認し、何を議論すべきかを考えている。たとえば、「無意味な時期区分」・「先進・後進論の否定」・「権力と民衆」などを独自の視角で見つめてきた。これは、本書の研究にも反映されている。もともと三人は大阪で出会い、その後は居住地が離れてしまったが、現在も時間を都合して定期的に研究会をおこなっている。右の研究会のほか、木下さんとは摂河史料調査会として畿内の古文書調査を手掛ける（当初のきっかけは、地道な史料調査・文書目録作成は我々研究者の義務であるという意図だった）など、現地調査も一緒にやってきた。二〇年近く前、木下さんと最初に出会ったときの印象（「世の中にはおかしな人がいるものだ」）から、さほど変わっていない。舌鋒鋭く、誰であろうが、どこであろうが、容赦なく批判をするという姿勢は到底真似をすることができないが、その厳しさの源泉は並々ならぬ努力と、蓄積されていく学知だろうと思う。かつて死体・墓・葬式の研究しかできなかった人が、いまや時代を問わず経済や国家の歴史を語るという「成長」は尊敬に値する。またこれまでたくさんの共同研究で優秀な専門家の皆さんと御一緒することができた。現在も、渡辺尚志（一橋大学）、谷本雅之（東京大学）、飯田恭（慶應義塾大学）の各氏をはじめ、皆さんからいろいろなご助言を頂戴している。

研究をまとめていく過程には、非常勤講師を務めた大阪樟蔭女子大学、関西大学、天理大学、日本福祉大学で学生たちに講義をする機会を得たことも大きい。女子大で下屎を話すのか、という躊躇もあったが、どこの大学でも受講生は物珍しさもあってか、真面目に聞いてくれた。彼／彼女たちの授業に対する感想や質問で改めて自らの成果を考え直す契機にもなった。貴重な時間を与えてくださった、故長谷川伸三先生（大阪樟蔭女子大学）、谷山正道先生（天理大学）、曲田浩和先生（日本福祉大学）に御礼を申し上げたい。

藪田先生には博士論文を提出した直後から、早く著書にすべきだ、というお声掛けをいただきながら、とうとう一〇年が経ってしまった。ひとえに私の怠慢以外の何ものではないが、今年度中には絶対出版することを決意した理由があった。

それは昨年（二〇一三年）、西村昌也氏（六月九日）、青木美智男先生（七月一一日）、浜野潔先生（一二月二三日）がいずれも不慮の事故で永眠されたことである。西村さんはベトナム考古学を専門とされ、関西大学文化交渉学教育研究拠点でともにＣＯＥ助教として机を並べた。私より七歳年長の西村さんは、同僚というより兄貴的存在で、お人柄はもとより現地調査の重要性や研究の奥深さを間近で教えてくださった。青木先生は、言うまでもなく日本近世史研究の大家で、福井県の河野で初めてお会いして以来、史料調査やシンポジウム、そして辞書の分担執筆でお世話になった。浜野先生は、私が日本学術振興会特別研究員に採用された二〇〇六年から三年間、受入教員としてご指導くださり、大学の教員としての模範を身をもって示していただいた。日本語しかできない私が海外の日本史研究に関心を持ち始めたのも先生の積極的な研究活動の影響を受けている。お三方とも私の著書について気にかけてくださったが、御覧いただくことは叶わず大変申し訳なく思う。ずいぶん遅れたものの天国にご報告したい。

拙い著書の刊行をお引き受けいただいた清文堂出版株式会社、とくに編集を担当してくださった前田正道氏には大変御世話になった。二〇〇九年、宇佐美先生に連れられて前田さんに初めてご挨拶をしてから、完成するまで五年もかかったのかと思うと情けない。仙台に移ってからも、電話口から前田さんの「流暢な大阪弁」で激励を受け、ようやくひとつの形に仕上げることができた。今更ながら本書の編集を通じて、一冊の本ができるまで多くの人々にご協力いただいたことを改めて感じた。皆様方に厚く御礼を申し上げたい。

これまでの人生で最も迷惑をかけているのは、家族である。父堅生は病と闘いながら二〇〇九年四月五日にこの世を去ったが、母洋子は妹久枝とともに近江八幡で健やかに暮らしている。不出来の長男が歴史研究の道へ進むことに快く応じてくれた両親に感謝の意を捧げたい。駄目な息子は夫になっても成長していないが、妻亜希は自身の研究を進めつつ、精神的な支えとなってくれている。皆さん、ありがとう。

本書で述べた研究は、あくまで序章に過ぎない。さらなる発展を目指して、日々努力あるのみである。

二〇一四年師走　青葉山の山麓にて　著　者

609	南安治川２丁目	西新田
610	南安治川３丁目	鳴尾
611	南安治川４丁目	西新田、鳴尾
612	安治川上１丁目	長洲、鳴尾
613	安治川上２丁目	鳴尾、小松
614	北安治川１丁目	小松
615	北安治川２丁目	小松
616	北安治川３丁目	小松

出典：関西大学図書館所蔵門真四番村文書「三郷町割帳」

552	京町堀２丁目	小曽根
553	京町堀３丁目	長島、北条
554	京町堀４丁目	今在家
555	京町堀５丁目	野中
556	京町堀６丁目	川口新家、堀上
557	南浜町	今在家
558	両国町	善法寺、額田、高田、鳴尾
559	釼先町	利倉
560	福井町	下新田
561	茶染屋町	下新田
562	小右衛門町	鳴尾、道意新田
563	玉澤町	垂水
564	道空町	長洲組加入
565	籠屋町	小松
566	新淡路町	鳴尾
567	兵庫町	下食満、田中
568	麹町	善法寺、額田、高田
569	山田町	椎堂
570	家根屋町	冨田
571	坂本町	潮江、今福
572	石津町	穴太、法界寺
573	櫂屋町	原田
574	雑喉場町	戸之内
575	江戸堀１丁目	穂積
576	江戸堀２丁目	小曽根
577	江戸堀３丁目	三津屋
578	江戸堀４丁目	利倉
579	江戸堀５丁目	三津屋
580	斎藤町	榎坂
581	船町	垂水
582	布屋町	垂水
583	土佐堀１丁目	長洲
584	土佐堀２丁目	長洲
585	奈良屋町	榎坂
586	阿波堀町	稗島、小松
587	三右衛門町	海老江
588	宮川町	福
589	薩摩堀東ノ町	光立寺
590	納屋町	大和田
591	大黒町	長興寺
592	四郎兵衛町	榎坂
593	白子町	垂水
594	白子裏町	垂水
595	玉水町	東難波、垂水
	【11. 安治川辺之分】	
596	江ノ子島東ノ町	穂積、服部、利倉
597	江ノ子島西之町	服部、河州馬場村入組
598	崎吉町	鳴尾
599	戎島町	恩貴島新田
600	寺島町	鳴尾
601	木津川町	泉尾新田
602	勘助島町	上田新田
603	九條島町	浜田
604	冨田島１丁目	鳴尾
605	冨田島２丁目	鳴尾
606	古川１丁目	東新田、道意新田、鳴尾
607	古川２丁目	鳴尾
608	南安治川１丁目	小松

492	御池通６丁目	市岡新田
493	二本松町	佃
494	藤右衛門町	佃
495	宇和島町	御幣島
496	冨田屋町	野里
497	白髪町	出来島新田、西島新田
498	清兵衛町	大和田
499	高橋町	佃
500	新平野町	佃
501	橘町	岡山、原田
502	出口町	加島
503	南裏町	次屋
504	小浜町	佃、初島新田
506	上博労町	上津島
507	葭原町	下新田
508	佐渡島町	上新田、佐井寺
509	瓢箪町	加島
510	新京橋町	下新田
511	新堀町	加島
512	佐渡島町	加島
513	九軒町	加島
	【10. 立売堀より土佐堀迄】	
514	孫左衛門町	野田
515	助右衛門町	庄本、牛立
516	立売堀中之町	庄本
517	立売堀西之町	菰江
518	立売堀１丁目	島田
519	立売堀２丁目	島田
520	立売堀３丁目	菰江
521	立売堀４丁目	洲到止

522	日向町	上新田
523	古金町	上新田
524	中橋町	椎堂
525	中筋町	北中島
526	西国町	椎堂
527	讃岐屋町	上新田
528	阿波橋町	椎堂
529	船坂町	戸之内
530	吉田町	堀
531	百間町	常光寺
532	帯屋町	上新田
533	鉄屋町	今里、野中
534	権右衛門町	新在家
535	衽町	冨田
536	伊達町	七ツ松
537	神田町	西難波
538	阿波町	別所、竹谷新田
539	箱屋町	三反田
540	豊島町	大西
541	釘屋町	栗山、尾浜
542	信濃町	東難波
543	瀬戸物町	東難波、垂水
544	油掛町	熊野田
545	岡崎町	熊野田
546	新靭町	垂水
547	新天満町	榎坂
548	海部堀川町	鳴尾、大西、上田新田
549	敷屋町	熊野田
550	海部町	熊野田
551	京町堀１丁目	西難波、中、蒲生

437	長柄町	赤井、三ツ島
438	天満２丁目	木屋
439	今井町屋鋪	味舌庄屋
440	臼屋町	新田
441	天満１丁目	出口、中振
442	備前島町	上島頭、常称寺、野口
443	野田町	北、東、金田、梶
444	網島町	島
445	桐生東町	氷野、下、安田、太子田、新田
446	桐生西町	大利、黒原
447	東寺町前	五ヶ庄割当、入組ニ相成
448	東寺町西株	五ヶ庄割当、入組ニ相成
449	膳所屋敷	二番
	【9．道頓堀西・堀江辺】	
450	湊町	佐井寺
451	幸町１丁目	佐井寺
452	幸町２丁目	佐井寺
453	幸町３丁目	庄本
454	幸町４丁目	下新田
455	幸町５丁目	下新田
456	新難波東ノ町	佃
457	新難波中之町	佃
458	新難波西之町	佃
459	徳寿町	佐井寺
460	釜屋町	佐井寺
461	新戎町	長興寺
462	橘通１丁目	下新田、才寺（佐井寺）
463	松本町	穂積
464	葭屋町	板坂
465	桑名町	板坂
466	橘通７丁目	北条、長興寺
467	橘通８丁目	浦江
468	橘通２丁目	寺内
469	橘通３丁目	小曽根
470	橘通４丁目	堀上、宮原新家
471	橘通５丁目	大和田
472	橘通６丁目	浜
473	南堀江１丁目	小曽根
474	南堀江２丁目	田能、曽根、野田、山之上、服部
475	南堀江３丁目	堀上
476	南堀江４丁目	長興寺、小曽根
477	南堀江５丁目	小島、堀上
478	玉手町	拾五新田
479	下博労町	塚本、小島新田
480	北堀江１丁目	蒋島
481	北堀江２丁目	御幣島
482	北堀江３丁目	蒋島
483	北堀江４丁目	大野
484	北堀江５丁目	申
485	西浜町	佃
486	吉野屋町	市岡新田
487	御池通１丁目	才寺（佐井寺）
488	御池通２丁目	才寺（佐井寺）
489	御池通３丁目	才寺（佐井寺）
490	御池通４丁目	市岡新田
491	御池通５丁目	市岡新田

389	伊勢町	冠
390	南冨田町	太中、乙之辻
391	南木幡町	目垣、十一、馬場、平田、二階堂
392	北木幡町	鳥飼西
393	猶村屋敷	片山村譲り→鳴尾
394	観音寺屋敷	西面
395	北冨田町	柱本
396	曽根崎新地１丁目	金田、七番、四番、南十番
397	曽根崎新地２丁目	石津、田井、平池
398	曽根崎新地３丁目	金田、八番、五番、北十番
399	魚屋町	五ヶ庄土居
400	旅籠町	毛馬
401	越後町	放出割当、当時梶、北
402	南森町	三番
403	有馬町	鳥飼中、鳥飼下
404	北森町	深野新田
405	天満10丁目	西成郡割当、入組ニ相成
406	宮ノ前町	味舌下
407	又次郎町	三番、江口
408	綿屋町	五ヶ庄割当、土居村多分
409	夫婦町	野、友渕
410	椋橋町	西成郡割当、入組ニ相成
411	摂津国町	赤川
412	池田町	西成郡割当、入組ニ相成
413	天満９丁目	南大道、北大道、三番
414	市之町	佐井寺
415	天満８丁目	沢良宜浜
416	農人町	西成郡割当、入組ニ相成
417	大工町	坪井
418	瀧川町	才寺（佐井寺）
419	天満７丁目	野
420	壺屋町	西成郡割当、入組ニ相成
421	河内町	西成郡割当、入組ニ相成
422	高島町	加納
423	天満６丁目	稲田、森河内
424	天満５丁目	下新庄
425	唐崎町	長田、新加入
426	板橋町	西成郡割当、入組ニ相成
427	金屋町	大道新家
428	龍田町	大道新家、下新庄
429	信保町	味舌下
430	岩井町	西成郡割当、入組ニ相成
431	典薬町	西成郡割当、入組ニ相成
432	天満４丁目	北大道
433	空心町	神田、対馬江、黒原
434	源八町	七番、三番
435	鈴鹿町	片山
436	天満３丁目	野

345	浜町	吹田
346	七郎右衛門町	鳥飼上、鳥飼中、鳥飼下
347	七郎右衛門町1丁目	鳥飼上、鳥飼中、鳥飼下
	【6．中之島之分】	
348	上中之島町	平池、新家
349	肥後島町	平田
350	築島町	下新庄
351	久保島町	西成郡村々
352	白子島町	本庄
353	西信町	本庄
354	宗是町	長田
355	本五分一町	島
356	常安裏町	三ツ島、上田新田、鳴尾、上新庄、諸口
357	常安町	一ツ屋、別符、鳥飼西＊肥後御屋敷＝諸口
358	治郎兵衛町	一ツ屋
359	小倉屋仁兵衛町	西成郡村々
360	塩屋六左衛門町	平田
361	庄村新四郎町	（町家なし）
362	湊橋町	下新庄
	【7．堂島之分】	
363	堂島浜1丁目	下辻
364	堂島浜2丁目	江野、南島
365	堂島浜3丁目	深野新田組、河内屋新田、外々入組

366	堂島浜4丁目	一番上
367	堂島浜5丁目	吹田
368	堂島中1丁目	五ヶ庄割当、入組ニ相成
369	堂島中2丁目	門真一番下
370	堂島中3丁目	一番上
371	堂島北町	一番上
372	永来町	野口
373	裏1丁目	下馬伏
374	裏2丁目	池田中、池田川、池田下、葛原、仁和寺
375	裏町	神田
376	船大工町	五ヶ庄割当、入組ニ相成
377	弥左衛門町	熊野
378	新船町	今福
	【8．西天満之分】	
379	天満樋上町	本庄
380	天満11丁目	能条
381	下半町	目垣、馬場、平田、十一、二階堂
382	西樽屋町	南長柄
383	小島町	水尾
384	老松	礒島、八丁目、鳥飼上、鳥飼下
385	天満船大工町	片山
386	砂原屋鋪	三ツ島
387	源蔵町	西成郡割当、入組
388	堀川町	吹田

290	北久太郎町２丁目	唐崎
291	北久太郎町３丁目	鴻池新田
292	北久太郎町４丁目	門真四番
293	北久太郎町５丁目	二番
294	南久太郎町１丁目	三番
295	南久太郎町２丁目	江口
296	南久太郎町３丁目	島
297	南久太郎町４丁目	味舌上
298	南久太郎町５丁目	一番下
299	南久太郎町６丁目	上田新田
300	上難波町	五ヶ庄割当、入組ニ相成
301	北久宝寺町１丁目	山田中
302	北久宝寺町２丁目	鴻池新田割当之所、世木村へ預け
303	北久宝寺町３丁目	唐崎
304	北久宝寺町４丁目	門真二番
305	北久宝寺町５丁目	門真四番
306	源左衛門町	五ヶ庄割当、入組ニ相成
307	伝馬町	五ヶ庄割当、入組ニ相成
308	南久宝寺町１丁目	深野新田、小路
309	南久宝寺町２丁目	鴻池新田
310	南久宝寺町３丁目	放出
311	南久宝寺町４丁目	小路、味舌上
312	南久宝寺町５丁目	今市、森小路
313	金沢町	南大道
314	金田町	鳥飼下、礒島
315	茨木町	森小路
316	博労町	深野新田
317	順慶町１丁目	山田小川
318	順慶町２丁目	山田小川
319	順慶町３丁目	新家
320	順慶町４丁目	冠
321	順慶町５丁目	馬場
322	初瀬町	桑才
323	浄国寺町	馬場
324	安堂寺町１丁目	山田上
325	安堂寺町２丁目	下新庄
326	安堂寺町３丁目	山田上
327	安堂寺町４丁目	五ヶ庄割当、入組ニ相成
328	安堂寺町５丁目	上辻
329	北勘四郎町	一番上
330	塩町１丁目	三島江、西面
331	塩町２丁目	西成郡割当、入組ニ相成
332	塩町３丁目	西成郡割当、入組ニ相成
333	塩町４丁目	二番
334	車町	左専道
335	南勘四郎町	鳥飼中、八丁目
336	橋本町	江口
337	次郎兵衛町	一ツ屋
338	長堀10丁目	五ヶ庄割当、入組ニ相成
339	心斎町	深野組入組
340	平右衛門町	深野新田
341	五幸町	太中、沢良宜浜
342	西笹町	関目
343	椹木町	諸口
344	長浜町	小坪井

234	道修町３丁目	池田川
235	道修町４丁目	片山
236	道修町５丁目	吹田
237	古手町	下穂積
238	平野町１丁目	氷野
239	平野町２丁目	氷野
240	平野町３丁目	金田、二番、藤田
241	亀井町	島
242	善左衛門町	上穂積、下穂積
243	淡路町１丁目	木屋
244	淡路町２丁目	氷野
245	北鍋屋町	郡
246	中船場町	南
247	切町	島
248	津村北ノ町	別符
249	瓦町１丁目	郡
250	瓦町２丁目	出口
251	百貫町	北村
252	南鍋屋町	二階堂、馬場、十一
253	三郎右衛門町	沢良宜浜
254	津村東の町	柱本
255	津村中之町	道祖本、耳原、宿野庄、信賀
256	津村西之町	鳥飼組、新在家
257	備後町１丁目	大利、黒原
258	備後町２丁目	金田、藤田
259	備後町３丁目	熊野
260	備後町４丁目	下馬伏
261	備後町５丁目	吹田
262	御堂前町	鳥飼下

263	津村南ノ町	別符
264	北渡辺町	正音寺
265	安土町１丁目	二番
266	上魚屋町	仁和寺
267	安土町２丁目	池田中、池田川、池田下、葛原、仁和寺
268	安土町３丁目	出口
269	舛屋町	岸和田
270	浄覚町	沢良宜西
271	本町１丁目	木屋、中振、太間
272	本町２丁目	上馬伏
273	本町３丁目	北島
274	本町４丁目	太中村引請、当地乙之辻村入組
275	本町５丁目	目垣、馬場、十一、平田、二階堂
276	南渡辺町	片山
277	南本町１丁目	貝脇、江野
278	南本町２丁目	佐井寺
279	南本町３丁目	上新庄
280	南本町４丁目	荒生
281	南本町５丁目	吹田
282	雛屋町	唐崎
283	唐物町１丁目	西大道
284	唐物町２丁目上半	今市
285	唐物町２丁目下半	今市
286	唐物町３丁目上半	奈佐原
287	唐物町３丁目下半	奈佐原
288	唐物町４丁目	小路
289	北久太郎町１丁目	別所

185	高津新地１丁目	山田中、山田別所
186	高津新地２丁目	佐井寺
187	高津新地３丁目	西成割当、入組ニ相成
188	高津新地４丁目	交野郡
189	高津新地５丁目	池田中、池田川、池田下、葛原
190	高津新地６丁目	郡
191	高津新地７丁目	北、六番、七番、一番
192	高津新地８丁目	山田上、山田下
193	高津新地９丁目	山田中、山田小川
194	日本橋１丁目	放出
195	日本橋２丁目	吹田
196	日本橋３丁目	山田中
197	日本橋４丁目	五百住、郡家、野々宮、一ツ屋
198	日本橋５丁目	吹田
199	長町６丁目	五ヶ庄割当、入組ニ相成
200	長町７丁目	鳥飼上、鳥飼中、鳥飼下、住吉郡入組
201	長町８丁目	入組
202	長町９丁目	入組
203	九郎右衛門町	片山
204	吉左衛門町	西面、鳥飼下
205	難波新地１丁目	深野新田
206	難波新地２丁目	今福
207	難波新地３丁目	深野新田并加入村、熊野田
208	本堺町	小路
209	本京橋町	今市
210	本相生町	一番上
211	伏見坂町	片山
	【５．船場之分】	
212	北浜１丁目	熊野、高柳、神田
213	北浜２丁目	鳥飼組、七番、八番
214	過書町	御領、下
215	大川町	片山
216	梶木町	片山
217	今橋新築地	東新田
218	今橋１丁目	赤井、三ツ島
219	今橋２丁目	中振、名津
220	尼崎町１丁目	中振
221	尼崎町２丁目	真砂
222	高麗橋１丁目	南十番、二番、五番、四番、下島、北島
223	高麗橋２丁目	一番、二番、八番
224	高麗橋３丁目	黒原、対馬江
225	上人町	唐崎
226	四軒町	吉志部、小路
227	豆葉町	沢良宜
228	本天満町	三井
229	本靭町	仁和寺
230	伏見町	片山
231	呉服町	芥川、田辺、真上
232	道修町１丁目	横地、下馬伏
233	道修町２丁目	三ツ島

	【3．島之内分】	
131	茂左衛門町	上馬伏、巣本
132	九之助町１丁目	三ツ島
133	九之助町２丁目	二番、南十番
134	南竹屋町	西大道
135	鱣谷１丁目	八番、南十番
136	鱣谷２丁目	三井
137	卜半町	三番、八番
138	小西町	下島、木屋
139	石灰町	一番下
140	高津町	北大道、南大道
141	鍛冶屋町	橋寺
142	鍛冶屋町２丁目	西大道
143	道仁町	新家
144	関町	大庭一番、梶
145	南米屋町	岸和田
146	中津町	中振
147	油町１丁目	打越
148	油町２丁目	北大道
149	油町３丁目	西成郡割当、入組ニ相成
150	白銀町	太間村
151	南錦町	三ツ島
152	常珍町	二番
153	酒辺町	鴻池新田、鳴尾
154	塗師屋町	味舌上
155	玉屋町	冠
156	山崎町	出口
157	高間村	三ツ島、小島、氷野
158	南笠屋町	沢良宜東
159	御前町	目垣、馬場、二階堂、平田、十一
160	綿袋町	猪飼野
161	紺屋町	五百住
162	岩田町	七ツ尾
163	畳屋町	東五百住
164	布袋町	荒生、貝脇、南島
165	尾上町	正音寺
166	木挽中之町	氷室
167	木挽北之町	塚原、土室
168	木挽南之町	柱本、西面
169	菊屋町	深野新田
170	柳町	東
171	餝屋町	島
172	周防町	諸口
173	大宝寺町	東
174	南毛綿町	門真三番
175	久左衛門町	千林
176	大和町	中
177	炭屋町	野々宮、西面
178	松原町	太中、乙之辻
179	三ツ寺町	北寺方
180	惣右衛門町	江口
181	南問屋町	荒生、新庄、吉原
	【4．南新地】	
182	西高津町	池田川、池田中、池田下、葛原、仁和寺
183	五右衛門町	三ツ島
184	立慶町	唐崎、別符

82	北谷町	芝生
83	南谷町	奈良
84	札之辻町	冠、三島江
85	上堺町	下穂積
86	紀伊国町	唐崎
87	龍蔵寺町	吹田
88	山家屋町	鶴屋新田、安威
89	桜町	上穂積、下穂積
90	坂田町	鳥飼下
91	玉木町	沢良宜西
92	立半町	五ヶ組割当、入組ニ相成
93	万年町	鳴野
94	柏原町	木野
95	宮崎町	御領、新田
96	生駒町	平田
97	内安堂寺町	深野新田
98	播磨町	一番下
99	尾張坂町	江野、野江、当時江之村ト真砂村へ預け
100	駿河町	太中
101	松屋裏町	庄本
102	松屋表町	五ヶ組割当、入組ニ相成
103	丹波屋町	盤若寺
104	南瓦屋町	山田上
105	西高津町	山田中、山田下、山田小川、山田別所
106	田島町	吹田

	【2．玉造之分】	
107	国分町	三ツ島
108	門前町	浜
109	上木綿町	門真四番
110	上清水町	吹田
111	伊勢町	大利
112	左官町	下馬伏
113	大和橋町	島頭、岸和田、野口
114	稲荷町	下、新田
115	下清水町	猪飼野、東庄、永田
116	伏見坂町	対　馬　江、墨（黒）原、神田
117	祢宜町	大今里、千江
118	柏木町	舎利寺
119	平野口町	田島、中川
120	楜屋町	五ヶ組割当、入組ニ相成
121	八尾町	中道、森、東今里
122	橦木町	黒原、対馬江
123	菱屋町	桑才
124	越中町２丁目	深江、片江
125	越中町３丁目	対馬江
126	仁右衛門町	北、梶、東
127	半入町	高柳、神田
128	丸葉町	北
129	岡山町	北、梶
130	稲荷新町	中道組三ヶ村入組

24	錦町１丁目	藤田、一番
25	錦町２丁目	坂、渚
26	折屋町	北大道
27	豊後町	三番
28	与左衛門町	庄屋
29	松尾町	小川
30	南革屋町	上新庄
31	内骨屋町	佐井寺、野江、三ツ島
32	北新町	大道新家
33	北新町２丁目	小松
34	北新町３丁目	下新庄
35	南新町１丁目	野
36	南新町２丁目	大道新家
37	南新町３丁目	橋寺
38	松江町	別所
39	徳井町	能条
40	大津町	庄屋
41	太郎左衛門町	南大道
42	内本町２丁目	大道新家
43	内本町上３丁目	小川
44	本町橋詰町	上
45	鐺屋町	川俣、西堤
46	小倉町	鴻池新田
47	常盤町１丁目	唐崎
48	常盤町２丁目	平田
49	常盤町３丁目	西成郡割当
50	常盤町４丁目	鴻池新田
51	伏見両替町１丁目	西成郡割当、入組ニ相成
52	伏見両替町２丁目	下
53	伏見両替町３丁目	西成郡割当、入組ニ相成
54	伏見両替町４丁目	江口
55	農人橋詰町	北大道
56	農人橋詰町２丁目	唐崎
57	南農人町	橋寺
58	南農人町２丁目	味舌下
59	農人橋１丁目	唐崎
60	藤ノ森町	三島江
61	江戸町	小坪井
62	和泉町	深野新田
63	材木町	南
64	鈴木町	唐崎
65	追手町	宇野部
66	内久宝寺町	東
67	聚楽町	西成郡割当、入組ニ相成
68	粉川町	道祖本、耳原、宿久庄、信賀、清水
69	神崎町	西面
70	松山町	島
71	具足屋町	宇野部
72	住吉屋町	五百住
73	鍋屋町	小路
74	谷町１丁目	神田
75	谷町２丁目	新田、下島頭
76	谷町３丁目	別符、一ツ屋
77	上本町１丁目	吹田、片山
78	上本町２丁目	宇野部
79	上本町３丁目	南
80	上本町４丁目北半	島、一ツ屋
81	上本町４丁目南半	片山

付表　近世後期の三郷町割

本書で述べてきた通り、近世中期以降における大坂三郷の下屎は摂河在方下屎仲間に汲取権が認められた。具体的にはＡ村の百姓Ｂが、Ｃ町の家主Ｄ宅で発生する排泄物を入手できる、というような個人間の請入箇所制度が成立したのである。本文でいくつかの箇所契約に関しては紹介をしてきたが、大きな枠組みのなかで大坂の各町にどの村が権利を持っていたのかを示したのがこの付表である。

この表のもとになった史料は、関西大学図書館に所蔵される門真四番村文書「三郷町割帳」である。分厚い竪帳の表紙には、寛政２年（1790）11月に作成と書かれ、文末に記された内容によると、同年に大坂西町奉行・松平石見守が摂河314か村に三郷下屎の直請を許可したときのものである。それが文政９年（1826）５月に改正され、それを嘉永４年（1851）10月29日に筆写したとある。本文書は門真四番村の西村与兵衛の扣となっているが、もとは同村・馬場弥左衛門が所持していたものを筆写したようである。

寛政２年、文政９年、嘉永４年と記述年次が示されているが、最後の嘉永４年は株仲間再興令に伴う筆写で、仲間停止以前の状況を確認する意味があったのだろうと推測できる。おそらく寛政２年の情報を基礎として、文政９年に改訂したものと察するが、この表ではとくに時期を特定せず、近世後期の町割であるとした。

通番	大坂の町名	汲取権を持つ村名
	【1．京橋～谷町～上本町】	
1	京橋２丁目	五番、南十番
2	京橋３丁目	田井
3	京橋４丁目	北十番、下島、八番、南十番
4	京橋５丁目	諸福
5	京橋６丁目	高柳、神田
6	石町	北島、上馬伏、打越
7	弥兵衛町	島頭
8	島町１丁目	東、七番、金田、六番、梶、北十番、藤田
9	島町２丁目	野口、島頭
10	内両替町	下島、御領
11	釣鐘町	木屋
12	釣鐘上之町	島頭
13	近江町	平地
14	内平野町	対馬江
15	北革屋町１丁目	対馬江
16	北革屋町２丁目	六番
17	船越町	二番、北十番、下島
18	亀山町	金田、東
19	大澤町	平池
20	内平野町２丁目	太間
21	内淡路町２丁目	八番、北十番
22	内淡路町１丁目	中振、石津
23	内淡路町３丁目	出口

【ハ　行】

【タ　行】

【ナ　行】

【サ　行】

【カ　行】

索　引

【ア　行】

荒武 賢一朗（あらたけ　けんいちろう）

〔略 歴〕
1972年　京都府生まれ
1995年　花園大学文学部史学科卒業
2004年　関西大学大学院文学研究科博士後期課程修了、博士（文学）
現　在　東北大学東北アジア研究センター上廣歴史資料学研究部門准教授

〔主要著作〕
『近世史研究と現代社会―歴史研究から現代社会を考える―』（共著・清文堂出版、2011年）
『近世後期大名家の領政機構―信濃国松代藩地域の研究Ⅲ―』（共著・岩田書院、2011年）
『日本史学のフロンティア』１・２（共著・法政大学出版局、2015年）
ほか

屎尿をめぐる近世社会〈大坂地域の農村と都市〉

2015年１月31日　初版発行

著　者　荒武賢一朗
発行者　前 田 博 雄
発行所　清文堂出版株式会社
〒542-0082 大阪市中央区島之内２－８－５
電話06-6211-6265　　FAX06-6211-6492
http://www.seibundo-pb.co.jp
印刷：亜細亜印刷株式会社　製本：株式会社渋谷文泉閣
ISBN978-4-7924-1027-8　C3021